高等学校教材

U0210279

机械制图

第二版

郭红利　主编

化学工业出版社

·北京·

内 容 简 介

本书是根据教育部高等学校工程图学教学指导委员会 2015 年修订的"普通高等学校工程图学课程教学基本要求"编写的，采用三维建模、双色印刷等手段，突出作图过程，强调知识重点；利用二维码技术，进行立体模型的动画演示和作图过程展示，实现文本、网络媒体、立体动画的有机结合。

本书内容涵盖制图的基本知识与技能，点、直线和平面的投影，立体的投影，立体表面相交，轴测图，组合体，机件的图样画法，标准件和常用件，零件图，装配图，零部件测绘等。

本书及配套习题集可作为普通高等学校本科机械类、近机械类各专业制图课程的教材，也可作为高职高专和其它类型学校有关专业的教学用书。

图书在版编目（CIP）数据

机械制图/郭红利主编. —2 版. —北京：化学工业出版社，2021.10 （2024.8重印）
ISBN 978-7-122-40033-8

Ⅰ.①机…　Ⅱ.①郭…　Ⅲ.①机械制图-高等学校-教材　Ⅳ.①TH126

中国版本图书馆 CIP 数据核字（2021）第 201544 号

责任编辑：金林茹　张兴辉　　　　　　　　装帧设计：王晓宇
责任校对：杜杏然

出版发行：化学工业出版社（北京市东城区青年湖南街 13 号　邮政编码 100011）
印　　装：河北延风印务有限公司
787mm×1092mm　1/16　印张 18½　字数 477 千字　2024 年 8 月北京第 2 版第 3 次印刷

购书咨询：010-64518888　　　　　　　售后服务：010-64518899
网　　址：http://www.cip.com.cn
凡购买本书，如有缺损质量问题，本社销售中心负责调换。

定　　价：59.80 元

第二版前言

本书是在第一版的基础上，根据教育部高等学校工程图学教学指导委员会 2015 年修订的"普通高等学校工程图学课程教学基本要求"，结合最新的国家标准及使用本教材院校教师的意见修订而成的。

随着网络技术的发展，教学理念也发生了重大变化。视频、动画、二维码、虚拟现实、微课等新的教学手段在知识传播过程中所占的比重不断上升，传统的教材逐渐不适应新形势的发展。

本次教材修订的指导思想主要有两点：

一是总体遵循"重视基础、结合应用、突出重点、注重创新"的原则，以制图基础理论为根本，结合工程实践，突出空间分析与形体分析，先易后难，循序渐进，帮助学生梳理知识点，掌握知识点之间的认知逻辑关系。

二是教材资源信息化，充分利用多媒体技术、网络交互技术等先进的教学手段，采用三维建模、双色印刷等，突出作图过程，强调知识重点；通过二维码技术，进行立体模型的动画演示和作图过程展示，实现文本、网络媒体、立体动画的有机结合，增加教材的可理解性。

相较于第一版，第二版在以下方面有重大变化：

（1）为便于教师组织教学，将第 1 章的"1.2 绘图工具及其使用"调整为 1.4 节，放在"1.5 绘图的方法和步骤"前面。

（2）在"第 2 章 点、直线和平面的投影"中增加了"2.5 直线与平面、平面与平面的相对位置"，加强了画法几何部分的内容。

（3）全书的图例和术语均采用出版发行前最新的国家标准进行编写。

（4）全书立体图运用三维建模，增加立体效果，并采用双色印刷，将需要强调的知识点和作图过程突出显示，改善原有教材色彩单一、图形重点不突出的缺点，提高教材的可读性和美观性。

（5）增加了动画和视频等数字资源，学生可通过扫描二维码再现课堂教学资料，让读者身临其境，提高学习兴趣和效果。

（6）增加了多媒体课件，供授课教师和自学者选用。

与本书配套的习题集也进行了相应的修订工作。

本书由郭红利主编。参加编写的人员有陕西科技大学的郭红利（绪论、第 1、8 章、附录）、王靓（第 2 章）、史鹏涛（第 3、10、11 章）、孙涛（第 4、5 章）、张曼（第 6、7 章）、徐英英（第 9 章）。另外，在本书的编写过程中，得到了教研室很多老师的大力支持，在此表示诚挚的感谢。

由于编者水平有限，书中不当之处在所难免，恳请读者批评指正。

编　者

目录

第 8 章
标准件和常用件

165

绪论

0.1 本课程的研究对象

本课程的研究对象为表达产品设计、制造、检验、维修等工程技术属性的工程图样。设计者通过工程图样表达设计对象，制造者通过工程图样了解设计要求，并依据工程图样制造机器，使用者也通过工程图样了解机器的结构和性能。

我们知道，图与文字、语言一样，是人类用来表达和交流思想、传承文明的重要工具之一。语言或文字表达方法丰富多彩，它可以把一件事描述得生动、感人，但是表达物体的形状和大小是很困难的。相比语言和文字，图具有无可比拟的优势，因为图有形象、直观、简洁和明确的特性，所以在描述空间物体的形状、结构、位置、大小等信息时远胜于其它的方式，被广泛地应用在科学研究、工程项目以及信息表达等领域。

《三国志》中，关于诸葛亮的"木牛流马"中的"木牛"是这样记载的："方腹曲头，一脚四足，头入领中，舌著於腹，载多而行少，宜可大用，不可小使；特行者数十里，群行者二十里也。曲者为牛头，双者为牛脚，横者为牛领，转者为牛足，覆者为牛背，方者为牛腹，垂者为牛舌，曲者为牛肋，刻者为牛齿，立者为牛角，细者为牛鞅，摄者为牛秋轴牛仰双辕，人行六尺，牛行四步。载一岁粮，日行二十里而人不大劳"。这段文字较长，描述不简洁，理解起来很困难，不形象，不直观。由于没有图样流传下来，到现在已经失传了。尽管人们根据这段文字去仿制木牛流马，但是结果却不尽理想。这样的例子还有很多，如汉代的张衡发明了地动仪，并在实际应用中得到了验证，遗憾的是，地动仪实物和图样失传，只留下了文字记载，实物遂成千古之谜。与之不同的是，达·芬奇的设计手稿中有很多工程图样，图 0-1 为达·芬奇绘制的巨型弩弓，从图中可直观地看到巨型弩弓的形状，也能看到它的牵引机构是带有螺纹的一种装置。虽然达·芬奇的设计没有过多的文字描述，在工程实践上或许存在一定的不足，但在设计思想的表达上还是比较清楚的。

正如宋代郑樵在《通志》中说的"图谱之学不传，则实学尽化为虚学矣"、"凡器用之属，非图无以制器"，这就是图的特点。

工程界有一句话叫"一图胜万言"，大家可以想象一下，没有图的世界是什么样的？如果没有图，科技的进步是很难想象的，所以人类在探索自然的过程中已经越来越离不开工程

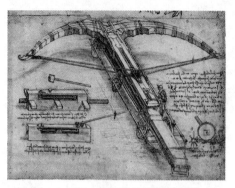

图 0-1 达·芬奇的巨型弩弓设计

图了。正是因为有图，才使得大量知识得以记载和传播，可以说如果没有图，人类的发展进程将会变得很慢。

工程图样是以投影原理为基础，按照特定的制图标准或规定绘制，用以准确表示工程对象的形状、大小和结构，并有必要技术要求的技术性文件，是设计与制造中工程与产品信息的载体、表达和传递设计信息的主要媒介。

在现代化的生产建设中，无论是机器的设计、制造、安装，还是工程建筑物的规划、设计、施工、管理，都离不开工程图样，它是表达设计意图、进行技术交流和指导生产的重要工具，是生产中重要的技术文件，常被喻为工程界的"技术语言"。因此，工程技术人员若缺乏绘制和阅读工程图样的能力，就无法进行技术交流，每个工程技术人员都必须掌握这种工程界的语言，具备绘制和阅读工程图样的能力。

0.2 本课程的性质和任务

工程图与不同的行业领域结合，形成了具有不同专业领域特点的制图技术，如机械工程制图、建筑工程制图、土木工程制图、电气工程制图、船舶工程制图、地形图等。

机械工程制图（简称机械制图）是研究机械图样的一门课程，是机械类专业学生必修的一门既有系统理论又有较强实践性的技术基础课，它研究解决空间几何问题以及绘制和阅读机械图样的理论和方法，培养学生的形象思维能力，为学生后续课程的学习和走向工作岗位奠定必要的基础。

本课程的主要任务是：
① 培养学生依据投影理论用二维图形表达三维形体的能力。
② 培养学生绘制和阅读机械图样的能力。
③ 培养学生空间想象能力和形象思维能力。
④ 培养学生徒手绘图、尺规绘图和计算机绘图的能力。
⑤ 培养学生工程意识、标准化意识和创新意识。
⑥ 培养学生认真负责的工作状态和严谨细致的工作作风。

0.3 本课程的学习方法

本课程既有理论，又注重实践，各部分内容既紧密联系，又各有特点。根据本课程的学习要求及各部分内容的特点，在学习中应注意以下几点：
① 重视空间想象能力的培养。学习时要注意空间形体与投影图形之间的对应关系，多看、多想、多画，不断地"由物画图、由图想物"，将投影分析和空间分析紧密结合，逐步提高空间想象能力和投影分析能力。
② 重视实践训练。要在理解投影理论和基本概念的基础上，认真、及时、独立地完成习题、作业和绘图训练。因为空间想象能力、投影分析能力、画图与读图能力只有在实践中才能建立和培养。

③ 掌握正确的分析解决问题的方法。在学习过程中，一般对理论的理解并不难，难的是画图和读图的实际应用。因此必须注意掌握正确的画图步骤和分析解决问题的基本方法，将复杂的问题转化为简单的问题，以便准确、快速地画出图形。

④ 树立严谨的科学作风。图样是加工、制造的依据，在生产中起着重要的作用。绘图时，每一条线、每一个字都要严格要求，图纸上的细小差错，将会给生产带来影响和损失。因此在学习过程中，要严格参照国家标准，培养认真负责的学习态度。

第1章

制图的基本知识与技能

图样是工程技术人员表达设计思想、进行技术交流的工具，同时也是指导工业生产的重要技术文件。为便于生产、管理和交流，《技术制图》国家标准对图样画法、尺寸标注等做了统一的规定，成为绘制和阅读工程图样的准则和依据，如图 1-1 所示。本章主要介绍国家标准《技术制图》和《机械制图》的一些基本规定、几何图形的作图方法、徒手作图的基本

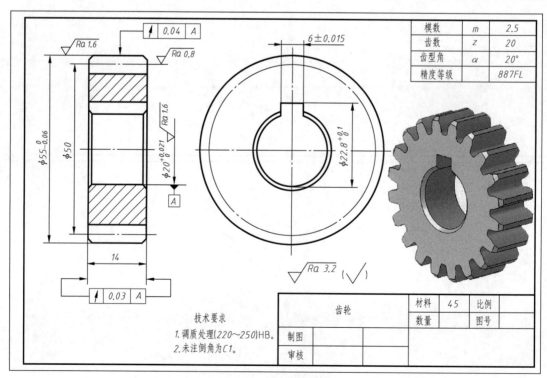

图 1-1　齿轮零件图

技能等。

1.1 制图国家标准的基本规定

《技术制图》是基础技术标准，是各种专业技术图样的通则性规定。《机械制图》是机械专业制图标准。为了准确无误地交流技术思想，绘制和阅读工程图样时必须严格遵守《技术制图》和《机械制图》国家标准的有关规定。

国家标准简称"国标"，其代号为"GB"，如"GB/T 14689—2008"，其中"T"表示推荐性标准，字母后的数字为标准的编号，分隔号后的数字为该标准颁布或最新修订的年份。

本节以图 1-1 为例，主要介绍图纸幅面和格式、比例、图线、字体和尺寸注法的国家标准相关规定。

1.1.1 图纸幅面及格式（GB/T 14689—2008）

（1）图纸幅面

要想绘制图 1-1 所示的齿轮零件图，首先需要一张绘图纸。为了使图纸幅面统一，便于装订和保管，绘制图样时应优先采用表 1-1 中规定的基本幅面。基本幅面有五种，即 A0、A1、A2、A3 和 A4。

表 1-1　基本幅面及周边尺寸

幅面代号	A0	A1	A2	A3	A4
$B \times L$	841×1189	594×841	420×594	297×420	210×297
a	25				
c	10			5	
e	20		10		

图 1-2（a）为基本幅面之间的尺寸关系，必要时，可以按规定加长图纸的幅面，加长幅面的尺寸由基本幅面的短边成倍数增加后得出，如图 1-2（b）所示。

（2）图框格式

图纸幅面确定以后，我们需要在图纸上画出国家标准规定的图框线。图框格式分为不留装订边（图 1-3）和留装订边（图 1-4）两种，但同一产品图样只能采用同一种格式，尺寸按表 1-1 的规定。装订时可采用 A4 幅面竖装或 A3 幅面横装。

（3）标题栏的方位与格式

① 绘图时，必须在图纸的右下角画出标题栏，且标题栏的右边和底边均与图框线重合。一般情况下，标题栏的方向即为看图的方向，如图 1-3、图 1-4 所示。

② 标题栏的格式和尺寸应按国家标准 GB/T 10609.1—2008《技术制图 标题栏》中的规定绘制，如图 1-5 所示。为了学习方便，在制图作业中建议采用图 1-6 所示的格式。

③ 标题栏中的字体，除"签名"外，其它项目均按 GB/T 14691—1993《技术制图 字体》中的规定书写。日期按"2009-08-20""20090820"或"2009 08 20"三种形式之一填写。

（4）附加符号

① 对中符号。为使图纸复制和微缩时定位方便，应在图纸各边的中点处用粗实线画出对中符号，长度从图纸边界开始伸入图框内约 5mm。对中符号处在标题栏范围内，伸入标

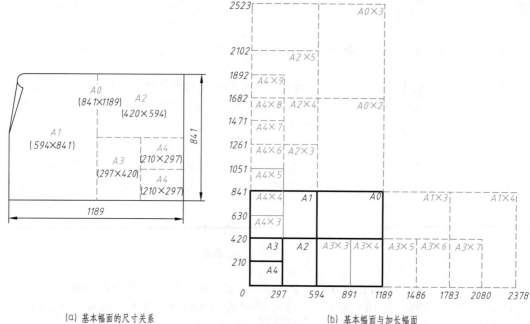

(a) 基本幅面的尺寸关系　　　　　　　　(b) 基本幅面与加长幅面

图 1-2　基本幅面和加长幅面

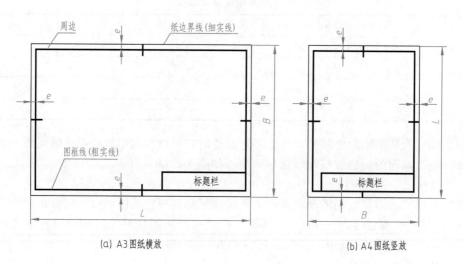

(a) A3图纸横放　　　　　　　　　　(b) A4图纸竖放

图 1-3　不留装订边的图幅格式

题栏部分省略不画，如图 1-7 所示。

　　② 方向符号。对预先印制的图纸，考虑布图方便，允许将图纸逆时针旋转 90°，此时，标题栏位于图框右上角，标题栏字体与看图方向不一致，可在图纸下侧图框线上画一个方向符号（图 1-7）。方向符号为等边三角形"▽"，用细实线画，高度 6mm，图框线内外各 3mm。图框线内外各 3mm。图框线内外各 3mm。

1.1.2　比例（GB/T 14690—1993）

　　确定好图纸的幅面和图框格式后，要根据零件的大小和复杂程度确定合适的绘图比例，如表 1-2 所示。

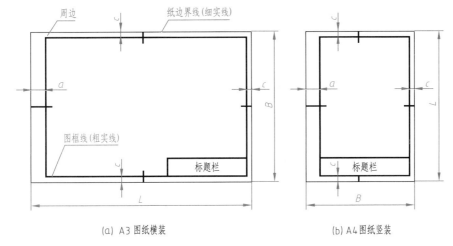

图 1-4 留装订边的图幅格式

(a) A3 图纸横装　　　　　　(b) A4 图纸竖装

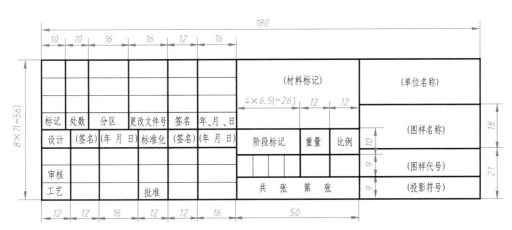

图 1-5 标题栏格式

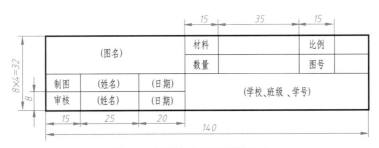

图 1-6 制图作业用标题栏格式

画图时要注意：

① 比例是指图样中图形与其实物相应要素的线性尺寸之比。

② 绘制图样时，一般应在表 1-2 规定的系列值中选取适当的比例。不论采用何种比例，图样中所标注的尺寸均为物体的真实尺寸，如图 1-8 所示。

③ 绘制同一机件的各个视图时，应尽量采用相同的比例，并将其标注在标题栏中的比例栏内。当图样中的个别视图采用了与标题栏中不相同的比例时，可在该视图上方另行标注其比例。

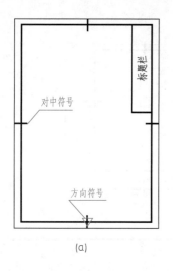
(a)

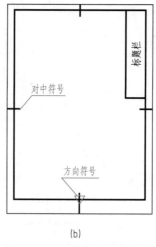
(b)

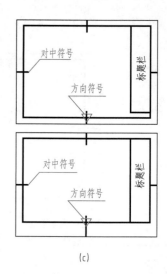
(c)

图 1-7 对中符号和方向符号

表 1-2 比例

种类	优先选择系列	允许选择系列
原值比例	1：1	—
放大比例	5：1 2：1 5×10^n：1 2×10^n：1 1×10^n：1	4：1 2.5：1 4×10^n：1 2.5×10^n：1
缩小比例	1：2 1：5 1：10 1：2×10^n 1：5×10^n 1：1×10^n	1：1.5 1：2.5 1：3 1：4 1：6 1：1.5×10^n 1：2.5×10^n 1：3×10^n 1：4×10^n 1：6×10^n

注：n 为正整数。

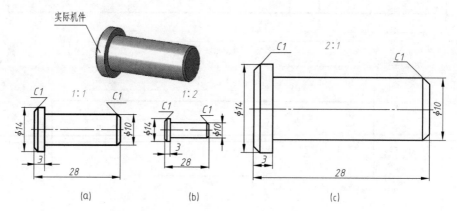

图 1-8 不同比例绘制的图形

1.1.3 字体（GB/T 14691—1993）

每一个零件要想确定其大小并能应用于工程实际，需要标注相应的尺寸数值和技术要求等内容。国家标准中对数字、字母和汉字的书写有着严格的规定。

（1）基本要求

字体是技术图样中的一个重要组成部分。书写字体必须做到字体工整、笔画清楚、间隔均匀、排列整齐。

（2）字体高度

字体高度（用 h 表示，简称字高）的公称尺寸系列为：1.8、2.5、3.5、5、7、10、14、20mm。如需要更大的字，高度应按 $\sqrt{2}$ 的比率递增。字体的高度为字体的号数。

（3）汉字

汉字应写成长仿宋体，采用国家正式公布推行的简化字，字高不小于 3.5mm，字宽为 $h/\sqrt{2}$。书写要领为：横平竖直，注意起落，结构匀称，填满方格。

（4）字母和数字

字母和数字分为 A 型（笔画宽 $h/14$）和 B 型（笔画宽 $h/10$）两种。可写成直体或斜体两种形式。斜体字字头向右倾斜，与水平基准成 75°。同一张图纸只允许用一种类型的字体。

书写字体的范例如下。

汉字示例：

字母示例：

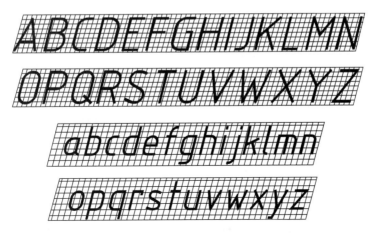

数字示例：

综合应用示例：

$$\phi20^{+0.010}_{-0.023} \quad 10JS5(\pm0.003) \quad M24\text{-}6h \quad 5\%$$

$$\phi25\frac{H6}{m5} \quad \sqrt{} \quad Ra\,6.3 \quad \frac{II}{2:1} \quad \frac{A}{5:1} \quad R8$$

1.1.4 图线（GB/T 4457.4—2002）

（1）图线的形式及其应用

图线是组成图形的基本要素之一，绘制零件的图形时，要根据实际情况，选用相应的图线形式，常用图线的线型及应用如表 1-3 所示。

国标推荐的图线宽度系列为：0.13、0.18、0.25、0.35、0.5、0.7、1、1.4、2mm。机械图样中粗线和细线的宽度比为 2∶1，粗线的宽度通常应按图形的大小和复杂程度选用，一般情况下选用 0.5mm 或 0.7mm。

表 1-3　常用图线的线型及应用

名　称	线　　型	线宽	一 般 应 用
粗实线		d	可见棱边线、可见轮廓线、可见相贯线、剖切符号用线等
细实线		$d/2$	过渡线、尺寸线、尺寸界线、指引线和基准线、剖面线、重合断面的轮廓线等
细虚线		$d/2$	不可见棱边线、不可见轮廓线
细点画线		$d/2$	轴线、对称中心线等
细双点画线		$d/2$	相邻辅助零件的轮廓线、可动零件极限位置的轮廓线、成形前轮廓线、剖切面前的结构轮廓线、轨迹线、中断线等
波浪线		$d/2$	断裂处的边界线、视图与剖视图的分界线。在一张图样上，一般采用其中的一种线型
双折线		$d/2$	

注：表中所注的线段长度和间隔尺寸仅供参考。

图 1-9 为上述几种图线的应用示例。在图形上，粗实线表示该零件的可见棱边线及可见轮廓线，细虚线表示不可见棱边线（或轮廓线），细实线表示尺寸线、尺寸界线及剖面线，波浪线表示断裂处的边界线及视图与剖视图的分界线（双折线和波浪线的用途相同，但在一张图样上，一般只采用一种线型），细点画线表示对称中心线及轴线，细双点画线表示相邻辅助零件的轮廓线。

（2）图线画法注意事项

图 1-10 说明了绘图时图线画法的注意事项：

① 在同一张图样中，同类图线的宽度应一致。虚线、点画线、双点画线的线段长度和间隔应大致相同。

② 绘制圆的对称中心线（简称中心线）时，圆心应为长画的交点。点画线和双点画线的首末两端应是线段而不是点。

③ 在较小的图形上绘制点画线或双点画线有困难时，可用细实线代替。

④ 轴线、对称线、中心线、双折线和作为中断线的双点画线，应超出轮廓线 3～5mm。

⑤ 点画线、虚线和其它图线相交时，都应交到线段处，不应在间隔或短画处相交。

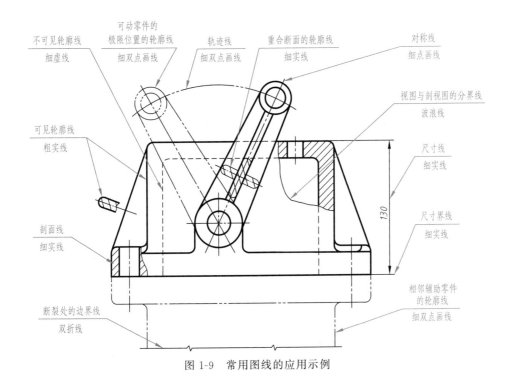

图 1-9　常用图线的应用示例

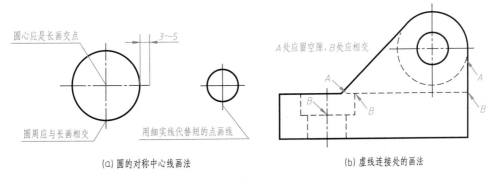

(a) 圆的对称中心线画法　　　　　(b) 虚线连接处的画法

图 1-10　图线画法注意事项

⑥ 当虚线处于粗实线的延长线上时，粗实线应画到分界点，而虚线应留间隔。当虚线圆弧和虚线直线相切时，虚线圆弧的短画应画到切点，而虚线直线需留有间隔。

⑦ 平行线（包括剖面线）之间的最小距离应不小于 0.7mm。

⑧ 当图中的线段重合时，其优先次序为粗实线、虚线、点画线。

1.1.5　尺寸注法（GB/T 4458.4—2003）

图样中的图形主要用来表达机件的形状，而机件的真实大小则通过标注尺寸来确定。尺寸的标注必须严格遵守国家标准中的规则。

（1）标注尺寸的基本规则

① 机件的真实大小以图样上所注尺寸数值为依据，与绘图比例及绘图准确度无关。

② 图样中的尺寸以毫米为单位时，不需标注计量单位的符号或名称，如采用其它单位，则必须注明单位符号。

③ 图样中所标注的尺寸，为该图样所示机件的最后完工尺寸，否则应另加说明。

④ 机件的每一个尺寸，一般只标注一次，并应标注在反映该结构最清晰的图形上。

⑤ 标注尺寸时，应尽可能使用符号和缩写词。常用的符号和缩写词见表 1-4。

⑥ 有些尺寸也可采用国家标准规定的简化注法，如表 1-5 中正方形及板状零件尺寸注法。

表 1-4　尺寸标注中常用的符号和缩写词

名称	符号或缩写词	名称	符号或缩写词
直径	ϕ	45°倒角	C
半径	R	深度	▽
球直径	$S\phi$	沉孔或锪平	⊔
球半径	SR	埋头孔	∨
厚度	t	均布	EQS
正方形	□	弧长	⌒

（2）尺寸的组成

完整的线性尺寸由尺寸界线、尺寸线、尺寸终端（箭头或斜线）、尺寸数字这四个基本要素组成，如图 1-11 所示。

① 尺寸界线。尺寸界线表示尺寸的起止范围，一般用细实线绘制，也可由图形的轮廓线、中心线代替。尺寸界线一般与尺寸线垂直，且超出尺寸线 2～5mm。

② 尺寸线。尺寸线表示尺寸的度量方向，必须用细实线单独绘制，不能用任何其它图线代替，也不能与其它图线重合或画在其延长线上。尺寸线之间不能相交，且应尽量避免与尺寸界线相交。同方向尺寸线之间距离应均匀，间隔最小为 7mm 左右。

③ 尺寸终端。尺寸终端可由箭头或斜线表示，常用形式及其画法如图 1-12 所示。同一张图样中只能采用一种尺寸终端形式。当使用箭头时，只有狭小部位的尺寸才可用圆点或斜线代替箭头，如表 1-5 中狭小部位尺寸标注所示。

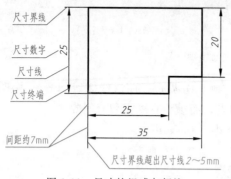

图 1-11　尺寸的组成与标注

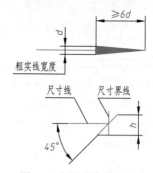

图 1-12　尺寸终端形式

④ 尺寸数字。尺寸数字表示所注机件尺寸的实际大小。水平方向的尺寸，数字应注写在尺寸线的中上方，且字头向上；竖直方向的尺寸，数字应注写在尺寸线的左侧，且字头向左；倾斜方向的尺寸，数字应注写在尺寸线的上侧，字头有朝上的趋势，如表 1-5 中线性尺寸标注图（a）所示；尺寸数字也允许注在尺寸线的中断处，字头朝上。但是在同一张图样中应采用同一种形式，并应尽可能采用前一种形式。当书写空间不够或避免在 30°范围内注写时，可以引出标注，如表 1-5 中线性尺寸标注图（b）、（c）所示。尺寸数字上不能有任何

图线穿过，否则图线应断开，如表 1-5 中球面尺寸 $S\phi15$ 所示。

各类尺寸的标注如表 1-5 中的图例所示。

表 1-5　尺寸标注示例

标注内容	图　例	说　明
线性尺寸	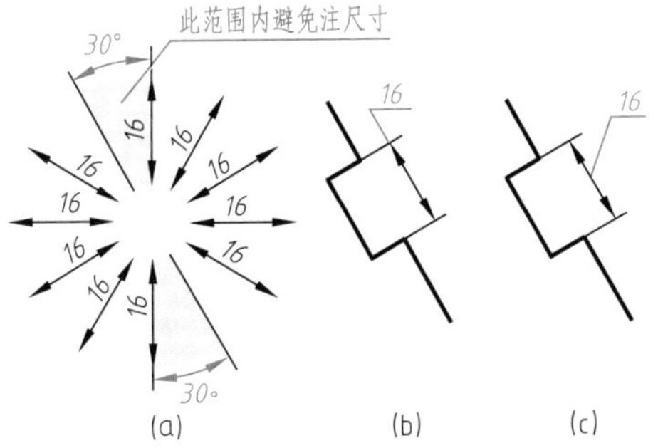	水平尺寸字头向上，垂直尺寸字头向左，并尽量避免在图示 30°范围内标注尺寸。无法避免时，可按右图形式标注
角度	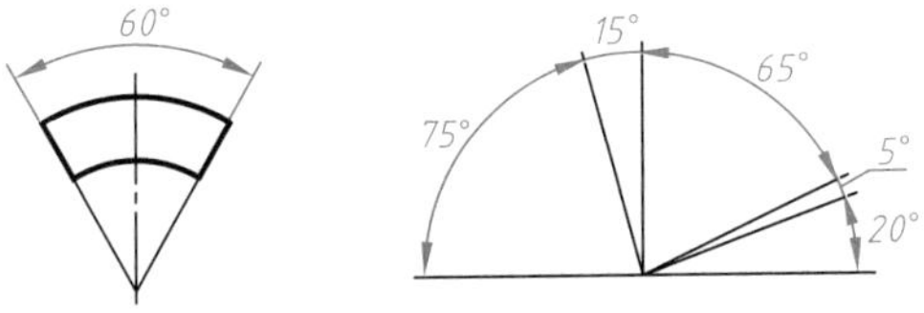	尺寸界线应沿径向引出，尺寸线画成圆弧，圆心是该角的顶点。尺寸数字一律水平书写，一般注在尺寸线的中断处，必要时也可如右图所示标注在尺寸线的外侧或上方，也可引出标注
圆的直径	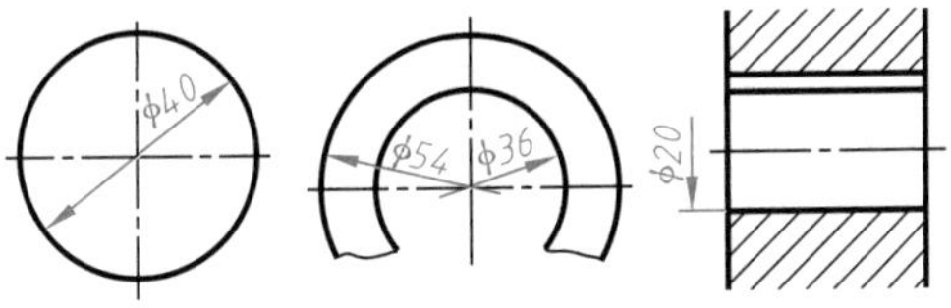	大于半圆的圆弧标注直径 ϕ。当其一端无法画出箭头时，尺寸线应超过圆心一段即可，尺寸线应过圆心
圆弧的半径	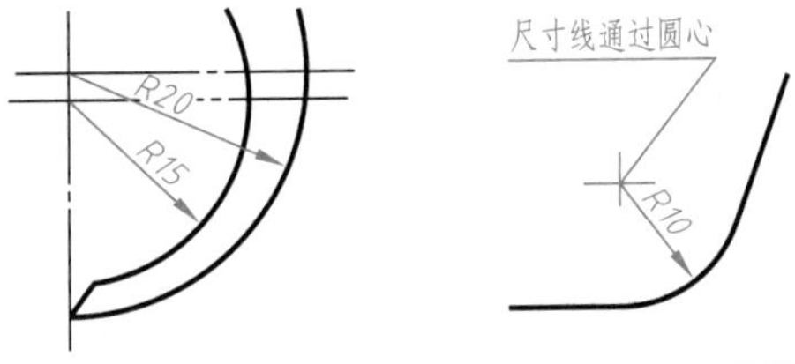	小于等于半个圆弧时标注半径 R
	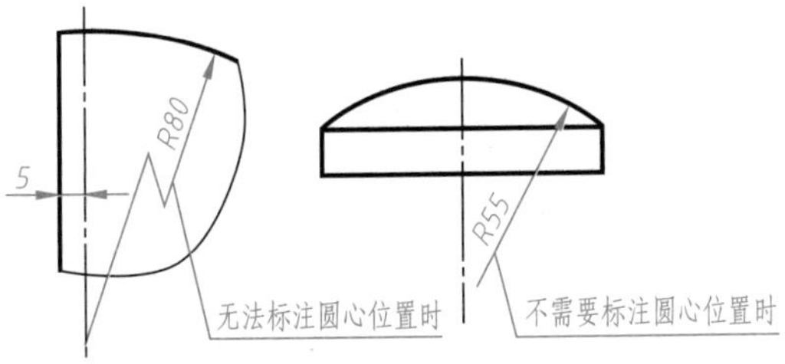	当圆弧的半径过大，在图纸范围内无法标出圆心位置时，可按图示标注
小尺寸	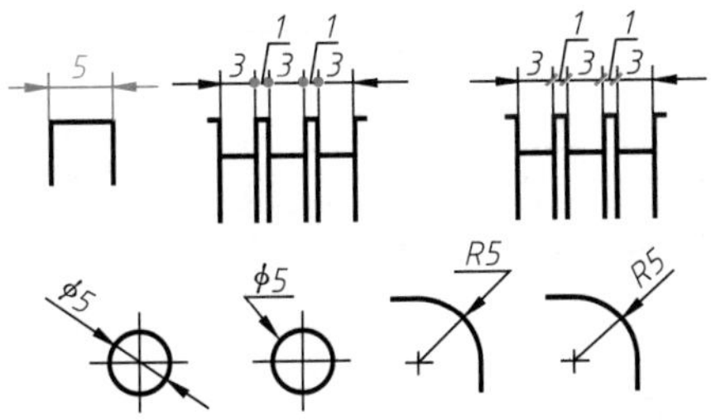	狭小部位没有足够的空间画箭头时，箭头可外移，也可用圆点或斜线代替。尺寸数字可注写在尺寸界线外侧或引出标注

标注内容	图 例	说 明
球面	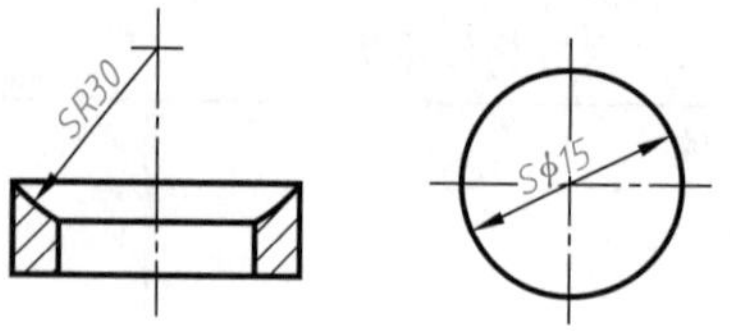	标注球面直径或半径尺寸时,应在尺寸数字前加注符号"$S\phi$"或"SR"
弦长和弧长	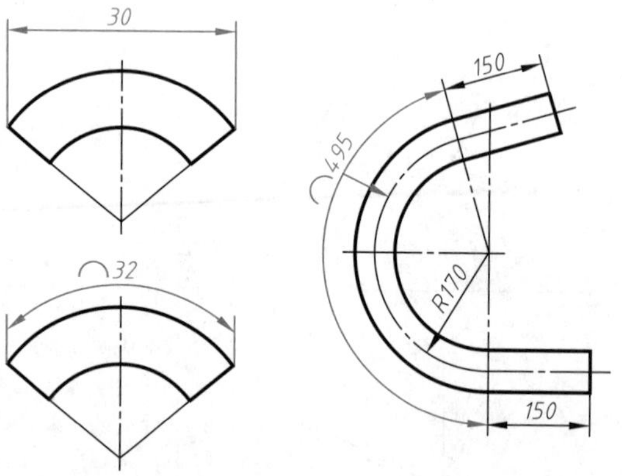	标注弦长和弧长时,如左侧两图例所示,弦长的尺寸界线应平行于对应弦长的垂直平分线,标注弧长尺寸时,尺寸线用圆弧,并在尺寸数字左方加注符号"⌒"。当弧度标注容易产生误解时,弧长尺寸的标注如右图所示
对称机件	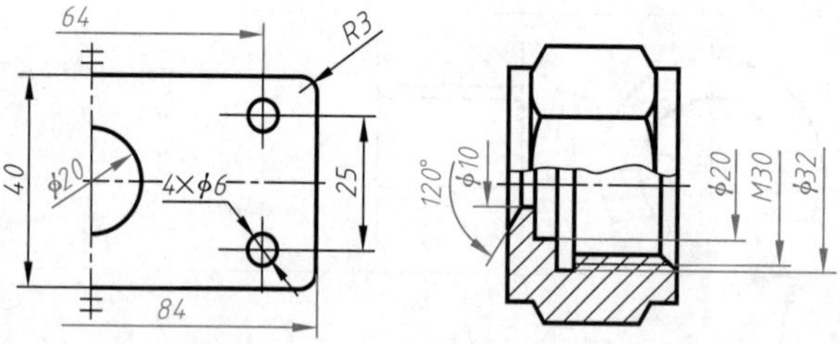	当对称机件只画出一半或略大于一半时,尺寸线应略超过对称中心线或断裂处的边界线,此时仅在尺寸线的一端画出箭头
光滑过渡处的尺寸	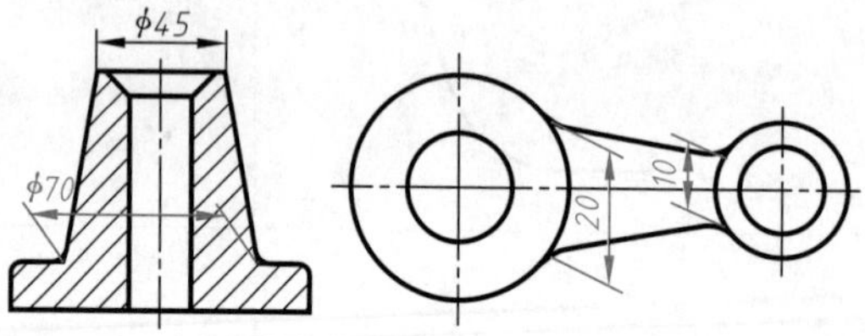	在光滑过渡处,必须用细实线将轮廓线延长,并从它们的交点处引出尺寸界线。尺寸界线一般应与尺寸线垂直,必要时允许倾斜
正方形及板状零件	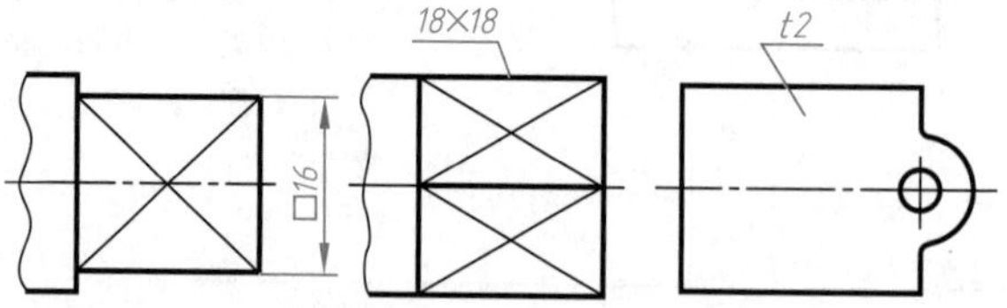	正方形标注可在边长尺寸数字前加注符号"□"或用"$B \times B$"注出。标注板状零件的厚度时,可在尺寸数字前加注符号"t"
倒角	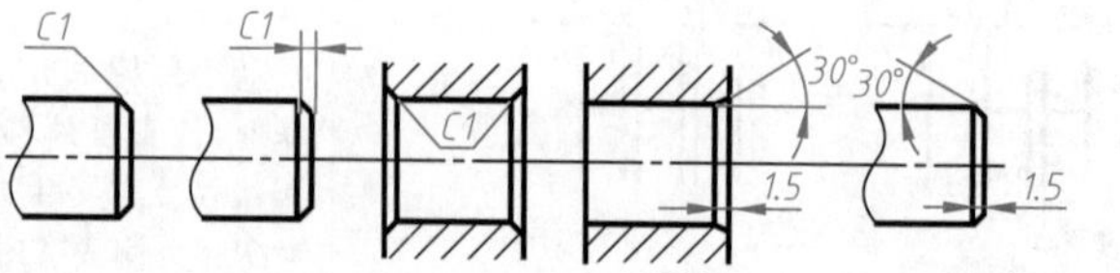	$45°$倒角可按左三图的形式标注,如图中的 $C1$ 表示 $1 \times 45°$倒角;非$45°$倒角可按右侧两图的形式标注

标注尺寸时,必须符合上述各项规定。

在图 1-13（a）中，①处尺寸数字的方向和位置均不符合规定，应标注在尺寸线的左侧，字头朝左；②处标注角度的尺寸数字应一律水平书写；③处尺寸数字应注写在尺寸线的上方；④处标注圆弧半径的尺寸线应从圆心引出；⑤处尺寸数字的标注形式应与其它尺寸标注形式统一；⑥处应避免在如表 1-5 所示的 30°范围内标注尺寸；⑦处尺寸线不能用其它图线（点画线）代替或与其重合；⑧处标注半径时，应在尺寸数字前加注符号"R"。正确的标注如图 1-13（b）所示。

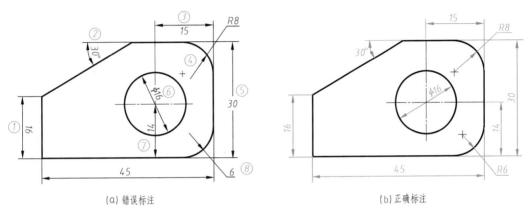

（a）错误标注　　　　　　　　　　（b）正确标注

图 1-13　平面图形尺寸标注正误对比

1.2　几何作图

零件的轮廓形状基本上是由直线、圆弧或其它平面曲线所组成的几何图形。如图 1-14 所示，工程中常用的螺母和扳手，其图样中包含正六边形和圆弧连接的画法。熟练掌握常见几何图形的作图方法是保证绘图质量，提高绘图速度的重要技能之一。

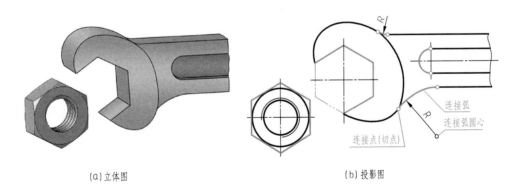

（a）立体图　　　　　　　　　　（b）投影图

图 1-14　工程中常用的螺母和扳手

1.2.1　等分已知线段

将已知线段 AB 三等分。

作图步骤如图 1-15 所示。

① 过点 A 任作一直线 AC。

② 用圆规或分规以任意长度为单位在 AC 上截取三个等分点，得 1、2、3 点。

图 1-15　等分已知线段

③ 连接 $3B$，并分别过 AC 上的 1、2 点作 $3B$ 的平行线交 AB 于点 $1'$、$2'$，得到线段 AB 的三等分点。

1.2.2　正多边形画法

（1）正六边形的画法

画正六边形时，若知道对角线的长度 D（即外接圆的直径）或对边的距离 S（即内切圆的直径），即可用圆规、丁字尺和 60°三角板画出，作图过程如图 1-16 所示。

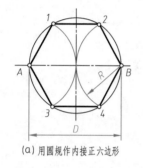
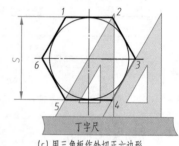

（a）用圆规作内接正六边形　　（b）用三角板作内接正六边形　　（c）用三角板作外切正六边形

图 1-16　正六边形的画法

方法 1：已知外接圆直径 D，用圆规作内接正六边形，如图 1-16（a）所示。

用外接圆半径等分圆周，以两点 A、B 为圆心，以外接圆半径为半径，画弧交于 1、2、3、4 点，即得圆周六等分点，连接各点形成正六边形。

方法 2：已知外接圆直径 D，用三角板作内接正六边形，如图 1-16（b）所示。

过两点 A、B 用 60°三角板和丁字尺配合直接画出六边形的四条边，再连接点 1、2 和点 3、4，即得正六边形。

方法 3：已知内切圆直径 S，用三角板作外切正六边形，如图 1-16（c）所示。

当给出正六边形内切圆的直径时，可用 60°三角板和丁字尺配合过圆心作 60°斜线与圆的水平切线相交于 2、5 点，对称求得 1、4 点。过 4 点作 60°线，与圆的水平中心线交于 3 点，对称可求 6 点。连接各点即得到正六边形。

（2）正五边形的画法

已知外接圆半径 R 求作正五边形，其作图步骤如图 1-17 所示。

① 作半径 OB 的中垂线 PQ 与 OB 交于点 M，如图 1-17（a）所示。

② 以点 M 为圆心，MA 为半径（R_1），画弧与水平中心线交于 N 点，点 A、N 的距离即为正五边形的边长，如图 1-17（b）所示。

③ 以 AN 长（R_2）等分外接圆周得五个顶点，将五个顶点连接，即成正五边形，如图 1-17（c）所示。

（3）正多边形的画法

以正七边形为例介绍正多边形的画法。

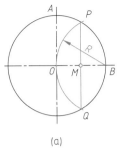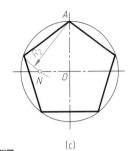

图 1-17 正五边形的画法

已知正七边形的外接圆直径 AB，求作此正七边形。

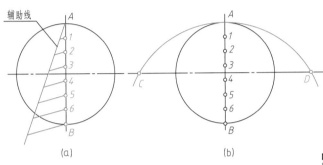

图 1-18 正七边形的画法

作图步骤如图 1-18 所示。

① 将直径 AB 七等分（若作正 n 边形，可分为 n 等分）。

② 以点 B 为圆心，AB 为半径画圆弧，与水平中心线相交，交点为 C、D。

③ 自 C、D 点与 A、B 点上奇数点（或偶数点）连线，延长至圆周，即得各等分点。

④ 连接各等分点，即得正七边形。

1.2.3 椭圆的画法

椭圆为常见的非圆曲线。以一枚硬币为例，如图 1-19 所示。当观察者沿垂直于硬币正面的方向观察时，看到的轮廓图形是一个圆，当倾斜一个角度观察时，看到的轮廓图形则变成了一个椭圆。在已知椭圆的长轴和短轴的条件下，可采用同心圆法作椭圆，也可采用四心圆法作近似椭圆。

（1）同心圆法

① 以椭圆中心为圆心，分别以长轴、短轴长度为直径，作两个同心圆，如图 1-20（a）所示。

图 1-19 椭圆实例

② 对圆进行十二等分。过圆心作斜线，分别求出与两圆的交点，如图 1-20（b）所示。

③ 过大圆上的等分点作竖直线，过小圆上的等分点作水平线，竖直线与水平线的交点即为椭圆上的点，如图 1-20（c）所示。

④ 光滑连接各点即得椭圆，如图 1-20（d）所示。

（2）四心圆法

① 连接 AC，以 O 点为圆心，OA 为半径画圆弧，交 OC 延长线于 E 点；以 C 点为圆

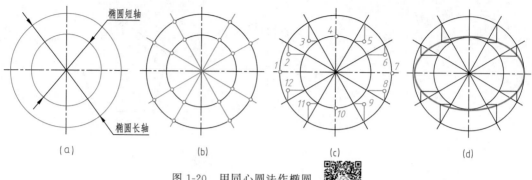

图 1-20 用同心圆法作椭圆

心，CE 为半径画圆弧，交 AC 于 F 点，如图 1-21（a）所示。

② 作 AF 的垂直平分线，与椭圆的长、短轴分别交于 1 点和 2 点；再取对称点 3、4（点 1、2、3、4 即为圆心），如图 1-21（b）所示。

③ 连接点 2、3，点 3、4 和点 4、1，并延长，得到一菱形，如图 1-21（c）所示。

④ 分别以 2、4 点为圆心，R（$R=2C=4D$）为半径画圆弧，与菱形的延长线相交，即得两段大圆弧；分别以 1、3 点为圆心，r（$r=1A=3B$）为半径画圆弧，与所画的大圆弧在菱形延长线处光滑连接，即得近似椭圆，如图 1-21（d）所示。

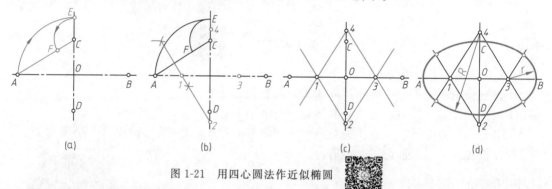

图 1-21 用四心圆法作近似椭圆

1.2.4 斜度和锥度

(1) 斜度

斜度是指一直线对另一直线或一平面对另一平面倾斜的程度 [图 1-22（a）]，其大小用两直线或两平面间夹角的正切值来表示 [图 1-22（b）]，即 $\tan\alpha=H/L$。在图样上常以 $1:n$ 的形式加以标注，并在其前面加上斜度符号"∠"，如图 1-22（c）所示，h 为字体高度，符号线宽为 $h/10$，符号的方向应与图形斜度方向一致。斜度的画法和标注如图 1-22（d）所示。

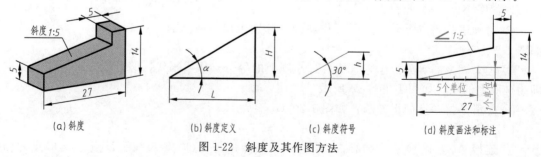

图 1-22 斜度及其作图方法

（2）锥度

锥度是指正圆锥的底圆直径与其高度之比（D/L'），或圆锥台的两底圆直径之差与其高度之比 $[(D-d)/L]$，如图 1-23（a）和（b）所示。在图样上以 $1:n$ 的形式加以标注，并在其前面加上锥度符号 [图 1-23（c）]。该符号应配置在基准线上，符号的方向应与图形锥度方向一致，其画法和标注如图 1-23（d）所示。

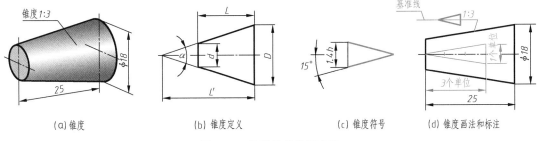

(a) 锥度　　　　　　(b) 锥度定义　　　　　(c) 锥度符号　　　(d) 锥度画法和标注

图 1-23　锥度及其作图方法

1.2.5　圆弧连接

有些机件常常具有光滑连接的表面，如图 1-24 所示。因此在绘制它们的图形时，需要用已知半径的圆弧来光滑连接相邻直线或圆弧，这种光滑连接的作图方法称为圆弧连接。

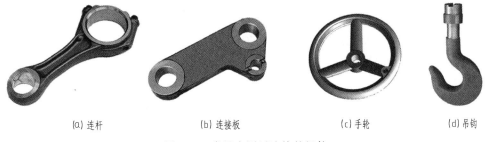

(a) 连杆　　　　　　(b) 连接板　　　　　(c) 手轮　　　　　(d) 吊钩

图 1-24　常见有圆弧连接的机件

（1）圆弧连接的原理

圆弧连接实质上就是圆弧与直线或圆弧与圆弧相切，其作图的关键是求出圆弧的圆心和切点。

①圆与直线相切。与已知直线相切的圆，其圆心轨迹是一条直线，如图 1-25 所示。该直线与已知直线平行，间距为圆的半径 R，自圆心向已知直线作垂线，其垂足 K 即为切点。

②圆与圆相切。如图 1-26 所示，与已知圆相切的圆，其圆心轨迹为已知圆的同心圆，同心圆的半径根据相切情况而定，即：两圆外切

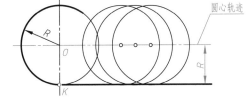

图 1-25　圆与直线相切

时，为半径之和 [图 1-26（a）]，其切点在两圆心连线与圆弧的交点处；两圆内切时，为两圆半径之差 [图 1-26（b）]，其切点在两圆心连线的延长线与圆弧的交点处。

（2）圆弧连接的作图方法

【例 1-1】　用半径为 R 的圆弧连接两已知直线（图 1-27）。

作图步骤：

机械制图　第二版

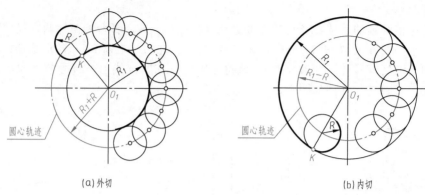

(a)外切　　　　　　　　　　　　　(b)内切

图 1-26　圆与圆相切

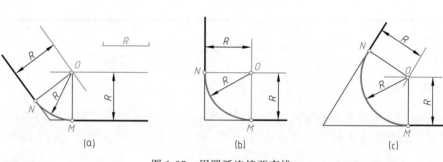

(a)　　　　　　　(b)　　　　　　　(c)

图 1-27　用圆弧连接两直线

① 找圆心。作与已知两直线分别相距为 R 的平行线，交点 O 即为连接圆弧的圆心。

② 找切点。过 O 点向已知两直线作垂线，垂足 M、N 即为两切点。

③ 连线。以 O 点为圆心，以 R 为半径，在 M、N 之间画出连接圆弧。

【例 1-2】　用半径为 R 的圆弧同时外切两已知圆弧（图 1-28）。

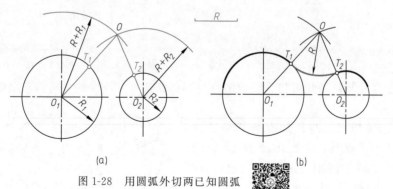

(a)　　　　　　　　　　　　　　　(b)

图 1-28　用圆弧外切两已知圆弧

作图步骤：

① 找圆心。分别以 O_1、O_2 点为圆心，$R+R_1$、$R+R_2$ 为半径画圆弧，两弧的交点 O 即为连接圆弧的圆心。

② 找切点。连接 OO_1、OO_2 交两已知圆弧于 T_1、T_2 点，即为两切点。

③ 连线。以 O 点为圆心，R 为半径，由 T_1 到 T_2 作圆弧即为所求，最后加粗。

【例 1-3】　用半径 R 的圆弧同时内切两已知圆弧（图 1-29）。

作图步骤：

① 找圆心。分别以 O_1、O_2 点为圆心，$R-R_1$、$R-R_2$ 为半径画圆弧，两弧交点 O 即

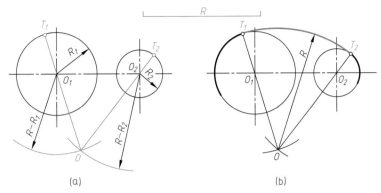

图 1-29　用圆弧内切两已知圆弧

为连接圆弧的圆心。

② 找切点。连接 OO_1、OO_2 交两已知圆弧于 T_1、T_2，即为两切点。

③ 连线。以 O 点为圆心，R 为半径，由 T_1 到 T_2 作圆弧即为所求，最后加粗。

【例 1-4】　用半径 R 的圆弧分别与 R_1 外切，与 R_2 内切（图 1-30）。

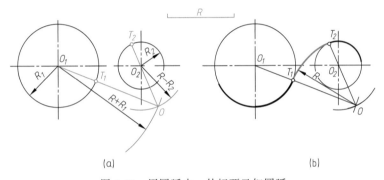

图 1-30　用圆弧内、外切两已知圆弧

作图步骤：

① 找圆心。分别以 O_1、O_2 点为圆心，$R+R_1$、$R-R_2$ 为半径画圆弧，两弧交点 O 即为连接圆弧的圆心。

② 找切点。连接 OO_1、OO_2 交两已知圆弧于 T_1、T_2 点，即为两切点。

③ 连线。以 O 点为圆心，R 为半径，由 T_1 到 T_2 作圆弧即为所求，最后加粗。

1.3　平面图形的分析与作图

平面图形是由许多线段连接而成的，这些线段之间的相对位置和连接关系依据标注的尺寸来确定。画图时，只有对图形进行尺寸分析，了解哪些线段能根据给定的尺寸直接画出，哪些线段要按照相切的连接关系才能画出，才能确定正确的作图步骤和方法。

1.3.1　平面图形的尺寸分析

平面图形中标注的尺寸按其作用可分为定形尺寸和定位尺寸两类。

(1) 定形尺寸

确定平面图形中各线段形状和大小的尺寸称定形尺寸。如图 1-31 中的 15、$\phi5$、$R10$ 都

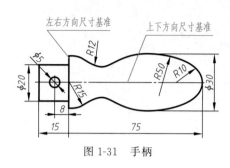

图 1-31　手柄

是定形尺寸。

（2）定位尺寸

确定图形中各线段间相对位置的尺寸称为定位尺寸。如图 1-31 中的 8、75、ϕ30 都是定位尺寸。

标注定位尺寸时，必须有个起点，这个起点称为尺寸基准。平面图形有左右和上下两个方向，每个方向至少应有一个尺寸基准。定位尺寸通常以图形的对称线、中心线、较长的底线或边线作为尺寸基准。如图 1-31 所示平面图形，可以把平面图形中过 R15 圆心的竖直线和上下方向的对称中心线作为图形左右方向和上下方向的尺寸基准。

1.3.2　平面图形的线段分析

在平面图形中，有些线段具有完整的定形和定位尺寸，绘图时，可根据标注尺寸直接绘出；而有些线段的定位尺寸并未完全注出，要根据已注出的尺寸及该线段与相邻线段的连接关系，通过几何作图才能画出。因此，按线段的尺寸是否标注齐全，可将线段分为以下三类。

（1）已知线段

定形、定位尺寸齐全，可以直接画出的线段。如图 1-31 中的 15、ϕ20、ϕ5、R10、R15 均属已知线段。

（2）中间线段

具有定形尺寸和一个定位尺寸，而另一个定位尺寸未直接给出，需根据与其相邻线段的几何关系用作图方法确定的线段。如图 1-31 中的 R50 圆弧。

（3）连接线段

只有定形尺寸，未给出定位尺寸，其位置必须根据与其相邻线段的几何关系用作图方法确定的线段。如图 1-31 中的 R12 圆弧。

1.3.3　平面图形的画图步骤

绘制平面图形时，应先进行尺寸和线段分析，明确各线段的性质，按照已知线段、中间线段、连接线段的顺序依次画出。手柄的作图步骤如图 1-32 所示。

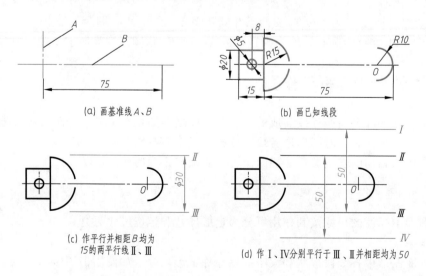

（a）画基准线 A、B

（b）画已知线段

（c）作平行并相距 B 均为
15 的两平行线Ⅱ、Ⅲ

（d）作Ⅰ、Ⅳ分别平行于Ⅲ、Ⅱ并相距均为 50

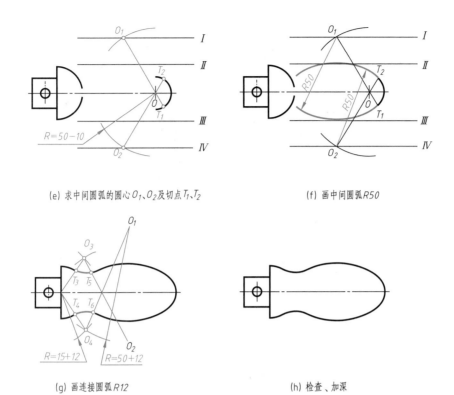

(e) 求中间圆弧的圆心 O_1、O_2 及切点 T_1、T_2　　　　　(f) 画中间圆弧 $R50$

(g) 画连接圆弧 $R12$　　　　　　　　　(h) 检查、加深

图 1-32　手柄的作图步骤

1.4　绘图工具及其使用

正确使用和维护绘图工具，是提高绘图质量、绘图速度和延长绘图工具使用寿命的重要因素。普通绘图工具有图板、丁字尺、三角板、比例尺和圆规等。

(1) 图板和丁字尺

图板的工作表面应平整光滑、边框平直，其左侧边为丁字尺导边，图纸用胶带固定在图板上。如图 1-33 所示。

丁字尺由尺头和尺身组成，绘图时其尺头必须紧靠图板导边，用左手推动丁字尺上、下移动，移动到所需位置画线。

丁字尺和图板配合主要用来画水平线（图 1-34），丁字尺和三角板配合画竖直线（图 1-35）。

(2) 三角板

三角板可配合丁字尺画竖直线（图

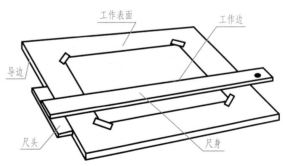

图 1-33　图板、丁字尺的使用

1-35），也可画 45°、30°、60° 和 15° 倍角的斜线（图 1-36）。

利用三角板的配合画已知直线的平行线和垂线的方法，如图 1-37 所示。

(3) 分规和圆规

分规用来量取线段长度或等分线段。分规的两个针尖应平齐，如图 1-38 所示。

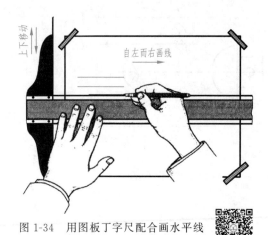

图 1-34 用图板丁字尺配合画水平线

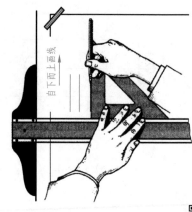

图 1-35 用丁字尺三角板配合画竖直线

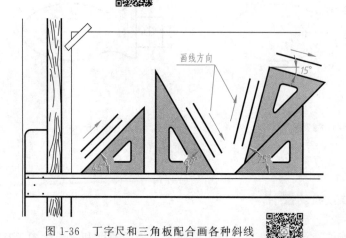

图 1-36 丁字尺和三角板配合画各种斜线

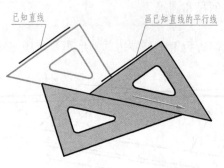

(a)画已知直线的平行线

(b)画已知直线的垂线

图 1-37 用三角板配合画已知直线的平行线和垂线

　　圆规用来画圆和圆弧。画图时使钢针和铅芯都垂直于纸面,钢针的台阶与铅芯尖应平齐。在画粗实线圆时,圆规针脚用 2B 或 B 铅芯(比画粗直线的铅芯软一号),并磨成矩形;画细线圆时,用 H 或 HB 铅芯并磨成斜角,如图 1-39 所示。

　　(4)绘图铅笔

　　铅笔的铅芯分别用 B 和 H 表示其软硬程度,应准备以下几种铅笔:

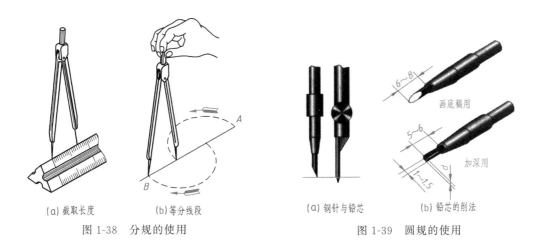

(a) 截取长度　　　　(b) 等分线段

图 1-38　分规的使用

(a) 钢针与铅芯　　(b) 铅芯的削法

图 1-39　圆规的使用

B 或 HB——加深粗实线，铅芯磨成矩形，如图 1-40（a）所示；

HB 或 H——画箭头和写字；

H 或 2H——画底稿或画细线，铅芯磨成锥形，如图 1-40（b）。

铅芯的修磨方法如图 1-40（c）所示。

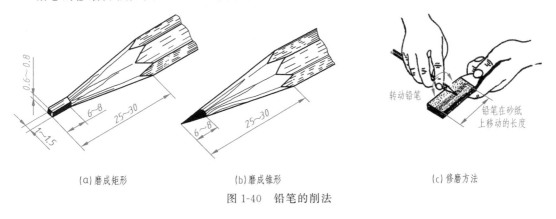

(a) 磨成矩形　　　　　　(b) 磨成锥形　　　　　　(c) 修磨方法

图 1-40　铅笔的削法

（5）其它

在绘图时，除了上述工具之外，还需要准备铅笔刀、橡皮、固定图纸用的胶带纸、擦图片（修改图线时用它遮住不需要擦去的部分）、砂纸（磨铅笔用）、清除图面上橡皮屑的小刷等。

1.5　绘图的方法和步骤

1.5.1　仪器绘图的方法和步骤

（1）准备工作

首先准备好绘图用的图板、三角板、丁字尺及其它绘图仪器，再按线型要求磨削好铅笔和圆规用的铅芯。

（2）选择图幅，固定图纸

根据图样大小和绘图比例选好图幅，再将图纸铺放在图板左下方，摆正后用胶带纸固定，如图 1-41（a）所示。

（3）画图框和标题栏

根据国家标准规定的幅面和标题栏位置，画出图框线和标题栏底图，如图1-41（b）所示。

（4）确定图形的位置

布图要求均匀、美观。先根据每个图形大小及标注尺寸所占面积确定其位置，然后画出各图的作图基准线，如图1-41（c）所示。

（5）画底图

画底图时应轻、细、准，用H或2H铅笔，先画主要轮廓线，再画细节部分，尺寸量取一定要准确，画完后要逐个图形进行检查，改正错误。

（6）描深图线

根据图线的要求，选择不同型号铅笔进行描深，一般顺序为先描图形后标尺寸，再填写标题栏和文字。描深图线时，先粗线后细线，先曲线后直线，先水平线后垂直线，然后描斜线。描完后，再对全部图形进行检查，确定无误后即完成全图。

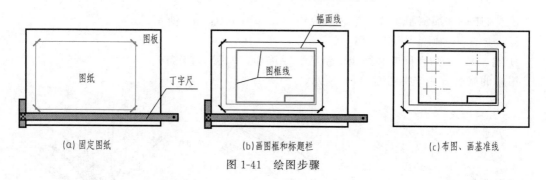

(a) 固定图纸　　　　(b)画图框和标题栏　　　　(c)布图、画基准线

图 1-41　绘图步骤

1.5.2　徒手绘图的一般方法

徒手图也称草图，是以目测物体的形状、大小和相对比例而徒手绘制的图样。绘制徒手图可加快设计速度，方便现场测绘。徒手图同样要求：图形正确、线型分明、比例一致、字体工整、图面整洁。

徒手绘图所使用的铅笔芯磨成圆锥形，画中心线和尺寸线时磨得较尖，画可见轮廓线时磨得较钝。手握笔的位置要比仪器绘图高些，以利于运笔和观察目标，笔杆与纸面成45°～60°，执笔稳而有力。一个物体的图形无论怎样复杂，总是由直线、圆、圆弧和曲线所组成。因此要画好草图，必须掌握徒手画各种图线的方法。

（1）直线的画法

画直线时，手腕不要转动，眼睛看着画线的终点，轻轻沿画线方向移动手腕和手臂，如图1-42所示。画长斜线时，可以将图纸旋转适当角度，使它转成水平线来画。

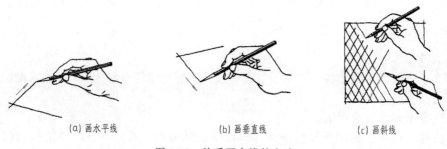

(a) 画水平线　　　　(b) 画垂直线　　　　(c) 画斜线

图 1-42　徒手画直线的方法

（2）圆的画法

画小圆时，应先定圆心，画中心线，再根据半径大小通过目测在中心线上定出四点，然后过这四点分两段画出圆，如图 1-43（a）所示。也可过四点先作正方形，再作内切的四段圆弧，如图 1-43（b）所示。画较大圆时，可过圆心增画两条 45° 的斜线，在斜线上再根据半径大小目测定出四个点，然后过这八点分段画出圆。如图 1-43（c）所示。

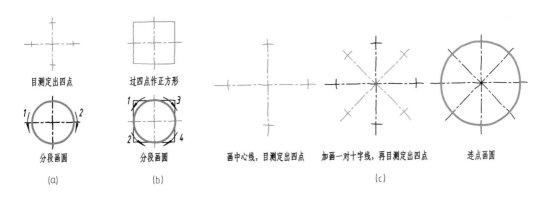

图 1-43　徒手画圆的方法

（3）角度的画法

画 30°、45°、60° 等特殊角度线时，可利用两直角边的比例关系近似地绘制，如图 1-44 所示。

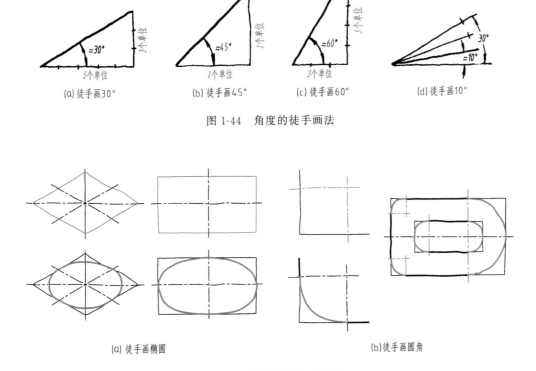

图 1-44　角度的徒手画法

图 1-45　椭圆及圆角的画法

（4）椭圆及圆角的画法

画椭圆时，先画出椭圆的长、短轴，并目测确定长、短轴上四个端点的位置，过这四个点画一矩形。然后分别画四段圆弧与矩形相切，并注意其对称性，也可利用外接的菱形画四段圆弧构成椭圆，如图 1-45（a）所示。

画圆角时，先通过目测选取圆心位置，过圆心向两边引垂线定出圆弧与两边的切点，然后画弧，如图 1-45（b）所示。

第2章

点、直线和平面的投影

本章主要介绍投影法的基本知识和空间点、直线、平面的投影，为形体的画图、读图提供必要的理论基础及方法。

2.1 投影法

2.1.1 投影法的基本知识

在日常生活中，当太阳光或灯光照射物体时，会在墙上或地面上出现物体的影子，这个影子只能反映物体的轮廓，却表达不出物体的形状和大小。人们将这种现象进行科学的总结和抽象，概括出了用物体在平面上的投影来表示其形状和大小的投影方法，使在图纸上表达物体形状和大小的要求得以实现。如图 2-1 所示，S 为投射中心，A 为空间点，平面 P 为投影面，S 与点 A 的连线为投射线，SA 的延长线与平面 P 的交点 a 称为点 A 在平面 P 上的投影，这种投射线通过物体，向选定的投影面投射，并在该投影面上得到图形的方法叫作投影法。

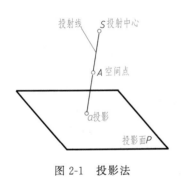

图 2-1　投影法

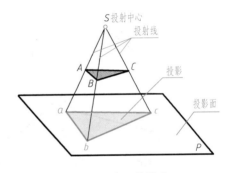

图 2-2　中心投影法

2.1.2 投影法的分类

工程上常用的投影法分为中心投影法和平行投影法两大类。

(1) 中心投影法

投射线都交汇于一点的投影法，称为中心投影法。图 2-2 是三角形 ABC 用中心投影法在投影面 P 上得到的投影 abc。

从图 2-2 中可以看出，投影 abc 比空间三角形 ABC 要大很多，不能反映物体的真实大小，所以它不适用于绘制工程图样。中心投影法常用于绘制建筑物或产品的立体图，也称为透视图，其特点是直观性好、立体感强，但可度量性差。

(2) 平行投影法

投射线相互平行的投影法，称为平行投影法，如图 2-3 所示。

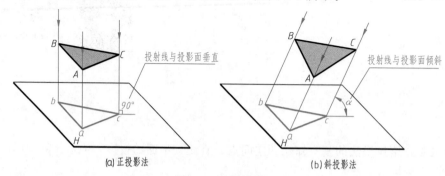

(a) 正投影法   (b) 斜投影法

图 2-3　平行投影法

根据投射线与投影面是否垂直，平行投影法可分为两种。

① 正投影法。投射线与投影面垂直的投影方法，如图 2-3（a）所示。工程中最常用的多面正投影图是采用正投影法绘制的，这种投影图能正确地表达物体的真实形状和大小，作图比较方便，在工程中应用最广泛。以后若不特别指出，所述投影即指正投影。

② 斜投影法。投射线与投影面倾斜的投影方法，如图 2-3（b）所示。常用于绘制零件的立体图，其特点是直观性强，但作图繁琐，不能反映物体的真实形状和大小，在机械图中只作为辅助图样。

2.1.3 正投影的基本性质

① 真实性。当空间直线或平面平行于投影面时，其在所平行的投影面上的投影反映直线的实长或平面的实形，这种特性称为真实性，如图 2-4（a）所示。

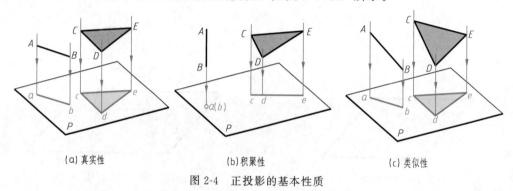

(a) 真实性   (b) 积聚性   (c) 类似性

图 2-4　正投影的基本性质

② 积聚性。当空间直线或平面垂直于投影面时，其在所垂直的投影面上的投影积聚为一个点或一条直线，这种特性称为积聚性，如图 2-4（b）所示。

③ 类似性。当空间直线或平面倾斜于投影面时，它在该投影面上的投影仍为直线或与之类似的平面图形，且其投影的长度变短或面积变小，这种特性称为类似性，如图 2-4（c）所示。

2.2　点的投影

点是构成物体的最基本几何元素。为了迅速而正确地画出物体的投影图，必须掌握点的投影规律。

2.2.1　点的单面投影

点的投影仍然是点。如图 2-5 所示，由空间点 A 向投影面 P 作垂线，其垂足 a 即为空间点 A 在投影面 P 上的唯一投影。反之，若已知投影 a 则不能确定点 A 的空间位置，因为在过 a 所作的 P 面垂线上各点（如 A、A_1、…）的投影都与 a 重合。因此，要确定一个点的空间位置，仅凭一面投影是不够的，常需要作出点的两面投影或三面投影。

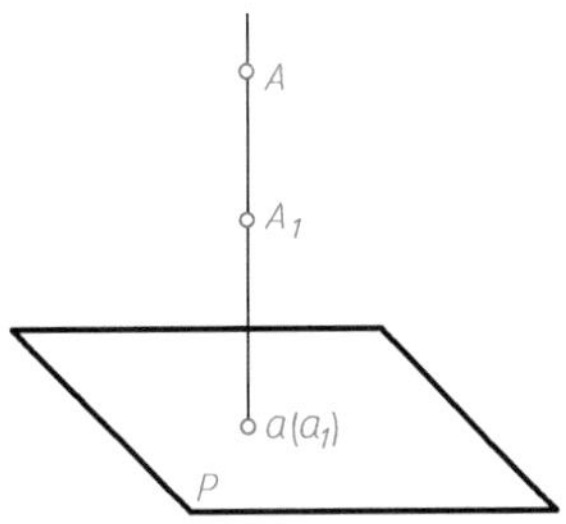

2.2.2　点的三面投影

图 2-5　点的单面投影

（1）三投影面体系的建立

以相互垂直的三个平面作为投影面，便组成了三投影面体系，如图 2-6 所示。正立放置的投影面称为正立投影面，简称正面，用 V 表示；水平放置的投影面称为水平投影面，简称水平面，用 H 表示；侧立放置的投影面称为侧立投影面，简称侧面，用 W 表示。相互垂直的三个投影面的交线称为投影轴，分别用 OX、OY、OZ 表示。

三个投影面将空间划分为八个分角，国家标准《技术制图　投影法》规定，绘制技术制图时，应以采用正投影法为主，并采用第一角画法。因此，我们着重讨论点在第一分角中的投影。

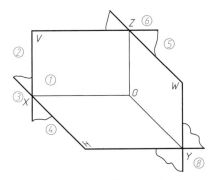

图 2-6　三投影面体系

（2）点的三面投影的形成

如图 2-7（a）所示，将空间点 A 置于三投影面体系中，分别作垂直于 V 面、H 面、W 面的投射线，得到点 A 的正面投影 a'、水平投影 a 和侧面投影 a''。

注：① 空间点用大写拉丁字母表示，如 A、B、C、…

② 点的水平投影用相应的小写字母表示，如 a、b、c、…

③ 点的正面投影用相应的小写字母加一撇表示，如 a'、b'、c'、…

④ 点的侧面投影用相应的小写字母加两撇表示，如 a''、b''、c''、…

为了将点的三个投影 a、a'、a'' 画在同一图面上，移去空间点 A，规定 V 面不动，将 H、W 面按图 2-7（b）所示箭头所指的方向绕其相应的投影轴旋转摊平在同一平面上，使 H、V、W 三个投影面共面，画图时不必画出投影面的边框和 V、H、W 代号，便得到了点

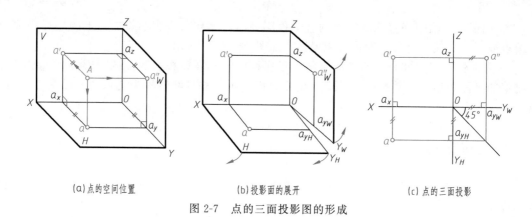

(a)点的空间位置　　　　　　　(b)投影面的展开　　　　　　　(c) 点的三面投影

图 2-7　点的三面投影图的形成

的三面投影图，如图 2-7（c）所示。

（3）点的三面投影特性

由图 2-7（a）可知：由于 $Aa'\perp V$ 面，$Aa\perp H$ 面，则平面 Aaa_xa' 与 OX 轴相垂直，$aa_x\perp OX$ 轴且 $a'a_x\perp OX$ 轴。同理可得 $aa_y\perp OY$ 轴，$a''a_y\perp OY$ 轴，$a'a_z\perp OZ$ 轴和 $a''a_z\perp OZ$ 轴。当 H 面向下旋转 90° 与 V 面共面时，a'、a_x、a 三点共线，如图 2-7（c）所示，故得到 $a'a\perp OX$ 轴；同理可得 $a'a''\perp OZ$ 轴，$aa_{yH}\perp OY_H$ 和 $a''a_{yW}\perp OY_W$ 轴。

根据上述分析，可归纳出点在三投影面体系中的投影规律：

① 点的正面投影与水平投影的连线 $a'a\perp OX$ 轴；

② 点的正面投影与侧面投影的连线 $a'a''\perp OZ$ 轴；

③ 点的水平投影到 OX 轴的距离等于点的侧面投影到 OZ 轴的距离，即 $aa_x=a''a_z$。

根据此投影特性，若已知点的任意两面投影，即可求出它的第三面投影。为了作图方便，可过原点 O 作 $\angle Y_HOY_W$ 的角平分线，则 aa_{yH} 与 $a''a_{yW}$ 的延长线必与该辅助线交于一点，从而体现 $aa_x=a''a_z$ 的对应关系。

【例 2-1】 已知点 A 的正面投影和水平投影，求点 A 的侧面投影［图 2-8（a）］。

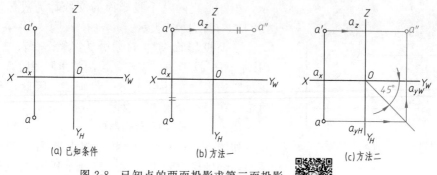

(a) 已知条件　　　　　　　(b)方法一　　　　　　　(c)方法二

图 2-8　已知点的两面投影求第三面投影

方法一：由点的投影特性可知，$a'a''\perp OZ$，$aa_x=a''a_z$，故过 a' 作直线垂直于 OZ 轴，交 OZ 轴于 a_z，并且在 $a'a_z$ 的延长线上量取 $a''a_z=aa_x$，即可得到 a''，如图 2-8（b）所示。

方法二：利用过原点 O 作 $\angle Y_HOY_W$ 的角平分线的方法求得 a''，作图过程如图 2-8（c）所示。

（4）点的投影与坐标的关系

如图 2-9 所示，在三投影面体系中，三根投影轴可以构成一个空间直角坐标系，空间点

A 的位置可以用三个坐标值 (x_A,y_A,z_A) 表示，则点的投影与坐标之间的关系为：

$$aa_{yH}=a'a_z=x_A \quad aa_x=a''a_z=y_A \quad a'a_x=a''a_{yW}=z_A$$

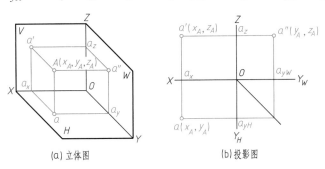

(a) 立体图　　　　　　　　(b) 投影图

图 2-9　点的投影与坐标的关系

由此可见，若已知点 A 的投影（a、a'、a''），即可确定该点的坐标，也就确定了该点的空间位置；反之亦然。

由图 2-9（b）可知，点的每一面投影包含了点的两个坐标；点的任意两面投影包含了点的三个坐标，所以，根据点的任意两面投影，也可确定点的空间位置。

(5) 投影面和投影轴上点的投影

在特殊情况下，点也可以处于投影面和投影轴上。如点的一个坐标为 0，则点在相应的投影面上；如点的两个坐标为 0，则点在相应的投影轴上；如点的三个坐标为 0，则点与原点重合。

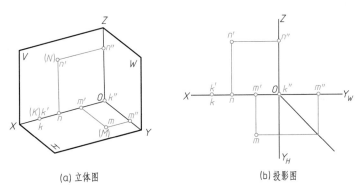

(a) 立体图　　　　　　　　(b) 投影图

图 2-10　投影面和投影轴上点的投影

如图 2-10 所示，N 点在 V 面上，其投影 n' 与 N 点重合，投影 n、n'' 分别在 OX、OZ 轴上；M 点在 H 面上，其投影 m 与 M 点重合，m'、m'' 分别在 OX、OY_W 轴上。K 点在 OX 轴上，其投影 k、k' 与 K 点重合，k'' 与原点 O 重合。其它情况可依次类推。

由此可见，当点在投影面上，则在该投影面上的投影与空间点重合，另两面投影在相应的投影轴上。当点在投影轴上，则该点的两面投影与空间点重合，即都在该投影轴上，另一面投影与原点重合。

【例 2-2】　已知点 C（10,20,0），求作三面投影。

如图 2-11 所示，作图步骤如下。

① 由于 $z_c=0$，则 c' 在 OX 轴上。画坐标轴，并在 OX 上取 $oc'=10$。

② 过 c' 作 $c'c \perp OX$，并使 $c'c=20$。

③ 过 c 作 OY_H 轴的垂线与 45°斜线相交，再过交点作 OY_W 轴的垂线与 OY_W 交于 c''。

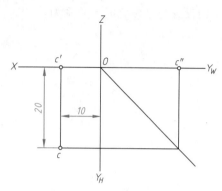

图 2-11 投影面内点的投影

则 c、c'、c'' 即为所求点 C 的三面投影。

2.2.3 两点的相对位置与重影点

(1) 两点的相对位置

两点在空间的相对位置，可以由两点的坐标来确定，即

两点的左、右相对位置由 x 坐标确定，x 坐标值大者在左；

两点的前、后相对位置由 y 坐标确定，y 坐标值大者在前；

两点的上、下相对位置由 z 坐标确定，z 坐标值大者在上。

由此可知，若已知两点的三面投影，判断它们的相对位置时，可根据正面投影或水平投影判断左、右关系；根据水平投影或侧面投影判断前、后关系；根据正面投影或侧面投影判断上、下关系。

如图 2-12 所示，由于 $x_A > x_B$，故点 A 在点 B 的左方；由于 $y_A < y_B$，故点 A 在点 B 的后方；由于 $z_A < z_B$，故点 A 在点 B 的下方，即点 A 在点 B 的左、后、下方。

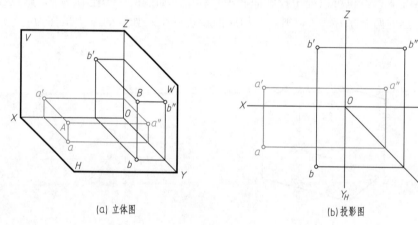

(a) 立体图　　　　　　　　　　(b) 投影图

图 2-12 两点的相对位置

(2) 重影点

如图 2-13 所示，$x_E = x_F$、$z_E = z_F$，说明 E、F 两点的 x、z 坐标相同，即 E、F 两点处于对 V 面的同一条投射线上，其正面投影 e' 和 f' 重合，称为 V 面的重影点。虽然 e' 和 f' 重合，但水平投影和侧面投影不重合，且 e 在前、f 在后，即 $y_E > y_F$。所以对 V 面来说，E 可见，F 不可见。对不可见的点，需加圆括号表示，如点 F 的正面投影表示为 (f')。

重影点的可见性，需根据这两点不重影的投影的坐标大小来判别，即

当两点在 V 面的投影重合时，需由 H 面或 W 面投影判别，y 坐标大者在前（可见）；

当两点在 H 面的投影重合时，需由 V 面或 W 面投影判别，z 坐标大者在上（可见）；

当两点在 W 面的投影重合时，需由 H 面或 V 面投影判别，x 坐标大者在左（可见）。

【例 2-3】 已知空间点 A (12,10,7)，点 B 在点 A 的正上方 4，求作 A、B 两点的三面投影。

从题意可知，由于点 B 在点 A 的正上方，说明点 B 与点 A 的 x 坐标与 y 坐标相等，可

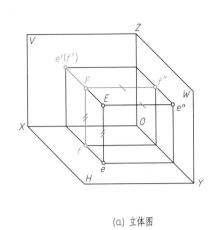

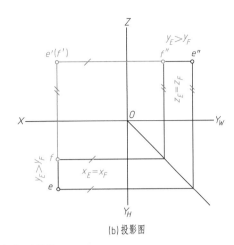

（a）立体图　　　　　　　　　　（b）投影图

图 2-13　重影点和可见性

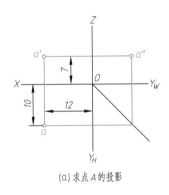

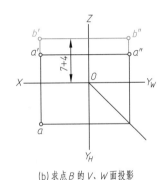

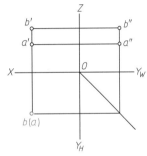

（a）求点 A 的投影　　　（b）求点 B 的 V、W 面投影　　　（c）求点 B 的 H 面投影并判别可见性

图 2-14　求两点的三面投影

根据两点的 z 坐标差作出点 B 的三面投影。

① 根据点 A 的三个坐标作出其三面投影 a、a′、a″，如图 2-14（a）所示；

② 分别将 a′、a″向上延长 4（Z 坐标差），作出 b′、b″，如图 2-14（b）所示；

③ 求点 B 的 H 面投影并判别可见性。因为点 B 在点 A 的正上方，所以 a、b 重合。又因为点 B 的 Z 坐标大于点 A 的 Z 坐标，所以点 A 的水平投影 a 不可见，应加圆括号表示，如图 2-14（c）所示。

2.3　直线的投影

2.3.1　直线的三面投影

由平面几何可知，两点确定一条直线，故直线的投影可由直线上两点的投影确定。如图 2-15 所示，分别将两点 A、B 的同面投影用直线相连，则得直线 AB 的三面投影。

2.3.2　直线的投影特性

（1）直线对单一投影面的投影特性

直线对单一投影面的投影特性取决于直线与投影面的相对位置，如图 2-16 所示。

① 直线垂直于投影面，其投影重合为一个点，而且位于直线上的所有点的投影都重合

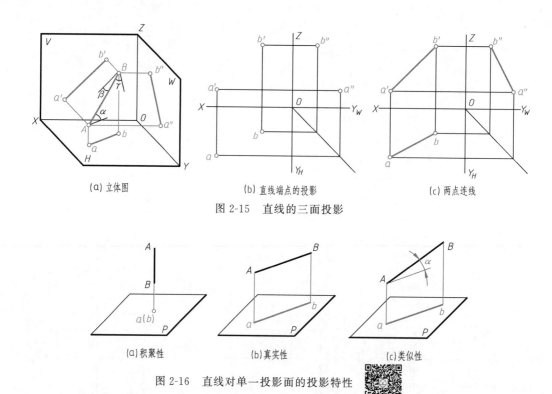

（a）立体图　　　（b）直线端点的投影　　　（c）两点连线

图 2-15　直线的三面投影

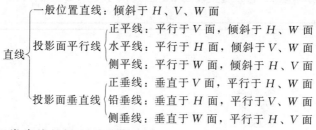

（a）积聚性　　　（b）真实性　　　（c）类似性

图 2-16　直线对单一投影面的投影特性

在这一点上。投影的这种特性称为积聚性，如图 2-16（a）所示。

② 直线平行于投影面，其投影的长度反映空间线段的实际长度，即：$ab=AB$。投影的这种特性称为真实性，如图 2-16（b）所示。

③ 直线倾斜于投影面，其投影仍为直线，但投影的长度比空间线段的实际长度缩短了，$ab=AB\cos\alpha$。投影的这种特性称为类似性，如图 2-16（c）所示。

（2）直线在三投影面体系中的投影特性

直线在三投影面体系中的投影特性取决于直线与三个投影面之间的相对位置。

根据直线与三个投影面之间的相对位置不同可将直线分为三类：投影面平行线、投影面垂直线和一般位置直线。投影面平行线和投影面垂直线又称为特殊位置直线。

$$
直线
\begin{cases}
一般位置直线：倾斜于 H、V、W 面 \\
投影面平行线
\begin{cases}
正平线：平行于 V 面，倾斜于 H、W 面 \\
水平线：平行于 H 面，倾斜于 V、W 面 \\
侧平线：平行于 W 面，倾斜于 H、V 面
\end{cases} \\
投影面垂直线
\begin{cases}
正垂线：垂直于 V 面，平行于 H、W 面 \\
铅垂线：垂直于 H 面，平行于 V、W 面 \\
侧垂线：垂直于 W 面，平行于 H、V 面
\end{cases}
\end{cases}
$$

下面分别讨论三类直线的投影及投影特性。

① 一般位置直线。如图 2-15 所示的直线 AB，由于直线与三个投影面都倾斜，直线上两端点到三个投影面的距离都不相等，所以三面投影 $a'b'$、ab、$a''b''$ 均与投影轴倾斜，且投影长度缩短。从图中还可看出，每一面投影对相应投影轴的夹角，不反映空间直线对相应投影面的真实倾角。

② 投影面平行线。根据直线所平行的投影面的不同，又可分为：

正平线——平行于 V 面，倾斜于 H、W 面的直线；

水平线——平行于 H 面，倾斜于 V、W 面的直线；

侧平线——平行于 W 面，倾斜于 V、H 面的直线。

表 2-1 列出了投影面平行线的轴测图、投影图及投影特性。

直线与投影面的夹角称为直线对投影面的倾角，表中 α、β、γ 分别表示直线对 H、V、W 面的倾角。

表 2-1　投影面平行线的轴测图、投影图及投影特性

名称	水平线($/\!/H\angle V$、W)	正平线($/\!/V\angle H$、W)	侧平线($/\!/W\angle H$、V)
轴测图			
投影图			
投影特性	①水平投影 ab 反映实长。 ②正面投影 $a'b'/\!/OX$，侧面投影 $a''b''/\!/OY_W$，且都小于实长。 ③β、γ 反映真实倾角	①正面投影 $b'c'$ 反映实长。 ②水平投影 $bc/\!/OX$，侧面投影 $b''c''/\!/OZ$，且都小于实长。 ③α、γ 反映真实倾角	①侧面投影 $a''c''$反映实长。 ②水平投影 $ac/\!/OY_H$，正面投影 $a'c'/\!/OZ$，且都小于实长。 ③α、β 反映真实倾角
	归纳：①在所平行的投影面上的投影反映实长。 ②其它投影平行相应的投影轴，且长度缩短。 ③反映实长的投影与投影轴所夹的角度，等于空间直线对相应投影面的倾角		

③ 投影面垂直线。根据其垂直的投影面的不同，又可分为：

正垂线——垂直于 V 面，平行于 H、W 面的直线；

铅垂线——垂直于 H 面，平行于 V、W 面的直线；

侧垂线——垂直于 W 面，平行于 V、H 面的直线。

表 2-2 列出了投影面垂直线的轴测图、投影图及投影特性。

2.3.3　一般位置直线的实长和倾角

一般位置直线的实长及对投影面的倾角可用"直角三角形法"求解，图 2-17（a）所示为一般位置直线。过 B 点作 $BB_1/\!/ab$，即得一直角三角形 ABB_1，其斜边 AB 为线段的实长，直角边 $BB_1=ab$，直角边 $AB_1=\Delta z$，为 A、B 两点的坐标差 z_A-z_B，AB 与 BB_1 的夹角即为直线 AB 对 H 面的倾角 α。

表 2-2　投影面垂直线的轴测图、投影图及投影特性

名称	铅垂线(⊥H)	正垂线(⊥V)	侧垂线(⊥W)
轴测图			
投影图			
投影特性	①水平投影 $a(b)$ 积聚为一点。 ②正面投影 $a'b'⊥OX$，侧面投影 $a''b''⊥OY_W$，且都反映实长。	①正面投影 $b'(c')$ 积聚为一点。 ②水平投影 $bc⊥OX$，侧面投影 $b''c''⊥OZ$，且都反映实长。	①侧面投影 $d''(b'')$ 积聚为一点。 ②正面投影 $d'b'⊥OZ$，水平投影 $db⊥OY_H$，且都反映实长。
	归纳：①在所垂直的投影面上的投影积聚为一点。 ②其它投影垂直于相应的投影轴，且反映线段实长		

【例 2-4】　求作图 2-17（b）中直线 AB 的实长，及其对三个投影面的倾角。

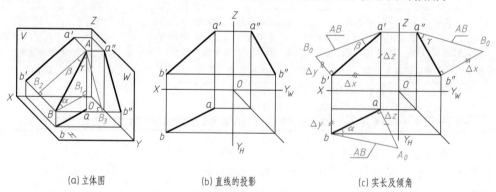

(a) 立体图　　　(b) 直线的投影　　　(c) 实长及倾角

图 2-17　求一般位置直线的实长及倾角

① 过 a 作 ab 的垂线 aA_O，取 $aA_O=\Delta z = z_A - z_B$。

② 连 bA_O，构成直角三角形 abA_O，则 $bA_O=AB$，$\angle A_Oba=\alpha$。

③ 作直角三角形 $a'b'B_O$，则 $b'B_O=\Delta y = y_B - y_A$，则 $a'B_O=AB$，$\angle B_Oa'b'=\beta$。

④ 作直角三角形 $a''b''B_O$，则 $b''B_O=\Delta x = x_B - x_A$，则 $a''B_O=AB$，$\angle B_Oa''b''=\gamma$。

2.3.4　直线上的点

直线上的点具有如下投影特性：

① 从属性。如果一个点在直线上，则此点的各面投影必在该直线的同面投影上。如图 2-18 所示，点 K 在直线 AB 上，则 k 在 ab 上，k' 在 $a'b'$ 上，k'' 在 $a''b''$ 上。

② 定比性。空间点分割线段之比等于点的投影分割线段同面投影之比。如图 2-18 所示，点 K 将直线 AB 分割为 AK 和 KB，则 $AK : KB = ak : kb = a'k' : k'b' = a''k'' : k''b''$。

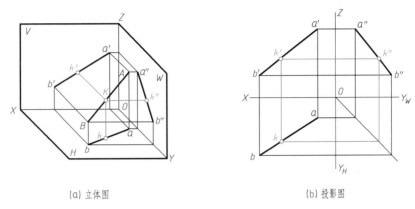

(a) 立体图　　　　　　　　　　　　(b) 投影图

图 2-18　直线上的点

在投影图上，点与直线的三面投影如果符合上述点的两个特性中的任一特性，则点一定在直线上，否则点不在直线上。

【例 2-5】　如图 2-19 所示，已知侧平线 AB 的两面投影和直线上 S 点的正面投影，求 S 点的水平投影。

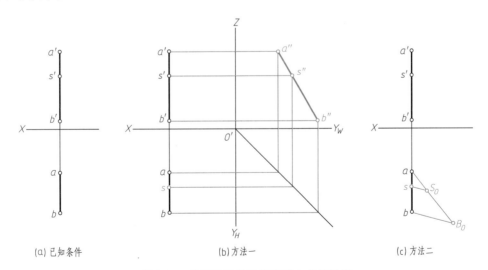

(a) 已知条件　　　　　　　　(b) 方法一　　　　　　　　(c) 方法二

图 2-19　根据已知条件作直线上点的投影

方法一：在三投影面体系作图

① 作出 AB 的侧面投影 $a''b''$，同时作出 S 点的侧面投影 s''。

② 根据点的投影规律，由 s'、s'' 作出 s。

方法二：在两投影面体系作图

① 过 a 点（或 b 点）以任意角度作一条线，量取 $aS_O = a's'$，$S_O B_O = s'b'$。

② 连 bB_O，过 S_O 作 $sS_O // bB_O$ 交 ab 于 s 点，则 s 点为所求点的水平投影。

2.3.5 两直线的相对位置

空间两直线的相对位置有三种情况：平行、相交和交叉（既不平行，又不相交）。其中平行和相交属于共面直线，而交叉为异面直线。

(1) 平行两直线

若空间两直线相互平行，则其同面投影必相互平行。在图 2-20 中，$AB /\!/ CD$，则 $a'b' /\!/ c'd'$，$ab /\!/ cd$，$a''b'' /\!/ c''d''$；反之，若两直线的三面投影分别相互平行，则空间两直线必然相互平行。对于一般位置直线，只需根据两面投影就可判断空间两直线是否平行。

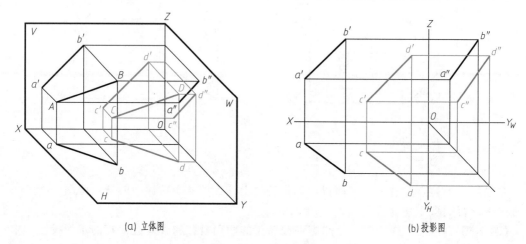

(a) 立体图　　　　　　　　　　　　　(b) 投影图

图 2-20　平行两直线

当两直线同时平行于某一投影面时，只有当所平行的投影面上的投影平行时，才能判断其相互平行，如图 2-21（a）所示（AB、CD 为侧平线），虽然 $ab /\!/ cd$，$a'b' /\!/ c'd'$，但当求出其侧面投影后［图 2-21（b）］，由于 $a''b''$ 与 $c''d''$ 不平行，故直线 AB 与 CD 不平行。

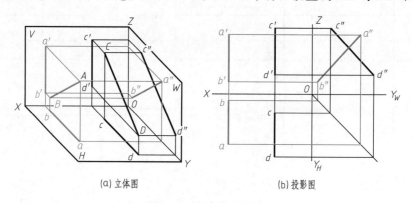

(a) 立体图　　　　　　　　　　　　　(b) 投影图

图 2-21　两直线不平行

(2) 相交两直线

若空间两直线相交，则其同面投影必相交，且交点必符合空间点的投影规律，反之亦然。如图 2-22 中的直线 AB 与 CD 相交于 K 点，则 ab 与 cd，$a'b'$ 与 $c'd'$ 分别相交于 k、k'，且 $kk' \perp OX$ 轴。对于一般位置直线，只要根据两面投影就可判断两直线是否相交。

(3) 交叉两直线

交叉两直线的同面投影可能相交，但其"交点"不符合点的投影规律，实际上是两直线

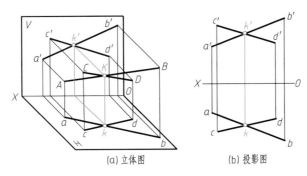

图 2-22   相交两直线

上两点的重影点，需要判别其可见性。

交叉两直线的同面投影也可能平行，但它们的所有同面投影不可能同时平行，如图 2-21 所示。

在图 2-23 中，AB 和 CD 为交叉两直线，水平投影的交点为空间点 Ⅰ 和点 Ⅱ 对 H 面的一对重影点，点 Ⅰ 在 AB 上，点 Ⅱ 在 CD 上，由于 $z_Ⅰ > z_Ⅱ$，因此从上向下投射时点 Ⅰ 可见，点 Ⅱ 不可见，其水平投影以 1（2）表示。同理，正面投影的交点为空间点 Ⅲ 和点 Ⅳ 对 V 面的一对重影点，点 Ⅲ 在 CD 上，点 Ⅳ 在 AB 上，由于 $y_Ⅲ > y_Ⅳ$，因此从前向后投射时点 Ⅲ 可见，点 Ⅳ 不可见，其正面投影以 $3'$（$4'$）表示。

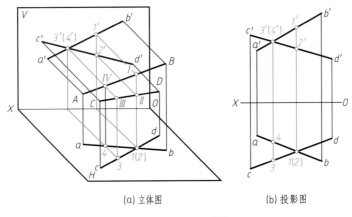

图 2-23   交叉两直线

【例 2-6】 判别图 2-24（a）所示的两侧平线是平行两直线还是交叉两直线（不利用侧

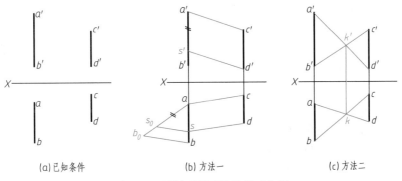

(a)已知条件   (b)方法一   (c)方法二

图 2-24   判别两侧平线的相对位置

041

面投影）。

方法一：如图 2-24（b）所示，若两侧平线为平行两直线，则两平行线段之比等于其投影之比。反之，即使两投影之比等于其线段之比，还不能说明两线段一定平行，因为与 H、V 面成相同倾角的侧平线可以有两个方向，它们能得到同样比例的投影长度，所以在此情况下，还必须检查两直线是否同方向才能确定两侧平线是否平行。

先连接投影 ac 和 $a'c'$，再过 d 和 d' 分别作直线 $ds//ac$；$d's'//a'c'$，得交点 s 和 s'。因为 $as:sb=a's':s'b'$，同时，可看出 AB、CD 两直线是同方向的，所以两侧平线是平行两直线。

方法二：如图 2-24（c）所示。若两侧平线为平行两直线，则可根据平行两直线决定一平面这一性质来判别。

连接直线 AD 和 BC，若 ad 与 bc、$a'd'$ 与 $b'c'$ 分别相交为 k、k'，且 k、k' 在同一投影轴的垂线上，符合点的投影规律，因此两侧平线是平行两直线。

2.3.6 直角投影定理

相交两直线在空间相互垂直，若其中一条直线为某投影面的平行线，则两直线在该投影面上的投影互相垂直，此投影特性称为直角投影定理。

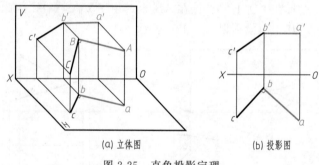

(a) 立体图　　(b) 投影图

图 2-25 直角投影定理

如图 2-25 所示，已知 $AB \perp BC$，其中 $AB//H$ 面，BC 倾斜于 H 面。因 $AB \perp Bb$，$AB \perp BC$，所以 $AB \perp BbcC$ 平面；又因 $ab//AB$，所以 $ab \perp BbcC$ 平面，因此 $ab \perp bc$，即 $\angle abc = \angle ABC = 90°$。

反之，当相交两直线在某一投影面上的投影相互垂直，且其中有一直线为该投影面的平行线时，则这两直线在空间必定相互垂直。

当两直线是交叉垂直（即两直线垂直但不相交）时，也符合上述直角投影定理。

【例 2-7】 已知点 A 及水平线 BC 的水平投影和正面投影，求点 A 到水平线 BC 的距离［图 2-26（a）］。

由直线外一点向该直线作垂线，点到垂足的长度即为点到直线的距离。此题应作出垂线的投影和实长。设点 A 到 BC 的垂线为 AK。由于 BC 为水平线，根据直角投影定理，$ak \perp bc$。

如图 2-26（b）所示：

① 过 a 作 $ak \perp bc$，垂足为 k。

② 过 k 作 $kk' \perp OX$，与 $b'c'$ 交于点 k'。

③ 连接 $a'k'$，得到垂线 AK 的正面投影。

④ 用直角三角形法求 AK 的实长。

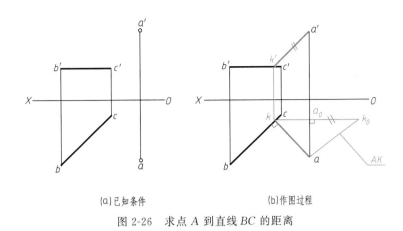

(a)已知条件   (b)作图过程

图 2-26 求点 A 到直线 BC 的距离

2.4 平面的投影

2.4.1 平面的表示法

由初等几何得知，下列几何元素都可以决定平面在空间的位置。

① 不在同一直线上的三个点 [图 2-27 (a)]。

② 一直线和直线外的一个点 [图 2-27 (b)]。

③ 平行两直线 [图 2-27 (c)]。

④ 相交两直线 [图 2-27 (d)]。

⑤ 任意平面图形，如三角形、平行四边形、圆形等 [图 2-27 (e)]。

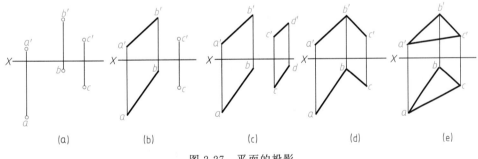

(a)   (b)   (c)   (d)   (e)

图 2-27 平面的投影

以上用几何元素表示平面的五种形式彼此之间是可以互相转化的。实际上，第一种表示法是基础，后几种都是由它转化而来的。

2.4.2 平面的投影特性

(1) 平面对单一投影面的投影特性

平面对一个投影面的投影特性取决于平面与投影面的相对位置，平面相对于投影面的位置共有三种情况：①平行于投影面；②垂直于投影面；③倾斜于投影面。由于位置不同，平面的投影就各有不同的特性，如图 2-28 所示。

① 平面平行于投影面。当平面平行于投影面时，它在该投影面上的投影反映实形，这种投影特性称为真实性。

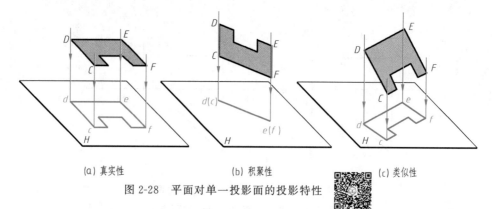

(a) 真实性　　　　　　　　　(b) 积聚性　　　　　　　　　(c) 类似性

图 2-28　平面对单一投影面的投影特性

② 平面垂直于投影面。当平面垂直于投影面时，它在该投影面上的投影积聚成一条直线，这种投影特性称为积聚性。

③ 平面倾斜于投影面。当平面倾斜于投影面时，它在该投影面上的投影与空间平面的形状是类似的，这种投影特性称为类似性。

（2）平面在三投影面体系中的投影特性

平面图形的投影一般仍为平面图形。图 2-29（a）所示△ABC 的三面投影均为三角形。作图时，先求出三角形各顶点的投影，然后将各点的同面投影依次相连，即得△ABC 的三面投影图［图 2-29（b）］。

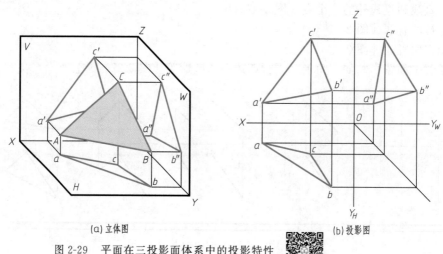

(a) 立体图　　　　　　　　　　　　　　(b) 投影图

图 2-29　平面在三投影面体系中的投影特性

平面在三投影面体系中的投影特性取决于平面对三个投影面的相对位置。根据平面与三个投影面的相对位置不同，可将平面分为三类：投影面平行面、投影面垂直面和一般位置平面。前两种又称为特殊位置平面。

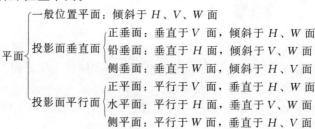

下面分别讨论三类平面的投影及投影特性。

① 一般位置平面。由于一般位置平面对三个投影面都倾斜 [见图 2-29（a）中△ABC 平面]，所以，它的三面投影都是与空间平面类似的图形，既不反映实形，又不积聚，如图 2-29（b）所示。

② 投影面垂直面。根据平面所垂直的投影面的不同，又可分为：

铅垂面——垂直于 H 面，倾斜于 V、W 面的平面；

正垂面——垂直于 V 面，倾斜于 H、W 面的平面；

侧垂面——垂直于 W 面，倾斜于 V、H 面的平面。

表 2-3 列出了投影面垂直面的轴测图、投影图及投影特性。

平面与投影面的夹角称为平面对投影面的倾角，表中 α、β、γ 分别表示平面对 H、V、W 面的倾角。

表 2-3　投影面垂直面的轴测图、投影图及投影特性

名称	铅垂面（$\perp H \angle V、W$）	正垂面（$\perp V \angle H、W$）	侧垂面（$\perp W \angle H、V$）
轴测图			
投影图			
投影特性	①水平投影 p 积聚为直线，并反映对 V、W 面倾角 β、γ。 ②正面投影 p' 和侧面投影 p'' 为类似形，面积缩小	①正面投影 q' 积聚为直线，并反映对 H、W 面倾角 α、γ。 ②水平投影 q 和侧面投影 q'' 为类似形，面积缩小	①侧面投影 r'' 积聚为直线，并反映对 H、V 面倾角 α、β。 ②水平投影 r 和正面投影 r' 为类似形，面积缩小
归纳	①在所垂直投影面上的投影积聚为直线，并反映空间平面对相应投影面的倾角。 ②其它投影为类似形，面积缩小		

③ 投影面平行面。根据其所平行的投影面的不同，又可分为：

水平面——平行于 H 面，垂直于 V、W 面的平面；

正平面——平行于 V 面，垂直于 H、W 面的平面；

侧平面——平行于 W 面，垂直于 V、H 面的平面。

表 2-4 列出了投影面平行面的轴测图、投影图及投影特性。

表 2-4 投影面平行面的轴测图、投影图及投影特性

名称	水平面(//H)	正平面(//V)	侧平面(//W)
轴测图			
投影图			
投影特性	①水平投影 p 反映实形。②正面投影 p' 和侧面投影 p'' 积聚为直线,且分别平行于 OX 和 OY_W 轴	①正面投影 q' 反映实形。②水平投影 q 和侧面投影 q'' 积聚为直线,且分别平行于 OX 和 OZ 轴	①侧面投影 r'' 反映实形。②正面投影 r' 和水平投影 r 积聚为直线,且分别平行于 OZ 和 OY_H 轴
	归纳:①在所平行投影面上的投影反映实形。②其它投影积聚为直线,且平行于相应的投影轴		

2.4.3 平面内的点和直线

(1) 平面内取点

点在平面内的条件是:如果点在平面内的某一直线上,则此点必在该平面上。

据此,在平面上取点时,应先在平面上取直线,再在直线上取点。

【例 2-8】 如图 2-30 (a) 所示,已知△ABC 上点 K 的正面投影 k',求 k 和 k''。

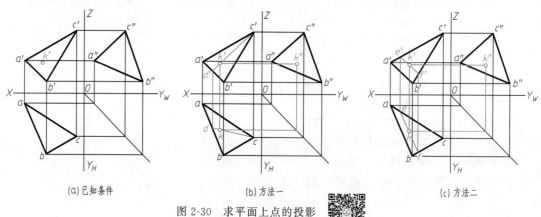

图 2-30 求平面上点的投影

求平面上点的投影，必须先过已知点作辅助线。可用两种方法作图：图 2-30（b）为过 k' 作辅助直线 $c'd'$ 求 k 和 k'' 的方法；图 2-30（c）为过 k' 作平行线（$e'f'//a'b'$）求 k 和 k'' 的方法。

（2）平面内取直线

直线在平面上的条件是：

① 直线经过平面上的两点；

② 直线经过平面上的一点，且平行于平面上的另一已知直线。

据此，可在平面的投影图中进行作图。

【例 2-9】　如图 2-31（a）所示，平面由 $\triangle ABC$ 给出，试在平面内任意作一条直线。

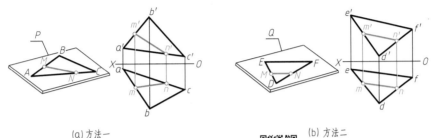

(a) 方法一　　　　　　　　　　　　　　　　(b) 方法二

图 2-31　平面内取任意直线

可用下面两种方法作图。

① 在平面内任找两个点连线 [图 2-31（a）]。

在直线 AB 上任意取一点 M（m、m'），在直线 AC 上任意取一点 N（n、n'），用直线连接 M、N 的同面投影，直线 MN 即为所求。

② 过面内一点作平面内已知直线的平行线 [图 2-31（b）]。

在直线 DE 上任意取一点 M（m、m'），过 M 点作直线 $MN//EF$（$mn//ef$，$m'n'//e'f'$），直线 MN 即为所求。

（3）平面内取投影面平行线

既在平面内又平行于某一投影面的直线，称为平面内的投影面平行线。平面内的投影面平行线又可分为平面内的水平线、正平线和侧平线三种，其投影既要符合直线在平面内的几何条件，又要符合投影面平行线的投影特性。

如图 2-32（a）所示，由于点 A、D 在 $\triangle ABC$ 平面上，则直线 AD 是 $\triangle ABC$ 平面上的一条直线；又因 $a'd'//OX$ 轴，其符合水平线的投影特性，所以直线 AD 为 $\triangle ABC$ 平面上的一条水平线；对于 EF 直线，因 $EF//AD$，且 A、D 在 $\triangle ABC$ 平面上，所以直线 EF 也是 $\triangle ABC$ 平面上的一条水平线。同理，在图 2-32（b）中，AD、EF 均为 $\triangle ABC$ 平面上的一条正平线。

【例 2-10】　如图 2-33（a）所示，已知 $\square ABCD$ 的两面投影，在其上取一点 K，使点 K 在 H 面之上 10mm，在 V 面之前 15mm。

如图 2-33（b）所示，可先在 $\square ABCD$ 上取位于 H 面之上 10mm 的水平线 EF，再在 EF 上取位于 V 面之前 15mm 的点 K。

① 先在 OX 上方 10mm 处作出 $e'f'//OX$，再由 $e'f'$ 作 ef；

② 在 OX 之前 15mm 作 OX 的平行线，与 ef 相交于点 k，即为所求点 K 的水平投影。

③ 过 k 作 OX 轴的垂线，与 $e'f'$ 交于点 k'，即为所求点 K 的正面投影。

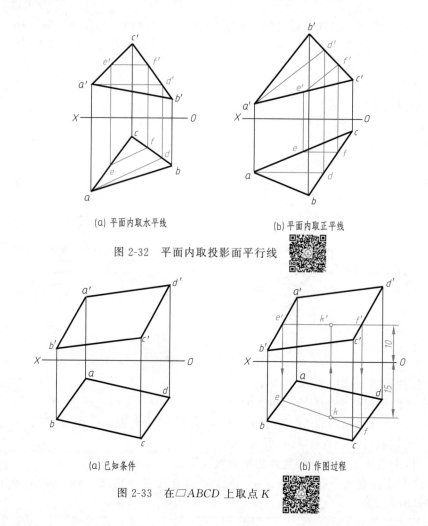

(a) 平面内取水平线　　　　(b) 平面内取正平线

图 2-32　平面内取投影面平行线

(a) 已知条件　　　　(b) 作图过程

图 2-33　在□ABCD上取点K

2.5　直线与平面、平面与平面的相对位置

直线与平面、平面与平面的相对位置可分为三种情况：平行、相交和垂直。其中，垂直是相交的特殊情况。

2.5.1　平行问题

平行问题分为直线与平面平行、平面与平面平行两种。

(1) 直线与平面平行

几何定理：若平面外的一条直线与平面上任意一条直线平行，则此直线一定平行于该平面。

如图 2-34 (a) 所示，P 是△ABC 确定的平面，D 点在 AB 上，E 点在 BC 上，$MN/\!/DE$，DE 在 P 平面上，所以 $MN/\!/$平面 P。

投影特性：

① 一直线的投影与平面上任意一条直线的同面投影平行，则直线平行于该平面。如图 2-34 (b) 所示，若 $mn/\!/de$，$m'n'/\!/d'e'$，且 DE 在△ABC 平面上，则 $MN/\!/$△ABC。

② 在同面投影中，一直线的投影与平面的积聚线平行，则直线平行于该平面。如

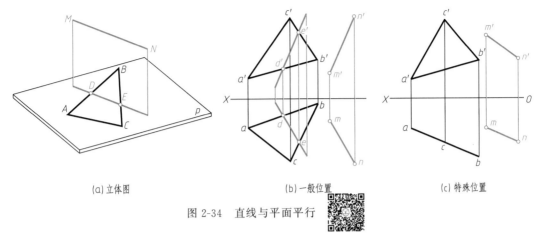

(a) 立体图　　　　　　　(b) 一般位置　　　　　　　(c) 特殊位置

图 2-34　直线与平面平行

图 2-34（c）所示，△ABC 是铅垂面，若 mn//abc，则 MN//△ABC。

【例 2-11】　如图 2-35（a）所示，过点 E 作一条距 V 面 15mm 的正平线 EF，且平行于△ABC。

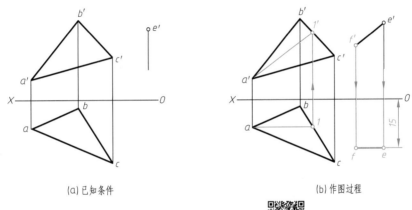

(a) 已知条件　　　　　　　　　　(b) 作图过程

图 2-35　过点作面的平行线

① 如图 2-35（b）所示，过 a 作 a1//OX，由 1 求 1'，连接 a'1'；

② 距 OX 轴 15mm 作 ef//a1，再作 e'f'//a'1'。

【例 2-12】　如图 2-36（a）所示，过点 C 作一平面平行于直线 AB。

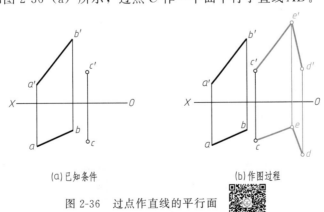

(a) 已知条件　　　　　　　　　　(b) 作图过程

图 2-36　过点作直线的平行面

如图 2-36（b）所示，过点 C 作直线平行于已知直线，包含所作直线作两相交直线表示面，即所求。

① 过 c、c' 作 ce∥ab、$c'e'$∥$a'b'$；

② 过 e、e' 任意方向作 de、$d'e'$。

（2）平面与平面平行

几何定理：一个平面上的两条相交直线与另一个平面上的两条相交直线对应平行，则两平面平行。

如图 2-37（a）所示，AB∥DE，BC∥EF，AB、BC 确定平面 Q，DE、EF 确定平面 R，则 Q∥R。

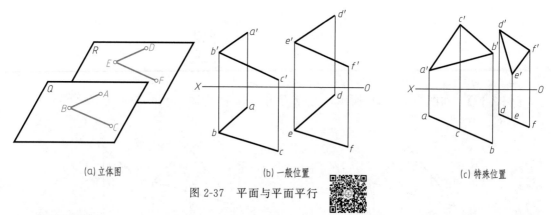

(a) 立体图　　　　　　　　(b) 一般位置　　　　　　　　(c) 特殊位置

图 2-37　平面与平面平行

投影特性：

① 一个平面上的两相交直线与另一个平面上的两相交直线的同面投影对应平行，则两平面平行。如图 2-37（b）所示，ab∥de，$a'b'$∥$d'e'$，bc∥ef，$b'c'$∥$e'f'$，AB、BC 确定平面 Q，DE、EF 确定平面 R，则 Q∥R。

② 两投影面的垂直面在其垂直的投影面上有积聚性的同面投影相互平行，则两平面平行。如图 2-37（c）所示，△ABC、△DEF 是铅垂面，abc∥def，则△ABC∥△DEF。

【例 2-13】　如图 2-38（a）所示，过点 K 作一平面平行于已知平面△ABC。

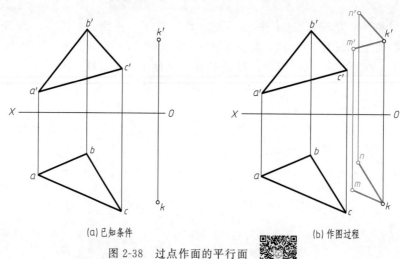

(a) 已知条件　　　　　　　　　　(b) 作图过程

图 2-38　过点作面的平行面

如图 2-38（b）所示，过点 K 作两相交直线对应平行于△ABC 上两相交直线，则过 K 点两相交直线确定的平面即所求。

① 过 k 点作 $kn//bc$、$km//ac$；

② 过 k' 点作 $k'n'//b'c'$、$k'm'//a'c'$。

2.5.2　相交问题

直线与平面、平面与平面若不平行，则一定相交。求直线与平面的交点和两平面交线是画法几何中常见的基本作图问题。直线与平面的交点是直线与平面的共有点；平面与平面的交线是两平面的共有线，即把交线看成是其中一个平面内所有直线与另一平面交点的集合，这样，我们在一平面内任取两直线，分别作出两直线与另一平面的交点，连接后即为此两平面的交线。可见求直线与平面的交点和两平面的交线，基本问题就是求直线与平面的交点。

(1) 利用积聚性求交点和交线

① 直线与平面相交。当直线或平面的投影有积聚性时，交点的一个投影可直接得到，另一个投影可通过在直线上或平面上取点的方法获得。

【例 2-14】　如图 2-39（a）所示，已知一般位置直线 AB 与铅垂面 $EFGH$ 的两面投影，求作交点 K 的投影，并判别直线的可见性。

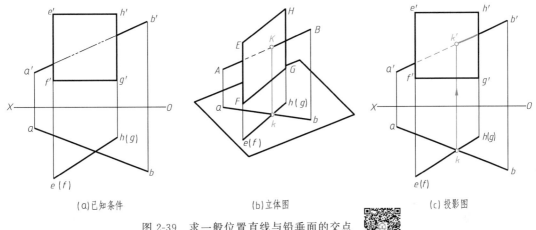

(a)已知条件　　　　　　　(b)立体图　　　　　　　(c)投影图

图 2-39　求一般位置直线与铅垂面的交点

如图 2-39（b）所示，因铅垂面 $EFGH$ 的水平投影有积聚性，故交点 K 的水平投影 k 在铅垂面 $EFGH$ 的积聚性投影 $e(f)(g)h$ 上，又因交点 K 也在直线 AB 上，因此 ab 和 $e(f)(g)h$ 的交点 k 就是点 K 的水平投影。所以，ab 和 $e(f)(g)h$ 的交点即为直线 AB 和铅垂面 $EFGH$ 交点 K 的水平投影 k，如图 2-39（c）所示。过 k 作投影连线与 $a'b'$ 的交点即为 k'。

假设平面是不透明的，由于交点 K 把直线分成两部分，则直线总有一部分被平面遮住看不见，所以还要检查它的可见性问题。对照直线 AB 和平面 $EFGH$ 的两面投影可知：直线 AB 在交点 K 右方的线段位于平面 $EFGH$ 之前，因此 $k'b'$ 是可见的，应画成粗实线；而直线 AB 在交点 K 左方的线段位于平面 $EFGH$ 之后，于是 $a'k'$ 在 $e'f'g'h'$ 内的部分是不可见的，应画成虚线，如图 2-39（c）所示。

由此可知：直线与特殊位置平面相交，平面的有积聚性的投影与直线的同面投影的交点，就是交点的一个投影，从而可以作出交点的其它投影；并可在投影图中直接判断直线投影的可见性。

【例 2-15】　如图 2-40（a）所示，求铅垂线 DE 与 $\triangle ABC$ 的交点。

如图 2-40（b）所示，DE 是铅垂线，水平投影积聚为一点，交点是直线上的点，则交

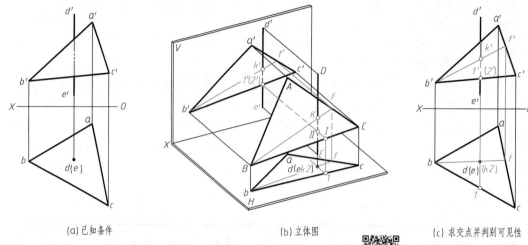

(a) 已知条件	(b) 立体图	(c) 求交点并判别可见性

图 2-40　求一般位置直线与铅垂面的交点

点水平投影与 de 重合，且交点也在平面上，利用在平面上取点的方法，即可求出交点的正面投影。

a. 求交点。如图 2-40（c）所示，标出 k，连接 bk 并延长交 ac 于 f，作 f'，连接 $b'f'$ 交 $d'e'$ 于 k'。

b. 判断可见性。如图 2-40（b）和图 2-40（c）所示，BC 上的 Ⅰ（1、1′）点与 DE 上的 Ⅱ（2、2′）点在正立投影面上重影，从水平投影上可以看出 $y_1 > y_2$，即 Ⅰ 在 Ⅱ 之前，Ⅰ 点可见，Ⅱ 点不可见，则 DE 上的 ⅡK 线段的正面投影不可见，为虚线；以交点为界，另一线段可见，为粗实线。水平投影上 D、E 积聚为一点，所以不需要判断可见性。

c. 连线。可见画成粗实线，不可见画成虚线。$k'2'$ 画成虚线，交点另一端画成粗实线。

② 平面与平面相交。平面与平面相交必有交线，交线是平面与平面的共有线，只需求出两平面的两个共有点，即可求出两平面的交线。

【例 2-16】　如图 2-41（a）所示，求铅垂面 $DEFG$ 与△ABC 的交线，并判别可见性。

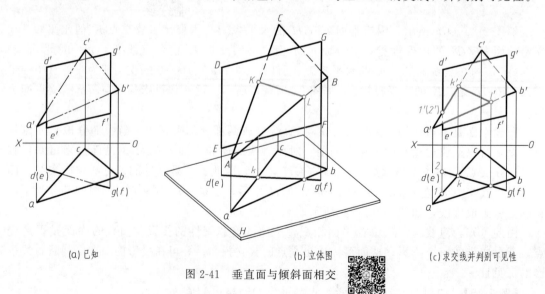

(a) 已知	(b) 立体图	(c) 求交线并判别可见性

图 2-41　垂直面与倾斜面相交

如图 2-41（b）所示，$DEFG$ 面是铅垂面，水平投影积聚为直线 $d(e)(f)g$，交线 KL

在 $DEFG$ 上，则交线 KL 的水平投影 kl 与 $d(e)(f)g$ 重合，即交线也在△ABC 上，在平面上取线，可求得交线的正面投影。

作图过程如图 2-41（c）所示。

a. 求交线。kl 与 $d(e)(f)g$ 重合可直接求得，K 在 AC 上，L 在 AB 上，根据点在直线上，则点的投影在直线的同面投影上，求得 k'、l'；交线可见，则 $k'l'$ 画成粗实线。

b. 判断可见性。AC 上的 Ⅰ（1、$1'$）点与 DE 上的 Ⅱ（2、$2'$）点在正立投影面上重影，从水平投影上可以看出 $y_1 > y_2$，即 Ⅰ 在 Ⅱ 之前，Ⅰ 点可见，Ⅱ 点不可见，则 AC 上的 ⅠK 线段的正面投影可见，为粗实线；以点 K 为界，另一线段正面投影不可见，为虚线；其余部分可见性判断按"同面可见性相同，异面可见性相反，重影点、交点两边可见性相反，拐点可见性相同"的判断原则即可判断出，可见为粗实线，不可见为虚线。$DEFG$ 在水平投影面上的投影为直线，所以不需要判断可见性。

c. 连线。可见画成粗实线，不可见画成虚线。$k'1'$ 画成粗实线，以交点为界，另一端画成虚线。根据上述可见性判断，补全图形。

同理，包含直线 MN 作辅助正垂面亦可求出该交点，其求解过程与上述相同，读者可自行试之。

（2）利用辅助平面求交点和交线

当相交两几何元素都不垂直于投影面时，则不能利用积聚性来作图，可通过辅助平面法来求交点和交线。

辅助平面法的基本原理和作图步骤（图 2-42）如下：

a. 包含已知直线 AB 作一辅助平面 R；

b. 求出辅助平面 R 与已知平面△DEF 的交线 MN；

c. 交线 MN 与已知直线 AB 的交点 K，即为直线 AB 与平面△DEF 的交点。

所作辅助平面采用投影面垂直面或平行面，这样可以利用特殊位置平面投影积聚性方便地求出两平面的交线。

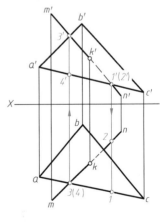

图 2-42　利用辅助平面求交点

① 直线与平面相交。

【例 2-17】　如图 2-43（a）所示，求直线 MN 与平面△ABC 的交点 K。

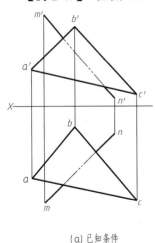

(a) 已知条件　　　　　(b) 求交点　　　　　(c) 判别可见性

图 2-43　直线 MN 与平面△ABC 相交

从图 2-43（a）中可以看出，直线 MN 和平面△ABC 均无积聚性投影，故可根据上述辅助平面法求交点的三个步骤来作图。

a. 求交点。包含直线 MN 作一辅助铅垂面 P（P_H 与 mn 重合，P_H 也可省略不画），如图 2-43（b）所示，则 de 是铅垂面 P 与△ABC 交线的水平投影，可由 de 求出 $d'e'$；$d'e'$ 和 $m'n'$ 相交得到 k'，由 k' 作投影连线交 de 于 k，则 K（k、k'）即为 MN 与△ABC 的交点。

b. 判断可见性。如图 2-43（c）中可以看出，AC 线上的点Ⅰ与 MN 线上的点Ⅱ，其正面投影重合。由于 $y_1 > y_2$，故正面投影中点Ⅰ是可见的，点Ⅱ不可见，线段 KⅡ的正面投影 $k'2'$ 画成虚线。同理，利用重影点Ⅲ、Ⅳ可判定线段 KⅢ的水平投影 $k3$ 为可见。

② 平面与平面相交。

【例 2-18】　如图 2-44（a）所示，求△ABC 与△DEF 的交线，并判别可见性。

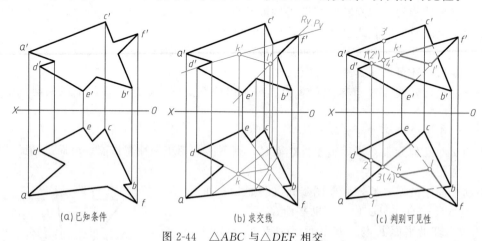

图 2-44　△ABC 与△DEF 相交

由图 2-44（a）可知，△ABC 与△DEF 均为一般位置平面，两平面投影都无积聚性，因此，要想求两平面的交线，应分别先求出一个平面的两条边线与另一平面的交点，然后连接交点，再判别平面各边的可见性。

a. 如图 2-44（b）所示，分别包含已知直线 DF、EF 作辅助平面 P、R，两辅助平面垂直于 V。P_V 与 $d'f'$ 重合，R_V 与 $e'f'$ 重合。

b. 利用辅助平面 P、R 分别求出直线 DF、EF 与△ABC 的交点 K（k、k'）、L（l、l'）。则 kl 和 $k'l'$ 即为交线 KL 的投影。

c. 判断可见性。如图 2-44（c）所示，由于两平面倾斜于投影面，其在投影面上均没有积聚性，因此正面投影、水平投影都需要判断可见性。正面投影可见性判断：AB 线上的点Ⅰ（1、1'）与 DF 上的点Ⅱ（2、2'）在正面投影上重影，从水平投影上可以看出 $y_1 > y_2$，即点Ⅰ在点Ⅱ之前，Ⅰ点可见，Ⅱ点不可见，则 AB 正面投影可见，画成粗实线；DF 上重影点 2' 到交点 k' 之间不可见，画成虚线。其余部分可见性判断参见【例 2-16】。水平投影可见性的判断方法与上述相同，同理可判断水平投影的可见性。

d. 连线。完成作图，如图 2-44（c）所示。

2.5.3　垂直问题

垂直问题分为直线与平面垂直和平面与平面垂直两种情况。

(1) 直线与平面垂直

几何定理：如果一条直线垂直于平面上的任意两条相交直线，则直线垂直于该平面。反之，如果直线与平面垂直，则直线垂直于平面上的所有直线。

如图 2-45 所示，$MN \perp \triangle ABC$，M 点在 $\triangle ABC$ 上。过点 M 分别作水平线 BD、正平线 EF，则 $MN \perp BD$，$MN \perp EF$，由直角投影定理可知，$mn \perp bd$，$m'n' \perp e'f'$。

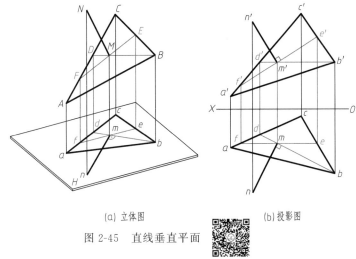

(a) 立体图　　　　(b) 投影图

图 2-45　直线垂直平面

投影特性： 如果一条直线垂直于一个平面，则该直线的水平投影必定垂直于该平面上水平线的水平投影，该直线的正面投影必定垂直于该平面上正平线的正面投影。反之，如果直线的水平投影和正面投影分别垂直于平面上水平线的水平投影和正平线的正面投影，则直线垂直于该平面。

特殊情况： 当直线与特殊位置平面垂直时，直线一定平行于该平面所垂直的投影面，而且直线的投影垂直于平面有积聚性的同面投影，如图 2-46 所示。

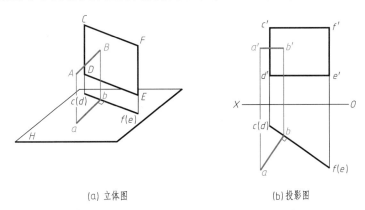

(a) 立体图　　　　(b) 投影图

图 2-46　直线与垂直于投影面的平面相垂直

【**例 2-19**】　如图 2-47 (a) 所示，过点 M 作 $\triangle ABC$ 的垂线。

直线与平面垂直的条件是直线垂直于平面上的任意两条相交直线，已知同一平面上的正平线和水平线是相交直线，因此，只要作直线垂直于已知平面上的正平线和水平线，则该直线垂直于已知平面。

① 如图 2-47 (b) 所示，在 $\triangle ABC$ 上作水平线 BD（bd、$b'd'$）、正平线 AE（ae、$a'e'$）。

② 作 $mn \perp bd$，$m'n' \perp a'e'$，则 MN 为所求。

(2) **平面与平面垂直**

通过某平面的一条垂线所作的任意平面必垂直于该平面。反之，如果两平面互相垂直，

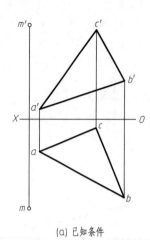

(a) 已知条件

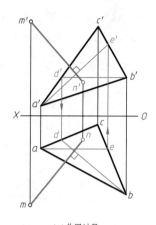

(b) 作图过程

图 2-47　过点作平面的垂线

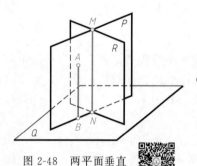

图 2-48　两平面垂直

则其中一平面必然包含另一平面的垂线。

如图 2-48 所示，若 MN 垂直平面 Q，则包含 MN 的平面 P 和 R 面都垂直于平面 Q。如在 P 面上取一点 A 向 Q 面作一垂线 AB，则 AB 一定在平面 P 内。

【例 2-20】　如图 2-49（a）所示，过点 K 作铅垂面与 $\triangle ABC$ 垂直。

过点作平面与已知平面垂直，只要过点作直线与已知平面垂直，则包含该直线的所有面与已知平面垂　直。过点 K 所作的平面是铅垂面，其水平投影积聚成直线，因此，过 k 作直线垂直于 $\triangle ABC$ 内水平线 BD 的水平投影 bd，正面投影可画成过 k' 点的任意平面图形。

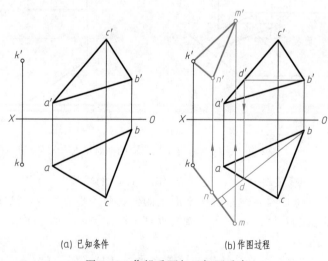

(a) 已知条件　　　　　　　　(b) 作图过程

图 2-49　作铅垂面与已知面垂直

① 如图 2-49（b）所示，在 $\triangle ABC$ 上作水平线 BD（bd、$b'd'$）。

② 过 k 作 $km \perp bd$，然后作 m'、n'，则 $\triangle KMN$ 为所求。

【例 2-21】　如图 2-50（a）所示，过直线 AB 作一平面垂直于已知平面 $\triangle DEF$。

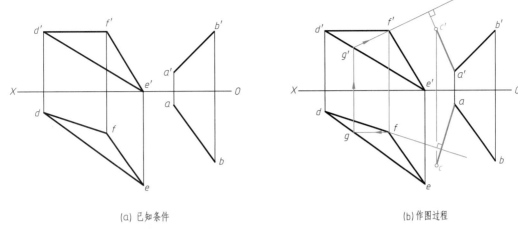

(a) 已知条件　　　　　　　　　　　　　　(b) 作图过程

图 2-50　过直线作平面垂直于已知平面

　　所求平面必包含一条垂直于△DEF 的直线，则可经过 A 点作一直线 AC 垂直△DEF，直线 AC 与直线 AB 构成的平面和已知平面垂直。

　　在△DEF 内找出水平线 DF 和正平线 FG，作 $a'c' \perp g'f'$，$ac \perp df$，则直线 AC⊥△DEF，平面 ABC 即为所求，如图 2-50（b）所示。

2.6　换面法

　　在投影面体系中，当直线、平面平行于投影面时，其投影反映实长和实形。当直线、平面垂直于投影面时，则投影具有积聚性。利用这两个特性，就可以在投影图中方便地解决空间几何元素的定位问题（如交点、交线）和度量问题（实形、距离、角度）。而一般位置直线和一般位置平面就没有上述特性，解决问题较为复杂，换面法正是研究如何变换原有的投影为新投影，以使空间直线、平面由一般位置变换为特殊位置，以方便解题。

2.6.1　换面法的基本概念

　　换面法就是保持空间几何元素位置不变，用一个新投影面替换原投影面体系中的某个投影面，从而建立一个新的投影面体系，使空间几何元素在新投影面体系中处于特殊的位置，这种方法称为换面法。

　　图 2-51（a）中△ABC 表示一铅垂面，该三角形在 V/H 投影面体系中，两个投影都不反映实形。为求其实形，取一个平行于△ABC 的新投影面 V_1 替换 V 面，则△ABC 在 V_1 面上的投影△$a_1'b_1'c_1'$ 反映实形。此外，根据正投影原理，投影面体系必须是直角体系，因此新投影面 V_1 又必须垂直保留的投影面 H，从而组成新投影面体系 V_1/H。V_1 面称为新投影面，V 面称为旧投影面，H 面称为不变投影面。

　　由此可见，新投影面的建立应满足以下两个基本条件：

　　① 新投影面与不变的投影面构成的新体系必须使空间几何元素处于特殊位置；

　　② 新投影面必须垂直于不变投影面。

　　按设立新投影面的条件设定 V_1 面之后，进一步分析新投影面上的投影与原投影面上的投影之间的关系。在图 2-51（a）中，△ABC 的 V_1 面投影 $a_1'b_1'c_1'$ 称为新投影，$a'b'c'$ 称为旧投影，abc 称为不变投影。V_1 面与 H 面的交线 X_1 称为新轴，而原 X 轴称为旧轴。

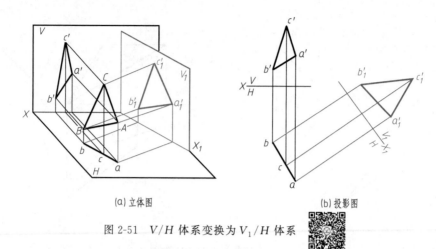

(a) 立体图 (b) 投影图

图 2-51 V/H 体系变换为 V_1/H 体系

在图 2-51（a）中，若将 V_1 面绕 X_1 轴展开到 H 面，然后与 H 面一起绕 X 轴旋转到 V 面，则得如图 2-51（b）所示的投影图。

2.6.2 点的投影变换

要掌握投影变换的基本作图方法，必须研究组成平面中各点投影变换的作图方法。下面以点为例来研究投影变换规律。

（1）点的一次变换

在此，以图 2-51 中 $\triangle ABC$ 的 A 点为例，将点 A 的投影变换从图中提取出来，得到图 2-52。

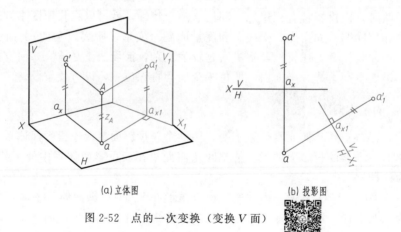

(a) 立体图 (b) 投影图

图 2-52 点的一次变换（变换 V 面）

由图 2-52（a）可以看出，A 点的各个投影 a、a'、a'' 之间的关系如下：

① 在新投影面体系中，不变投影 a 和新投影 a_1' 的连线垂直于新轴 X_1，即 $aa_1' \perp X_1$ 轴。

② 新投影 a_1' 到新轴 X_1 的距离等于旧投影 a' 到旧轴 X 的距离。即 A 点的 z 坐标在变换 V 面时是不变的，$a_1'a_{x1}=a'a_x=Aa=z_A$。

根据上述投影之间关系，点的一次变换的作图步骤如图 2-52（b）所示。

① 作新投影轴 X_1。以 V_1 面代替 V 面形成 V_1/H 体系（X_1 轴与 a 点的距离以及 X_1 轴的倾斜位置与 V_1 面对空间几何元素的相对位置无关，可根据作图需要确定）。

② 过 a 点作新投影轴 X_1 的垂线，得交点 a_{x1}。

③ 在垂线 aa_{x1} 上截取 $a_1'a_{x1}=a'a_x$，即得 A 点在 V_1 面上的新投影 a_1'。

在投影变换时，可以变换 V 面，当然也可以变换 H 面。如图 2-53 所示，用一个垂直于 V 面的新投影面 H_1 代替 H 面，即用新的投影面体系 V/H_1 代替 V/H 体系，则 B 点在 V/H 体系中的投影为 b'、b，在 V/H_1 体系中的投影为 b'、b_1。同理，B 点的各面投影 b、b'、b_1 之间的关系如下：

① $b_1b'\perp X_1$ 轴。

② $b_1b_{x1}=bb_x=Bb'=y_B$。

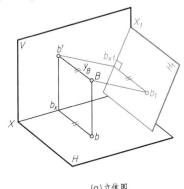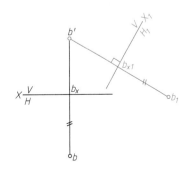

(a) 立体图　　　　　　　　　　　(b) 投影图

图 2-53　点的一次变换（变换 H 面）

其作图步骤与变换 V 面相类似。

综上所述，点的换面法的基本规律可归纳如下：

① 点的新投影与不变投影的连线垂直于新轴。

② 点的新投影到新轴的距离等于旧投影到旧轴的距离。

(2) 点的二次变换

由于新投影面必须垂直于原来体系中的一个投影面，因此在解题时，有时变换一次还不能解决问题，必须变换两次或多次。这种变换两次或多次投影面的方法称为二次变换或多次变换。

在进行两次或多次变换时，由于新投影面的选择必须符合前述两个条件。因此不能同时变换两个投影面，而必须变换一个投影面后，在新的两投影面体系中再变换另一个还未被代替的投影面。

二次变换的作图方法与一次变换类似。如图 2-54 所示为点的二次变换。

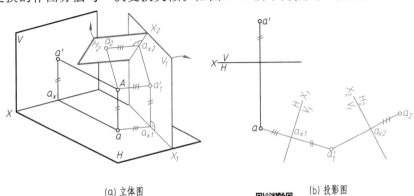

(a) 立体图　　　　　　　　　　　(b) 投影图

图 2-54　点的二次变换

其作图步骤如下：

① 先变换一次，以 V_1 面代替 V 面，组成新体系 V_1/H，作出新投影 a_1'。

② 在 V_1/H 体系基础上，再变换一次，这时如果仍变换 V_1 面就没有实际意义，因此第二次变换应变换前一次变换中还未被代替的投影面，即以 H_2 面来代替 H 面组成第二个新体系 V_1/H_2，这时 $a_1'a_2 \perp X_2$ 轴，$a_2a_{x2}=aa_{x1}$。由此作出新投影 a_2。

二次变换投影面时，也可先变换 H 面，再变换 V 面，即由 V/H 体系先变换成 V/H_1 体系，再变换成 V_2/H_1 体系。变换投影面的先后次序按实际需要而定。

2.6.3 换面法中的四种基本变换

（1）将一般位置直线变换成投影面平行线

如图 2-55 所示，直线 AB 在 V/H 投影面体系中为一般位置直线，如要变换成投影面平行线，可变换 V 面，使新投影面 V_1 面平行于直线 AB 并垂直于 H 面。此时，AB 在新投影面体系 V_1/H 中成为新投影面 V_1 面的平行线。这样 AB 在 V_1 面上的投影 $a_1'b_1'$ 将反映直线 AB 的实长，$a_1'b_1'$ 和 X_1 轴的夹角 α 反映直线 AB 对 H 面的倾角。

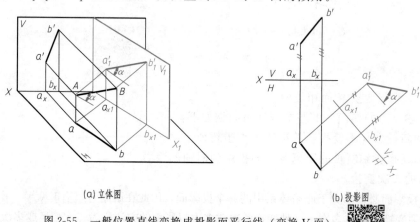

(a) 立体图   (b) 投影图

图 2-55 一般位置直线变换成投影面平行线（变换 V 面） 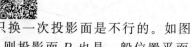

具体作图步骤如下：

① 作新投影轴 $X_1 /\!/ ab$。其间距与解题无关，可适当选取。新轴确定了新投影面 X_1 的位置。

② 分别由不变投影 a、b 作 X_1 轴的垂线，与 X_1 轴交于 a_{x1}、b_{x1}，然后在垂线上量取 $a_1'a_{x1}=a'a_x$、$b_1'b_{x1}=b'b_x$，得到新投影 a_1'、b_1'。

③ 连接 a_1'、b_1' 得到 $a_1'b_1'$，它反映 AB 的实长，与 X_1 轴的夹角反映 AB 对 H 面的倾角 α。

如果正立投影面 V 不变，而变换水平投影面 H 为 H_1 面，组成新的投影面体系 V/H_1，求出新投影 a_1b_1，反映 AB 的实长及其对 V 面的倾角 β。如图 2-56 所示。

（2）将一般位置直线变换成投影面垂直线

要将一般位置直线变换成投影面垂直线，只换一次投影面是不行的。如图 2-57 所示，选一新投影面 P 直接垂直于一般位置直线 AB，则投影面 P 也是一般位置平面，不与原投影面体系中的任一投影面垂直，因此不能构成新的投影面体系。

因此，将一般位置直线变换成投影面垂直线，一次换面是不行的，必须经过二次变换，

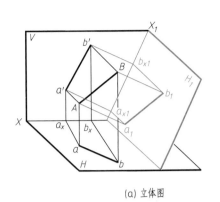
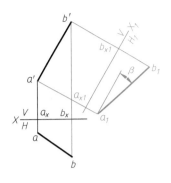

（a）立体图　　　　　　　　　　　　　（b）投影图

图 2-56　一般位置直线变换成投影面平行线（变换 H 面）

第一次将一般位置直线变换成投影面平行线，第二次将投影面平行线变换成投影面垂直线。

　　如图 2-58 所示，首先变换 V 面，使直线 AB 成为 V_1/H 投影面体系中 V_1 面的平行线。在 V_1/H 投影面体系的基础上再变换一次，用垂直于 AB 的 H_2 替换 H，使直线 AB 在 V_1/H_2 投影面体系中成为投影面 H_2 的垂直线。在进行第二次变换时，V_1/H 投影面体系已成为旧体系，V_1 面是不变投影面，新投影面 H_2 垂直于不变投影面 V_1，因而仍有点的变换规律：$aa_{x1}=a_2a_{x2}$、$bb_{x1}=b_2b_{x2}$。

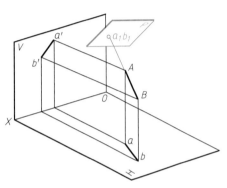

图 2-57　新投影面 P 与 H 面、
V 面都不垂直

　　其作图步骤如下：

　　① 先作 X_1 轴$//ab$，求得 AB 在 V_1 面上的新投影 $a_1'b_1'$。

　　② 再作 X_2 轴$\perp a_1'b_1'$，得出 AB 在 H_2 面上的投影 a_2b_2，这时 a_2 与 b_2 重影为一点。

　　以上是先变换 V 面后变换 H 面，也可根据具体要求先变换 H 面后变换 V 面。如图 2-59 所示，先用 H_1 面替换 H，将 AB 变为 V/H_1 投影面体系中 H_1 面的平行线。又在 V/H_1 基础上进行第二次变换，用 V_2 替换 V，将 AB 变为 V_2/H_1 投影面体系中 V_2 面的垂直线。

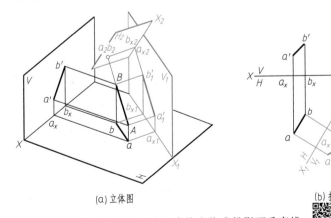

（a）立体图　　　　　　　　　　　　　（b）投影图

图 2-58　一般位置直线变换成投影面垂直线

　　由上所述，二次变换目的在于更换 H、V 两个投影面，由于每次变换必须保留一个原投影面，因此 H、V 面的更换是交替进行的。在实际应用中，还可以出现两次以上的多次

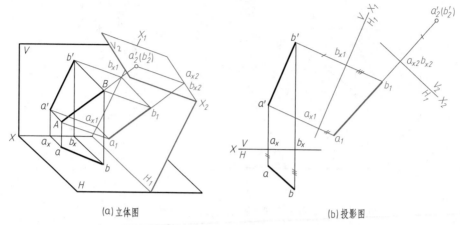

(a)立体图　　　　　　　　　　　(b)投影图

图 2-59　先变换 H 面后变换 V 面

变换，而对于其中的每一次，以上变换规律均适用。

（3）将一般位置平面变换成投影面垂直面

如图 2-60 所示，在 V/H 投影面体系中，$\triangle ABC$ 处于一般位置，要将它变换成新投影面的垂直面，则新投影面既要与$\triangle ABC$ 垂直，又要与原投影面之一垂直，即垂直于$\triangle ABC$ 平面内的一条投影面平行线。为此可在三角形上先作一水平线，然后作 V_1 面与该水平线垂直，则它也一定垂直 H 面，其作图步骤如下：

① 在$\triangle ABC$ 上作水平线 CD，其投影为 $c'd'$ 和 cd。

② 作 X_1 轴$\perp cd$。

③ 作$\triangle ABC$ 在 V_1 面上的投影 $a_1'b_1'c_1'$，而 $a_1'b_1'c_1'$ 重影为一直线，它与 X_1 轴的夹角即反映$\triangle ABC$ 对 H 面的倾角 α。

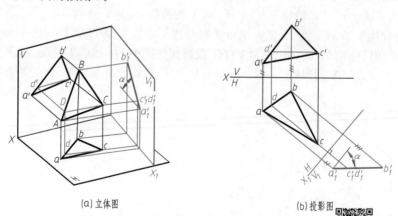

(a)立体图　　　　　　　　　　　(b)投影图

图 2-60　一般位置平面变换成投影面垂直面（变换 V 面）

如要求$\triangle ABC$ 对 V 面的倾角 β，可在此平面上取一正平线 AE，作 H_1 面垂直 AE，则$\triangle ABC$ 在 H_1 面上的投影为一直线，它与 X_1 轴的夹角反映该平面对 V 面的倾角 β。具体作图如图 2-61 所示。

（4）将一般位置平面变换成投影面平行面

如果要把一般位置平面变换为新投影面平行面，只变换一次投影面是不行的。因为取新

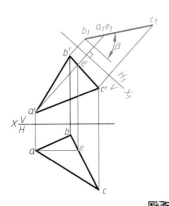

图 2-61　一般位置平面变换成
投影面垂直面（变换 H 面）

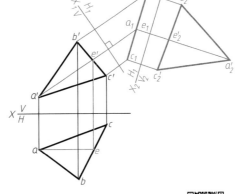

图 2-62　一般位置平面变换成
投影面平行面

投影面与一般位置平面平行，则这个新投影面也一定是一般位置平面，它与原投影面体系中的任一个投影面都不垂直，不能构成新的直角投影面体系。

　　要将一般位置平面变换为新投影面平行面，必须变换两次投影面。第一次把一般位置平面变换为新投影面垂直面，第二次把投影面垂直面变换为新投影面平行面，如图 2-62 所示。

　　其作图步骤为：

　　① 在△ABC 上取正平线 AE，作新投影面 $H_1 \perp AE$，即作 X_1 轴 $\perp a'e'$，然后作出 △ABC 在 H_1 面上的新投影 $a_1b_1c_1$，它积聚成一直线。

　　② 作新投影面 V_2 平行△ABC，即作 X_2 轴 $//a_1b_1c_1$，然后作出△ABC 在 V_2 面上的新投影 $a_2'b_2'c_2'$，则 $a_2'b_2'c_2'$ 反映△ABC 的实形。

　　【例 2-22】　如图 2-63 所示，求点 C 到直线 AB 的距离。

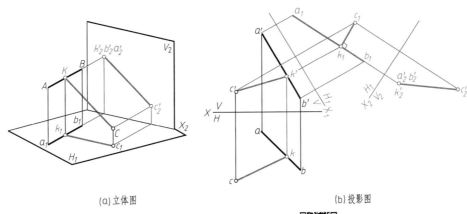

(a) 立体图　　　　　　　　　　　　　　　　(b) 投影图

图 2-63　求点到直线的距离

　　如图 2-63（a）所示，点到直线的距离就是点到直线的垂线实长。为便于作图，可先将直线 AB 变换成投影面平行线，然后利用直角投影定理从 C 点向 AB 作垂线，得垂足 K，再求出 CK 实长。再将直线 AB 变换成投影面垂直线，C 点到 AB 的垂线 CK 为投影面平行线，在投影图上反映实长。具体作图过程如图 2-63（b）所示。

　　① 先将直线 AB 变换成 H_1 面的平行线。C 点在 H_1 面上的投影为 c_1。

② 再将直线 AB 变换成 V_2 面的垂直线，AB 在 V_2 面上的投影重影为 $a_2'b_2'$，C 点在 V_2 面上的投影为点 c_2'。

③ 过点 c_1 作 $c_1k_1 \perp a_1b_1$，得到点 k_1，点 k_2' 与 $a_2'b_2'$ 重影，连接点 c_2'、k_2'，$c_2'k_2'$ 即反映 C 点到 AB 直线的距离。

④ 要求出 CK 在 V/H 体系中的投影 $c'k'$ 和 ck，可根据 $c_2'k_2'$、c_1k_1 返回作图。

【例 2-23】 如图 2-64（a）所示，试确定 $\triangle ABC$ 的外接圆圆心 O。

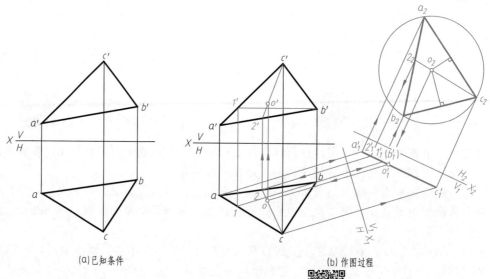

(a) 已知条件　　　　　　(b) 作图过程

图 2-64　求三角形外接圆圆心

$\triangle ABC$ 的外接圆圆心是三角形任意两条边的垂直平分线的交点，故需先求出 $\triangle ABC$ 的实形后才能确定其位置。具体作图过程如图 2-64（b）所示。

① 通过二次变换投影面的方法求得 $\triangle ABC$ 的实形 $\triangle a_2b_2c_2$；

② 在 $\triangle a_2b_2c_2$ 上作出外接圆圆心的投影 o_2；

③ 连接 c_2o_2 并延长交 a_2b_2 于 2_2，根据直线上点的投影特性将其返回原投影体系中去（由 $o_2 \rightarrow o_1' \rightarrow o \rightarrow o'$），则 o' 和 o 即为所求。

第 3 章

立体的投影

立体按表面的几何性质可分为平面立体和曲面立体。表面都是平面的立体，称为平面立体，如棱柱、棱锥等；表面是曲面或既有曲面又有平面的立体，称为曲面立体。如图 3-1 所示的机器零件就是由各种立体组合而成的。

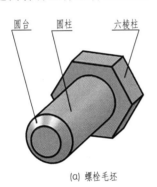

图 3-1　机器零件

本章重点讨论立体的三视图画法，以及在立体表面上取点、取线的作图问题。

3.1　三视图的形成及投影规律

3.1.1　视图的基本概念

用正投影法绘制物体的投影时，将物体向投影面投影所得的图形称为视图，如图 3-2 所示。国家标准规定，绘制视图时，可见的轮廓线用粗实线绘制，不可见的轮廓线用虚线绘制。

3.1.2　三视图的形成

一般情况下，一个视图不能完整地表达物体的形状。由图 3-2 可以看出，这个视图只反映物体的长度和高度，而没有反映物体的宽度。如图 3-3 所示，两个不同的物体，在同一投

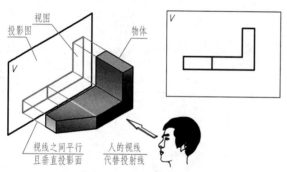

图 3-2　视图的概念

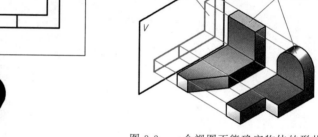

图 3-3　一个视图不能确定物体的形状

影面上的投影却相同。因此，要反映物体的完整形状，常需要从几个不同方向进行投射，获得多面正投影，以表示物体各个方向的形状，综合起来反映物体的完整形状。

如图 3-4（a）所示，将物体放置在三投影面（V、H、W）体系中，按正投影法向各投影面投射，所得到的图形称为三视图。其中，物体在 V 面上的投影（即由前向后投射）称为主视图；物体在 H 面上的投影（即由上向下投射）称为俯视图；物体在 W 面上的投影（即由左向右投射）称为左视图。

为使三个视图都画在一张纸上，国家标准规定 V 面保持不动，H 面绕 OX 轴向下旋转 $90°$，W 面绕 OZ 轴向右旋转 $90°$，如图 3-4（b）所示。展开后如图 3-4（c）所示。

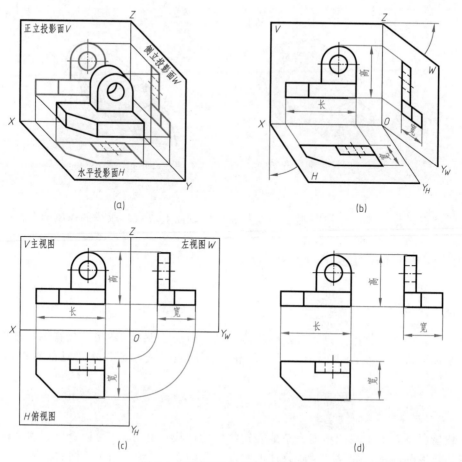

图 3-4　三视图的形成及投影规律

物体的形状与它到投影面的距离无关，投影面可根据需要扩大。在实际作图中，不必画出投影面的边界和投影轴。三视图的配置是以主视图为准，俯视图在它的正下方，左视图在它的正右方。如图 3-4（d）所示。

3.1.3　三视图的对应关系及投影规律

（1）三视图的投影规律

物体都有长、宽、高三个方向尺寸。从图 3-4（d）中各视图之间的尺寸关系可以看出，每个视图都反映两个方向的尺寸，即：主视图反映物体的长度和高度；俯视图反映物体的长度和宽度；左视图反映物体的宽度和高度。由此可归纳得出三视图之间的对应规律：

主、俯视图长对正；主、左视图高平齐；俯、左视图宽相等。

必须指出，无论是整个物体或物体的局部，其三视图都必须符合"长对正、高平齐、宽相等"的"三等"规律，如图 3-5 所示。

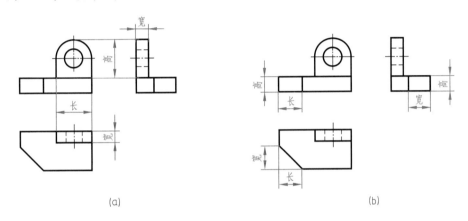

图 3-5　三视图的"三等"对应规律

（2）方位关系

所谓方位关系，是指以主视图的投影方向来观察物体的上、下、左、右、前、后六个方位在三视图中的对应关系，如图 3-6 所示。

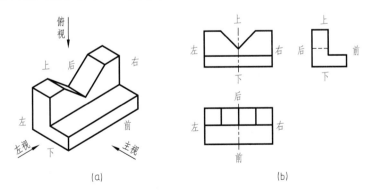

图 3-6　三视图与物体的方位关系

主视图——反映物体的上、下、左、右；

俯视图——反映物体的左、右、前、后；

左视图——反映物体的上、下、前、后。

在应用投影规律时，要注意物体的上、下、左、右及前、后六个方位与视图的关系。特别是在俯视图和左视图中，远离主视图的一侧为物体的前方，靠近主视图的一侧为物体的后方。因此，在俯、左视图量取宽度时，不但要注意量取的起点，还要注意量取的方向。

3.2 平面立体

平面立体有棱柱和棱锥（包括棱台）等。棱柱和棱锥的表面均为平面多边形，相邻表面的交线称为棱线。绘制平面立体的投影，就是绘制组成它的平面和棱线的投影，也就是绘制这些平面的边和顶点的投影。

3.2.1 棱柱

棱柱是由两个底面和几个棱面围成的立体。棱面之间的交线称为棱线，棱线相互平行。

（1）棱柱的三视图

图3-7（a）所示为正六棱柱的投射情况。从图中可知，六棱柱的顶面和底面都是水平面，六个棱面（均为矩形）中，前、后棱面为正平面，其余的四个棱面为铅垂面，六条棱线为铅垂线。

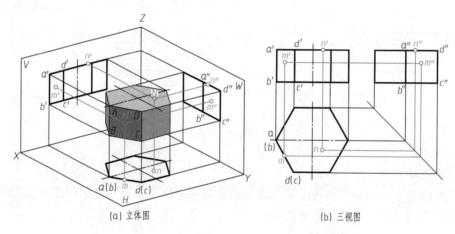

(a) 立体图　　　　　　　　　(b) 三视图

图3-7　正六棱柱的三视图及表面取点

画三视图时，先画顶面和底面的投影，俯视图中，顶面和底面均反映实形（正六边形），且投影重合，主、左视图中都积聚为直线；六个棱面由六条棱线分开，六条棱线在俯视图中具有积聚性，积聚在正六边形的六个顶点，它们在主、左视图中的长度均反映棱柱的高。在画完上述顶面、底面与棱线的投影后，即得该六棱柱的三视图，如图3-7（b）所示。

请特别注意，俯视图和左视图之间必须符合宽相等和前后对应关系。这种关系可在作图时按照投影的对应关系在图中直接量取作图，也可采用添加45°辅助线作图。

（2）棱柱表面上的点

平面立体表面上取点的原理与方法和平面上取点相同。由于正六棱柱的各个表面都处于特殊位置，因此，在其表面上取点均可利用平面投影的积聚性作图，并标明其可见性。

如图3-7（b）所示，已知棱柱表面上点 M 的正面投影 m'，求其水平投影 m 和侧面投影 m''。由于点 M 的正面投影是可见的，因此，点 M 必定处于棱面 $ABCD$ 上，而棱面 AB-

CD 为铅垂面，水平投影 abcd 具有积聚性，因此点 M 的水平投影 m 必在 abcd 上，根据 m′ 和 m 即可求出 m″。

又如，已知点 N 的水平投影 n，求其正面投影 n′ 和侧面投影 n″。由于点 N 的水平投影 是可见的，因此点 N 必定处于顶面上，而顶面的正面投影和侧面投影都具有积聚性，因此 n′ 和 n″ 必定在顶面的同面投影上。

下面是一些常见的棱柱及其三视图，从中可以总结出它们的特征（图 3-8）。

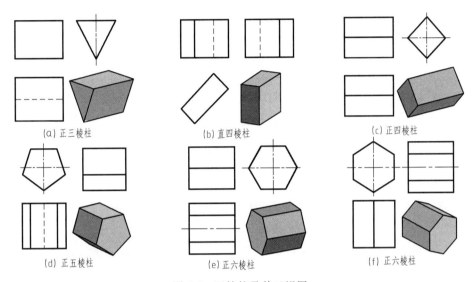

(a) 正三棱柱　　(b) 直四棱柱　　(c) 正四棱柱

(d) 正五棱柱　　(e) 正六棱柱　　(f) 正六棱柱

图 3-8　正棱柱及其三视图

① 形体特征：直棱柱都是由两个平行且相等的多边形底面和若干个与其相垂直的矩形 棱面组成的。

② 三视图的特征：一个视图为多边形，其它两个视图均为一个或多个可见或不可见的 矩形线框（图形内的线为某些棱面或棱线的投影）。

3.2.2　棱锥

棱锥由一个多边形底面和多个棱面所围成，且各棱面都是三角形，各棱线相交于同一 点，此点即为棱锥的顶点。

(1) 棱锥的三视图

图 3-9（a）所示为正三棱锥的投射情况。正三棱锥由底面等边△ABC 和三个相等的棱 面△SAB、△SBC 和△SAC 所组成。底面△ABC 为水平面，在俯视图中反映实形，主、 左视图中积聚为一直线；棱面△SAC 为侧垂面，因此在左视图中积聚为一直线，主、俯视 图中都是类似形（三角形）；棱面△SAB 和△SBC 为一般位置平面，它在三视图中的投影 均为类似形。棱线 SB 为侧平线，棱线 SA、SC 为一般位置直线，棱线 AC 为侧垂线，棱线 AB、BC 为水平线。对它们的投影，读者可自行分析。

画正三棱锥的三视图时，先画出底面△ABC 的投影，再画出锥顶 S 的各个投影，连接 各顶点的同面投影，即为正三棱锥的三视图，如图 3-9（b）所示。

(2) 棱锥表面上的点

棱锥表面上取点，首先要确定该点在立体表面的哪个平面上，要分析点所在平面的空间 位置。特殊位置平面上的点，可利用平面投影的积聚性来作图，一般位置平面上的点，可通

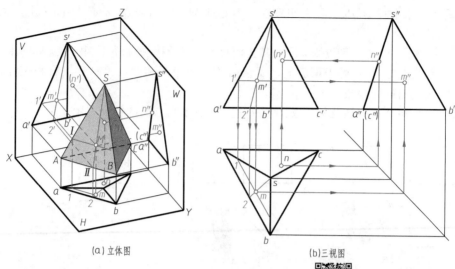

(a) 立体图　　　　　　　　　　　(b) 三视图

图 3-9　正三棱锥的三视图及表面取点

过作适当的辅助线来作图。

如图 3-9（b）所示，已知点 M 的正面投影 m' 和点 N 的水平投影 n，求点 M、N 的另外两面投影。由点 M、N 已知投影的可见性，可判定它们分别在 SAB、SAC 棱面上。棱面 SAB 是一般位置平面，过锥顶 S 和点 M 作一辅助线 $S\mathrm{II}$，然后求出 $S\mathrm{II}$ 的水平投影 $s2$，再求出 m，也可过 M 在 $\triangle SAB$ 上作 AB 的平行线 $\mathrm{I}M$，即 $1'm'\mathbin{/\!/}a'b'$，再作 $1m\mathbin{/\!/}ab$，求出 m，再由 m' 和 m 求出 m''。棱面 SAC 是侧垂面，它的侧面投影 $s''a''(c'')$ 具有积聚性，因此 n'' 落在 $s''a''(c'')$ 上，由 n 和 n'' 即可求出（n'）。

下面是一些常见的棱锥及其三视图，从中可以总结出它们的特征（图 3-10）。

① 形体特征：正棱锥由一个正多边形底面和若干个具有公共顶点的等腰三角形棱面组成，且锥顶位于过底面中心的垂线上；

② 三视图的特征：一个视图为正多边形（图形内的线分别为棱线的投影，等腰三角形分别为棱面的投影），其它两视图均为一个或多个具有公共顶点的三角形线框。

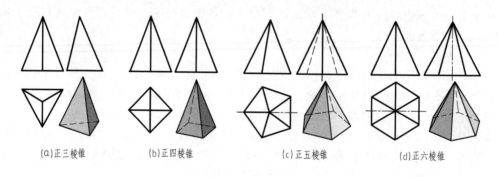

(a) 正三棱锥　　　　(b) 正四棱锥　　　　　(c) 正五棱锥　　　　　(d) 正六棱锥

图 3-10　正棱锥及其三视图

棱锥被平行于底面的平面截去锥顶，所剩的部分称为棱锥台，简称棱台，如图 3-11 所示。其三视图的特征是：一个视图中为两个相似的正多边形（分别反映两个底面的实形。图形内对应角顶点的连线分别为棱线的投影，梯形分别为棱面的投影）；其它两个视图均为一个或多个四边形线框。

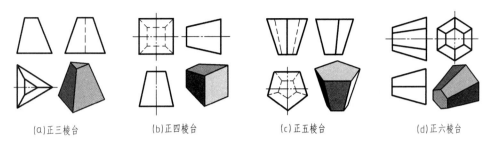

(a)正三棱台　　　　(b)正四棱台　　　　(c)正五棱台　　　　(d)正六棱台

图 3-11　正棱锥台及其三视图

3.3　回转体

由一条母线（直线或曲线）围绕轴线回转而形成的表面，称为回转面（图 3-12）；由回转面或回转面与平面所围成的立体，称为回转体。

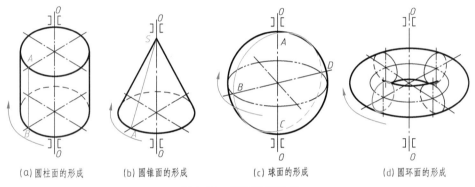

(a)圆柱面的形成　　(b)圆锥面的形成　　(c)球面的形成　　(d)圆环面的形成

图 3-12　回转面的形成

工程中常见的回转体有圆柱、圆锥、圆球、圆环等，下面分别介绍它们的形成、画法和表面取点方法等。

3.3.1　圆柱

（1）圆柱面的形成

如图 3-12（a）所示，圆柱面可看作一条直线 *AB* 围绕与它平行的轴线 *OO* 回转而成。*OO* 称为回转轴，直线 *AB* 称为母线，母线转至任一位置的线，称为素线。

（2）圆柱体的三视图

以直立圆柱体为例分析圆柱的投射情况，如图 3-13（a）所示。由于圆柱轴线为铅垂线，圆柱面上所有素线都是铅垂线，所以其水平投影积聚成一个圆。圆柱的上、下两底圆均为水平面，其水平投影反映实形，是与圆柱面水平投影重合的圆。

主视图的矩形表示圆柱面的投影，其上、下两边分别为上、下底圆的积聚性投影；左、右两边分别为圆柱面最左、最右素线的投影，这两条素线的水平投影积聚成两个点，其侧面投影与轴线的侧面投影重合。最左、最右素线将圆柱面分为前、后两部分［图 3-13（a）］，是圆柱面由前向后投射的转向轮廓线，也是圆柱面在正面投影中可见与不可见部分的分界线。

左视图的矩形线框可进行与主视图的矩形线框类似的分析。

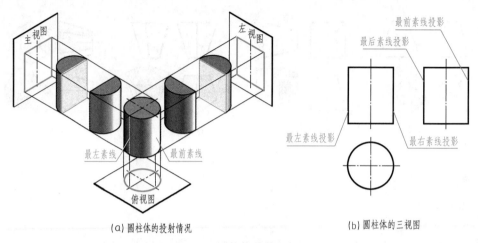

(a) 圆柱体的投射情况　　　　　　　　　　(b) 圆柱体的三视图

图 3-13　圆柱体及其三视图

画圆柱体的三视图时，必须先画出轴线和对称中心线，再画反映两底圆实形的圆投影和另两个积聚投影，最后再画出圆柱面的转向轮廓线，如图 3-13（b）所示。

（3）圆柱体表面上的点

如图 3-14（a）所示，已知圆柱体表面上点 M 的正面投影 m' 和点 N 的侧面投影 n''，求点 M 和 N 的另外两面投影。

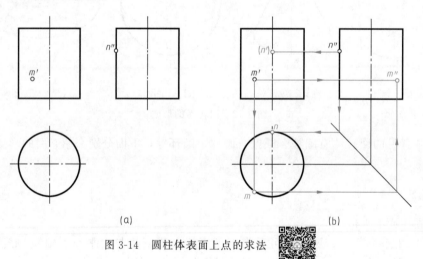

(a)　　　　　　　　　　　　(b)

图 3-14　圆柱体表面上点的求法

根据给定的 m' 的位置，可判定点 M 在左前圆柱面上。因圆柱面的水平投影具有积聚性，故 m 必在圆上。m'' 可根据 m' 和 m 直接求得。n'' 在圆柱面的最后素线上，其正面投影 n' 在轴线上（不可见），水平投影在圆的最后方，如图 3-14（b）所示。

综上所述，可总结出圆柱的形体特征：它由两个相等的底圆和一个与其垂直的圆柱面所围成；其三视图的特征为：一个视图为圆，其它两个视图均为相等的矩形线框。

3.3.2　圆锥

（1）圆锥面的形成

如图 3-12（b）所示，圆锥面可看作由一条直母线 SA 围绕和它相交的轴线 OO 回转而成。

（2）圆锥体的三视图

以直立圆锥为例分析圆锥体的投射情况，如图 3-15（a）所示。由于圆锥轴线为铅垂线，底面为水平面，所以它的水平投影为圆，反映底面的实形，同时也表示圆锥面的投影。主视图、左视图均为等腰三角形，其底边均为圆锥底面的积聚性投影。主视图中三角形的左、右两边，分别表示圆锥面最左、最右素线的投影（为正平线，反映实长），它们是圆锥面的正面投影可见与不可见的分界线；左视图中三角形的两边分别表示圆锥面最前、最后素线的投影（为侧平线，反映实长），它们是圆锥面的侧面投影可见与不可见的分界线。上述四条线的其它两面投影，请读者自行分析，如图 3-15（b）所示。

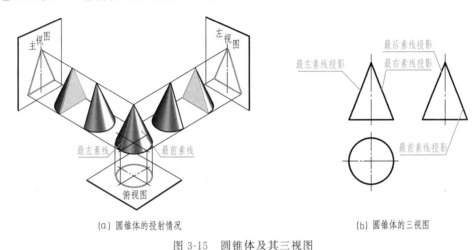

（a）圆锥体的投射情况　　　　　　　　　　（b）圆锥体的三视图

图 3-15　圆锥体及其三视图

画圆锥体的三视图时，应先画出各投影的对称中心线和轴线、底圆及顶点的各投影，再画出四条圆锥面的转向轮廓线。

（3）圆锥体表面上的点

如图 3-16 所示，已知圆锥体表面上点 M 的正面投影 m'，求 m 和 m''。根据 M 的位置和可见性，可判定点 M 在左前圆锥面上，因此，点 M 的三面投影均可见。

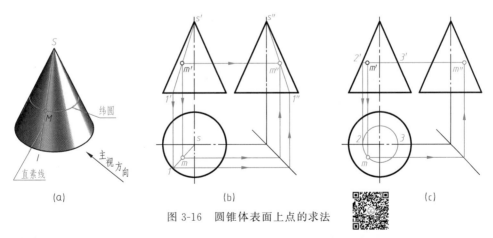

（a）　　　　　　　　　　（b）　　　　　　　　　　（c）

图 3-16　圆锥体表面上点的求法

可采用下面两种方法作图：

素线法：如图 3-16（a）所示，过锥顶 S 和点 M 作一辅助素线 $S\mathrm{I}$，即在图 3-16（b）中连接 $s'm'$，并延长到与底面的正面投影相交于 $1'$，求得 $s1$ 和 $s''1''$；再由 m' 根据点在线上的投影规律求出 m 和 m''。

纬圆法：如图 3-16（a）所示，过点 M 在圆锥面上作垂直于圆锥轴线的水平纬圆（该圆的正面投影积聚为一直线），即在图 3-16（c）中过 m' 作的 $2'3'$，其水平投影为一直径等于 $2'3'$ 的圆，圆心为 s，由 m' 作 OX 轴的垂线，与辅助圆的交点即为 m。再根据 m' 和 m 求出 m''。

圆锥的形体特征是：它由一个底圆和圆锥面所围成，圆锥面的锥顶位于与底面相垂直的中心轴线上；其三视图的特征是：一个视图为圆，其它两视图均为相等的等腰三角形。

圆锥体被平行于其底面的平面截去锥顶，所剩的部分叫作圆锥台，简称圆台。圆台及其三视图如图 3-17 所示，其三视图的特征是：一个视图为两个同心圆（分别反映两个底面的实形，两圆之间的部分表示圆台面的投影）；两个视图均为相等的等腰梯形。

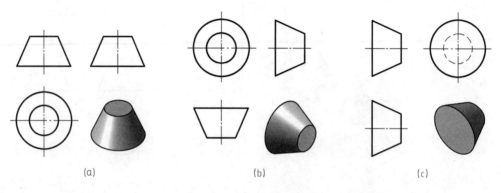

图 3-17　圆台及其三视图

3.3.3　圆球

（1）圆球面的形成

如图 3-12（c）所示，圆球面可看作一圆母线绕过其圆心且在同一平面上的轴线回转而形成的。

（2）圆球体的三视图

图 3-18（a）所示为一圆球体的投射情况，圆球体的三个视图都是与球直径相等的圆。圆球体的各个投影虽然都是圆，但各个圆的意义却不相同。主视图中的圆是平行于 V 面的圆素线Ⅰ（前、后半球的分界线，球面正面投影可见与不可见的分界线）的投影；按此作类似分析，俯视图中的圆是平行于 H 面的圆素线Ⅱ的投影；左视图中的圆是平行于 W 面的圆素线Ⅲ的投影。这三条圆素线的其它两面投影，都与圆的相应中心线重合。如图 3-18（b）所示。

（3）圆球体表面上的点

如图 3-19（a）所示，已知圆球面上点 M 的水平投影 m 和点 N 的正面投影 n'，求点 M、N 的其余两面投影。

过点 M 在球面上作一平行于 V 面的纬圆（也可作平行于 H 面或 W 面的纬圆）。因点在纬圆上，故点的投影必在纬圆的同面投影上。

作图时，先在水平投影中过 m 作 $ef /\!/OX$，ef 为纬圆在水平投影面上的积聚性投影，再画正面投影为直径等于 ef 的圆，由 m 作 OX 轴的垂线，其与纬圆正面投影的交点（因 m 可见，应取上面的交点）即为 m'，再由 m、m' 求得 m''，如图 3-19（b）所示。

根据点的位置和可见性，可判定：

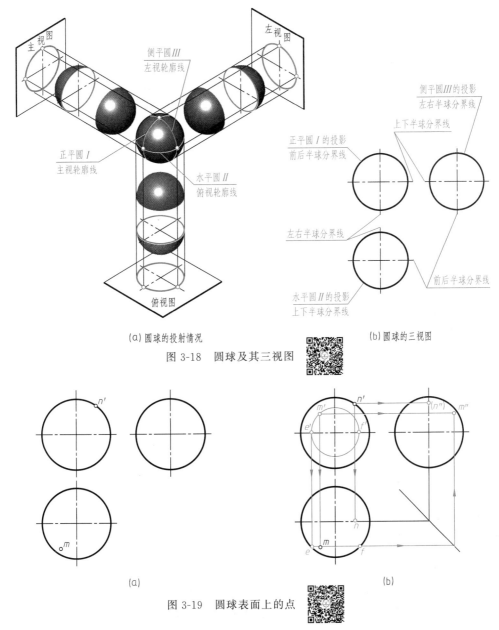

(a) 圆球的投射情况

图 3-18　圆球及其三视图

(b) 圆球的三视图

(a)

(b)

图 3-19　圆球表面上的点

① 点 N 在前、后两半球的分界线上，n 和 n″可直接求出。因为点 N 在右半球，其侧面投影 n″不可见，须加圆括号，如图 3-19（b）所示。

② 点 M 在前半球的左上部分，因此点 M 的三面投影均为可见。须采用纬圆法求 m′和 m″。

圆球的形体特征是：它是由圆球面围成的。其三视图的特征是：三个视图都是直径相等的圆。

3.3.4　圆环

(1) 圆环面的形成

如图 3-12（d）所示，圆环面可看作一圆母线围绕不通过其圆心且在同一平面上的轴线回转而成。

(2) 圆环体的三视图

图 3-20 (a) 所示为一圆环体的投射情况, 其三视图特征为: 与环面轴线垂直的视图为两个同心圆 (分别为最大和最小圆的投影, 两圆之间的部分为圆环面的投影, 两个圆也是上、下表面的分界线); 其它两个视图的轮廓均为长圆形 (它们都是圆环面的投影)。主视图中的左右两圆是平行于 V 面的 A、B 圆的投影; 左视图中的两圆是平行于 W 面的 C、D 圆的投影; 主视图和左视图上两圆的上、下两条公切线为环面最高和最低圆的投影 (圆环内、外表面的分界线), 俯视图的点画线圆表示圆母线的圆心运动轨迹, 如图 3-20 (b) 所示。

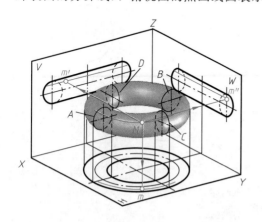

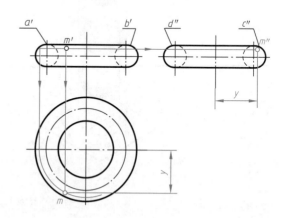

(a) 圆环体的投射情况

(b) 圆环体的三视图及其表面上取点

图 3-20　圆环体的形成、三视图及其表面上取点

(3) 圆环体表面上的点

如图 3-20 (b) 所示, 已知圆环面上点 M 的正面投影 m', 求其它两面投影。

根据 M 的正面投影 m' 的位置和可见性, 可判定点 M 在前半环的上半环面, 因此点 M 的三面投影均为可见。

作图采用辅助纬圆法。即过点 M 在环面上作平行于 H 面的辅助纬圆 (垂直于轴线)。先求的水平投影 m、再由 m' 和 m 求得 m''。

3.3.5　组合回转体

组合回转体是由几个回转面和平面所围成的。由于母线由任意平面曲线、直线、圆弧等组合而成, 故称为组合回转体, 其投影特性与回转体类似, 一般情况下可用纬圆法求回转面上的点和线, 如图 3-21 (a) 所示。图 3-21 (b) 所示的是轴线为铅垂线的组合回转体的两视图。

当母线为圆和直线时, 母线上切点的轨迹圆是它们的自然分界线。它可以把组合回转体表面划分成若干个单一的回转面, 根据圆和直线对于轴线的位置, 判断出这些线所形成的回转面属于哪种性质的回转面, 分析时, 可用细实线画出不同性质回转间的分界线, 回转体上无此线, 在视图上不画出。如图 3-21 (c) 和 (d) 所示。

回转体作为物体的组成部分不一定都是完整的, 也并非总是直立的, 多看、多画些形体不完整、不同方位的几何体及其三视图, 熟悉它们的三视图, 对提高看图能力非常有益。

如图 3-22 所示给出了多种形式的不完整回转体及其三视图。读者应在学习立体的三视图的基础上, 分析它是哪种回转体, 属于哪个部分, 处于什么方位, 再将它归属于完整回转体及其三视图中。这样, 在整体形象的基础上进行局部想象。

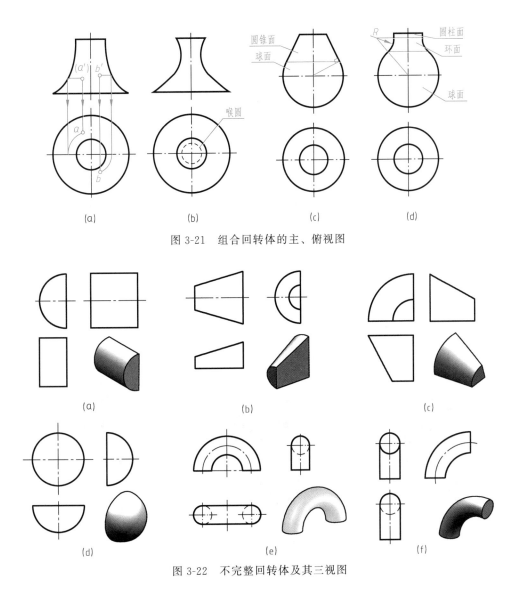

图 3-21　组合回转体的主、俯视图

图 3-22　不完整回转体及其三视图

第 4 章

立体表面相交

在机器零件上，经常会见到两种交线。一种是平面与立体表面相交的交线，称为截交线，如图4-1（a）所示。另一种是两立体表面相交的交线，称为相贯线，如图4-1（b）、（c）所示。为了清楚表达物体的形状，画图时应当正确地画出这些交线的投影。

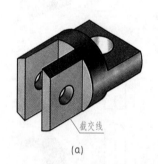
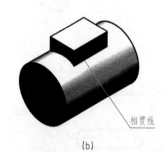

截交线   相贯线   相贯线

(a)   (b)   (c)

图 4-1　立体表面的交线

4.1　平面与立体表面相交

平面与立体表面相交，在立体表面上就会产生交线，该交线称为截交线，截切立体的平面称为截平面，在立体上产生的断面称为截断面。研究平面与立体表面相交的目的就是要准确地求出立体表面截交线的投影。

4.1.1　截交线的性质

立体的形状和截平面的位置不同，截交线的形状也各不相同，但它们都具有下面的一般性质：

① 共有性。截交线既在截平面上，又在立体表面上，因此截交线是截平面和立体表面的共有线，故截交线上任一点都是截平面和立体表面的共有点。

② 封闭性。由于立体表面在空间的尺寸是有限的，所以截交线是封闭的平面图形。

③ 截交线的形状决定于立体表面的形状和截平面与立体的相对位置。平面与平面立体相交，其截交线为一平面多边形；平面与曲面立体相交，截交线通常是一条封闭的平面曲线，也可能是由曲线和直线所围成的平面图形或多边形。

4.1.2　平面与平面立体表面相交

平面立体的截交线是截平面上的一个平面多边形，它的顶点是截平面与平面立体棱线或底边的交点，它的边是截平面与平面表面的交线。因此，求平面立体的截交线的实质是求出截交线多边形各顶点的投影，再按顺序连接即可。

【例 4-1】　如图 4-2（a）所示，已知正五棱柱被正垂面 P 所截，补全正五棱柱被截切后的三视图。

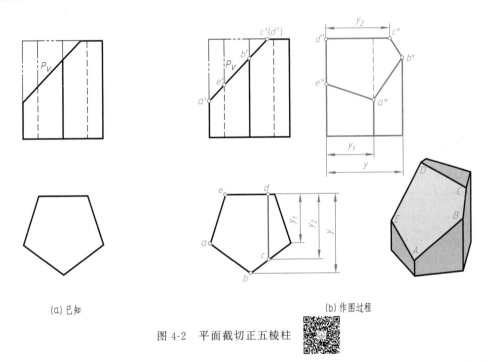

(a) 已知　　　　　　　　　　　　　　(b) 作图过程

图 4-2　平面截切正五棱柱

因为截交线的各边是正垂面 P 与正五棱柱棱面和顶面的交线，它们的正面投影都重合在 P_V 上，所以截交线的正面投影已知，只要作出截交线的水平投影，就可以补全五棱柱被切割后的俯视图。根据未截切正五棱柱的主、俯视图，先画出未截切的左视图；再由已作出的截交线的正面投影和水平投影，画出截交线的侧面投影，从而得到正五棱柱被切割后的左视图。从已知的正面投影可以直观地看出，截交线的水平投影和侧面投影都是可见的。

作图步骤［图 4-2（b）］如下：

① 画出完整的正五棱柱的左视图。

② 在正面投影上，标注出截平面 P 与棱线交点的正面投影 a'、e'、b' 及截平面 P 与顶面交线的投影 c'、d'。

③ 根据点 A、B、C、D、E 的正面投影 a'、b'、c'、d'、e' 求出水平投影 a、b、c、d、e，连接 c、d，就补全了正五棱柱被截切后的俯视图。

④ 根据点 A、B、C、D、E 的正面投影和水平投影，分别求出其侧面投影。顺次连接 a''、b''、c''、d''、e''，可得截交线的侧面投影。

⑤ 因为正五棱柱的最前棱线在 B 点以上的一段轮廓已经被切掉，在左视图中应擦去 b'' 上方棱线的投影，同时还应将 c'' 前方的投影擦去；而最右棱线是完整的，所以在左视图中应将 a'' 以上的粗实线改为细虚线，得到了正五棱柱被切割后的左视图。

【例 4-2】 图 4-3（a）所示为三棱锥被相交的水平面和正垂面所截，补全其俯视图和左视图。

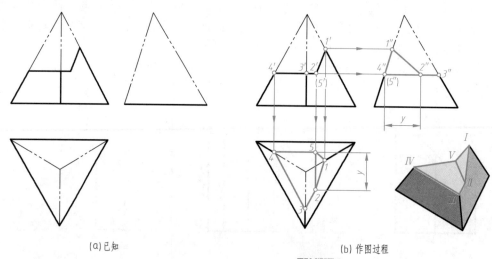

(a) 已知　　　　　　　　　　(b) 作图过程

图 4-3　平面截切三棱锥

如图 4-3 所示，正三棱锥被水平面和正垂面所截，正垂面与三棱锥的右棱线相交于点 Ⅰ，水平面与三棱锥左、前棱线相交于点 Ⅳ、Ⅲ，两个截平面相交，交线为正垂线 ⅡⅤ，点 Ⅱ 在右前棱面上，点 Ⅴ 在后棱面上。点 Ⅰ、Ⅲ、Ⅳ 位于棱线上，可根据从属性直接求出水平投影和侧面投影；点 Ⅴ 位于后棱面上，可根据积聚性先求其侧面投影，再求水平投影；点 Ⅱ 位于右前棱面上，可以过顶点作辅助直线，也可以利用平行线的投影特性作图。

作图步骤［图 4-3（b）］如下：

① 由正面投影 $1'$、$3'$、$4'$ 可直接作出侧面投影 $1''$、$3''$、$4''$，再由正面投影 $3'$ 和侧面投影 $3''$ 作出水平投影 3；由正面投影 $1'$、$4'$ 可直接作出水平投影 1、4。

② 过水平投影 3、4 分别作对应底边投影的平行线，根据点的投影特性可求得水平投影 2、5，再求出其侧面投影 $2''$、$5''$。

③ 顺次连接各投影点，并判别其可见性，即得截交线的侧面投影和水平投影。

④ 补全棱线的投影，完成该立体的三视图。

4.1.3　平面与回转体表面相交

当回转体的截交线为非圆曲线时，它可以利用表面取点的方法求出截交线上一系列点（首先求出截交线上的全部特殊点，即最高、最低、最左、最右、最前、最后点或转向轮廓线上的点）的投影，再求出若干个一般点的投影，将上述点光滑连接，并判别可见性。

(1) 平面与圆柱体表面相交

根据截平面与圆柱轴线的相对位置不同，其截交线有三种不同的形状，见表 4-1。

表 4-1　圆柱体的截交线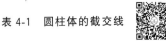

截平面的位置	与轴线平行	与轴线垂直	与轴线倾斜
轴测图	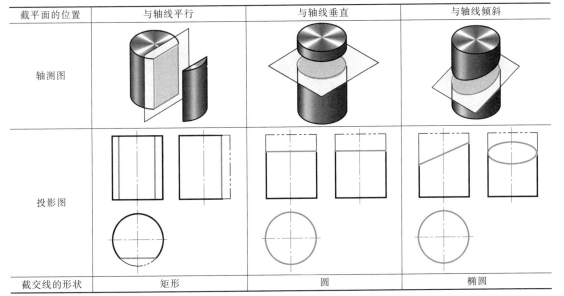		
投影图			
截交线的形状	矩形	圆	椭圆

【例 4-3】　求作圆柱被正垂面截切后的投影［图 4-4（a）］。

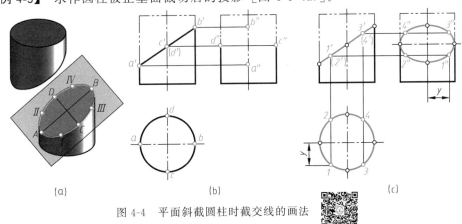

(a)　　　　　　　　　(b)　　　　　　　　　(c)

图 4-4　平面斜截圆柱时截交线的画法

由图 4-4（a）可见，圆柱被平面斜截，其截断面为椭圆。椭圆的正面投影积聚为一条斜线，水平投影与圆柱面的水平投影重合，侧面投影为椭圆。

作图步骤如下：

① 画出圆柱的三视图，如图 4-4（b）所示。

② 求特殊点。在求截交线的投影时，首先需要求出决定相贯线范围的特殊点（即最左 A、最右 B、最前 C、最后 D、最高 B、最低 A 点）。如图 4-4（b）所示，直接作出截交线上特殊点的三面投影。

③ 求一般点。作图时，为保证连接的光滑性，需要在特殊点之间再取适当的一般点。如图 4-4（c）所示，在投影为圆的视图上任取两点，根据水平投影 1、2、3、4（对称取点），利用投影关系求出正面投影 $1'$、$2'$、$3'$、$4'$ 和 $1''$、$2''$、$3''$、$4''$。

④ 将各点投影光滑连接起来，并判别可见性，即得截交线的投影。

⑤ 整理轮廓。圆柱被正垂面截切后，截平面上方的轮廓被截去，应擦除或用细双点画

线画出原有轮廓，截平面下方的轮廓还在，注意画成粗实线。

【**例 4-4**】 补画被平面截切后圆柱的水平投影，如图 4-5（a）、（b）所示。

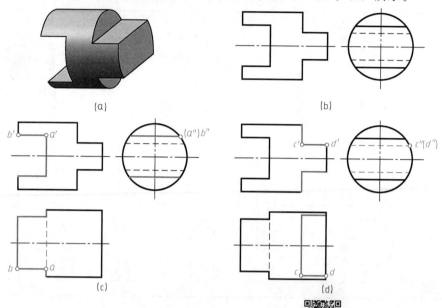

（a）

（b）

（c）

（d）

图 4-5 补画被截切圆柱体的水平投影

由图 4-5（a）、（b）可知，该圆柱为一侧垂圆柱体，圆柱左端中间缺口是用两个平行于圆柱轴线的对称的水平截平面及垂直于圆柱轴线的侧平截平面截切而成的，其截交线分别为矩形和圆弧，正面投影均积聚成直线。水平截平面的侧面投影也积聚成直线，水平投影反映实形。侧平截平面的水平投影积聚成直线，而侧面投影反映实形。圆柱右端的上下缺口是与圆柱轴线平行的水平截平面和与轴线相垂直的侧平截平面截切而成，其截交线分别也为矩形和圆弧，其投影与左端缺口情况类似。

作图步骤如下：

① 先画出完整圆柱的水平投影。

② 由于截平面分别为水平面和侧平面，圆柱截交线的正面投影都有积聚性。根据圆柱及水平截平面的侧面积聚性投影，可求出水平截平面与圆柱面交线的水平投影 ab 和 cd；侧平截平面的水平投影也积聚成直线，左端截交线的水平投影其不可见部分画成虚线，前后两段的可见部分画成粗实线，右端截交线的水平投影均可见，应画成粗实线。

③ 完成截切后圆柱的水平投影。因为圆柱的左端最前、最后素线左侧被截掉，故最前、最后素线的水平投影仅画出其右部即可。作图过程如图 4-5（c）、（d）所示。

【**例 4-5**】 如图 4-6（a）所示，根据圆柱体截切后的正面投影完成水平投影，并补画侧面投影。

由主视图左上角的缺口可知，空心圆柱被正垂面 P 和侧平面 Q 所截切。正垂面 P 截切空心圆柱体，在内外圆柱表面上产生的交线均为椭圆弧，正面投影为直线，水平投影为圆弧，侧面投影为椭圆弧。侧平面 Q 截切空心圆柱体的截断面为前后两个平行于侧立投影面的矩形，其正面投影和水平投影都积聚为直线，侧面投影反映实形。

作图步骤如下：

① 求正垂面 P 与外圆柱表面的截交线。先求特殊点，在正面投影上确定出 A、B、C、D、E 的正面投影 a'、b'、c'、d'、e'，由此求出水平投影 a、b、c、d、e，按对应关系求

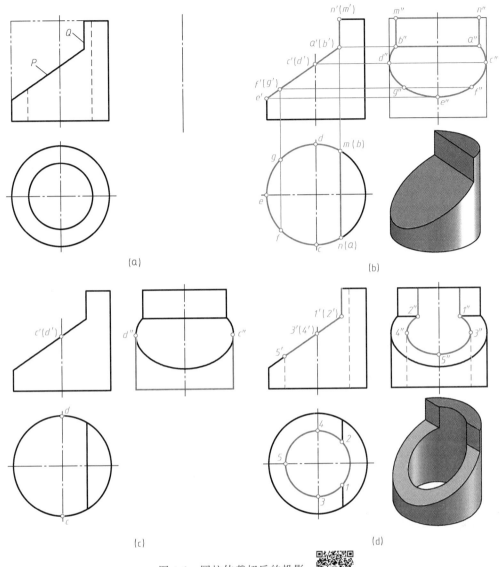

图 4-6　圆柱体截切后的投影

出侧面投影 a''、b''、c''、d''、e''；再适当求几个一般点，如 F、G；按水平投影中的顺序光滑连接，如图 4-6（b）所示。

　　② 求侧平面 Q 与外圆柱表面的截交线。因为 Q 为侧平面，水平投影积聚为直线，由此求出水平投影 $abmn$，侧面投影反映实形，根据对应关系可求得侧面投影 $a''b''m''n''$，如图 4-6（b）所示。

　　③ 完成外圆柱表面的侧面投影。因为圆柱的最前最后素线上部被 P 平面截掉，故最前最后素线的侧面投影以 c''、d'' 为截断点，仅画出下部即可，如图 4-6（c）所示。

　　④ 求正垂面 P 和侧垂面 Q 与内圆柱面的截交线。由于内圆柱面的截切情况与外圆柱面的截切情况相类似，可依照上述方法求出截平面与内圆柱表面的交线的投影，如图 4-6（d）所示。

　　⑤ 完成内圆柱表面的侧面投影。由正垂面 P 与侧垂面 Q 交线的水平投影可知，12 段没有，故侧面投影 $1''$、$2''$ 之间无投影，应去掉先前所画的图线；内圆柱的最前最后素线被正垂面 P 截

断，故最前最后素线的侧面投影以 1″、2″为截断点，仅画出下部即可，如图 4-6（d）所示。

图 4-7 是几种圆柱被截切后的三视图，供学习中参考。

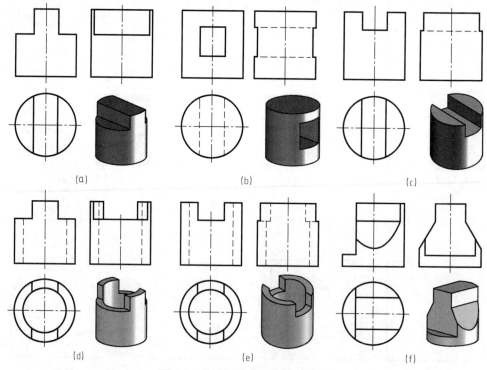

图 4-7 常见圆柱截切后的三视图

（2）平面与圆锥体表面相交

由于平面与圆锥轴线的相对位置不同，平面与圆锥表面的截交线有五种情况，见表 4-2。

表 4-2 圆锥体的截交线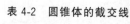

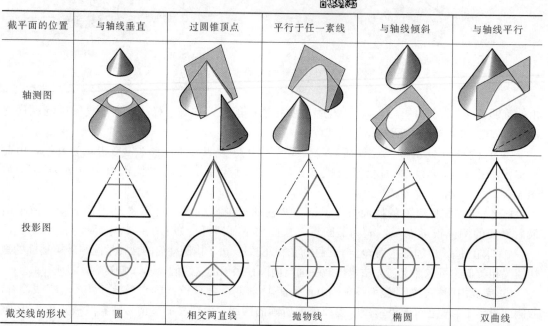

截平面的位置	与轴线垂直	过圆锥顶点	平行于任一素线	与轴线倾斜	与轴线平行
轴测图					
投影图					
截交线的形状	圆	相交两直线	抛物线	椭圆	双曲线

【例 4-6】 求作圆锥被一正垂面截切后截交线的水平投影和侧面投影 [图 4-8（a）]。

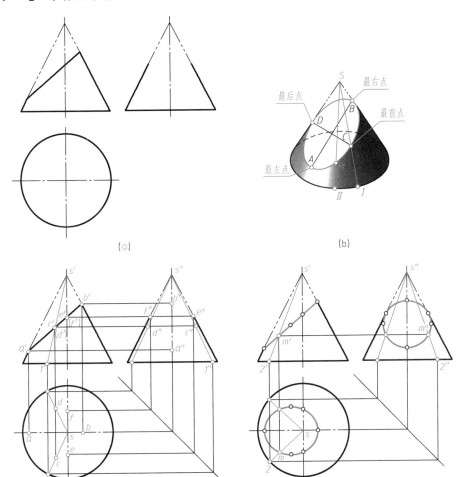

图 4-8 用素线法求圆锥的截交线

由于截平面与圆锥轴线倾斜，故其截交线为一椭圆，如图 4-8（b）所示，正面投影已知，只需求出其水平投影和侧面投影即可。

作图步骤如下：

① 求特殊点。椭圆长轴上的两个端点 A、B 是截交线上的最低、最高及最左、最右点，也是圆锥最左、最右素线上的点，可利用投影关系由 a'、b' 求得 a、b 和 a''、b''；椭圆短轴上两个端点 C、D 是截交线上的最前、最后点，其正面投影 c'、d' 重影于 $a'b'$ 的中点，利用素线法即可求得 c、d 和 c''、d''；椭圆上 E、F 点是最前、最后素线上的点，由 e'、f' 直接求得 e、f 和 e''、f''，如图 4-8（c）所示。

② 求一般点。用素线法在特殊点之间再求出适量的一般点的投影，如 M 点等。

③ 经判别可见性后依次光滑连接各点的水平投影和侧面投影，即为所求。e''、f'' 以上的转向轮廓线被切去不画，下段应画成粗实线，如图 4-8（d）所示。

【例 4-7】 补全圆锥被截切后的三视图 [图 4-9（a）]。

因为截平面 P 为水平面，与圆锥的轴线垂直，所以截平面为水平圆弧，其正面投影和侧面投影分别积聚为直线，只需求出其水平投影。截平面 T 为侧平面，与圆锥的轴线平行，

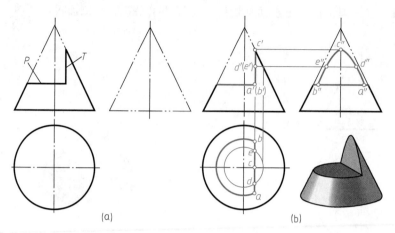

图 4-9　完成圆锥截切后的三视图

所以截交线为双曲线，其正面投影和水平投影均为直线，只需求出其侧面投影实形即可。

作图步骤如下［图 4-9（b）］：

① 求截平面 P 的截交线。由于其截交线为水平圆弧，水平投影反映圆弧实形，故在主视图当中量取纬圆半径后，在俯视图中画出 a、b 两点左侧的圆弧；由于截平面 P 的侧面投影具有积聚性，故截交线的侧面投影是长度为该纬圆直径的一条直线。

② 求截平面 T 的截交线。该截交线为双曲线，正面投影和水平投影均为直线，故其水平投影为 ab 直线，侧面投影为双曲线。

求侧面投影时，先求特殊点。点 C 为最高点，它在最右素线上，故根据正面投影 c' 可直接作出水平投影 c 和侧面投影 c''；点 A、B 为最低点，也是最前、最后点，根据其正面投影 a'、b' 和水平投影 a、b，可求出 a'' 和 b''。再取适当的一般点。可利用纬圆法（也可用素线法），求出 d''、e''。

依次将点 a''、d''、c''、e''、b'' 连成光滑的曲线，即为截交线的侧面投影。

③ 最前、最后素线在截平面 P 以上部分被截去，下段还在，应画成粗实线。

图 4-10 是几种圆锥被截切后的三视图，供学习中参考。

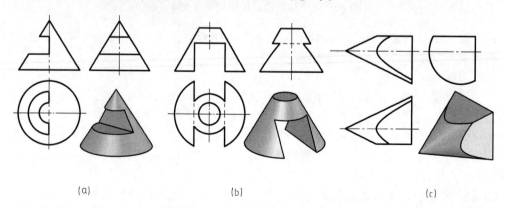

图 4-10　常见圆锥截切后的三视图

（3）平面与圆球体表面相交

圆球被任意方向的平面截切，其截交线都是圆。当截平面为投影面平行面时，截交线在所平行的投影面上的投影为圆，其余两面投影积聚为直线。该直线的长度等于切口圆的直径

D，其直径的大小与截平面至球心的距离 B 有关，如图 4-11 所示。

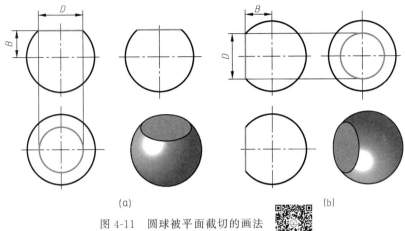

(a)　　　　　　　　　　　　　(b)

图 4-11　圆球被平面截切的画法

【例 4-8】　画出圆球截切后的三视图［图 4-12（a）］。

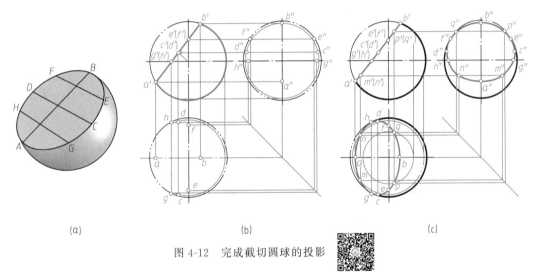

(a)　　　　　　　　(b)　　　　　　　　(c)

图 4-12　完成截切圆球的投影

由于圆球体被一个正垂面截切，所以截交线为正垂圆。其正面投影积聚为一直线，其水平投影和侧面投影为椭圆。

作图步骤［图 4-12（b）、（c）］如下：

① 求特殊点。椭圆长轴上的两个端点 A、B 是截交线上的最低、最高及最左、最右点，也是圆球前后方向转向轮廓线上的点，可利用投影关系由 a'、b' 求得 a、b 和 a''、b''；椭圆短轴上两个端点 C、D 是截交线上的最前、最后点，其正面投影 c'、d' 重合在 $a'b'$ 的中点，利用纬圆法可求得 c、d 和 c''、d''。椭圆上 E、F 点是左右方向转向轮廓线上的点，由 e'、f' 直接求得 e、f 和 e''、f''。椭圆上 G、H 点是上下方向转向轮廓线上的点，由 g'、h' 直接求得 g、h 和 g''、h''。

② 求一般点。用纬圆法在特殊点之间再求出适量的一般点，如 M 点、N 点等。

③ 判别可见性，依次光滑连接各点的水平投影和侧面投影即为所求（侧面投影 e''、f'' 以上的转向轮廓线被切去，水平投影 g、h 以左的转向轮廓线被切去）。

【例 4-9】　画出开槽半球体的三视图［图 4-13（a）］。

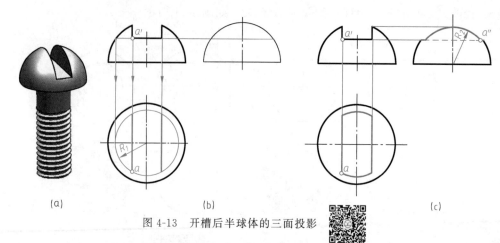

(a)　　　　　　　　　(b)　　　　　　　　　(c)

图 4-13　开槽后半球体的三面投影

由于半圆球被两个对称的侧平面和一个水平面截切，所以两个侧平面与球面的截交线各为一段平行于侧面的圆弧，而水平面与球面的截交线为两段水平的圆弧。

作图时，首先画出完整半圆球的三视图，再根据槽宽、槽深尺寸依次画出截交线的正面、水平和侧面投影，作图的关键在于确定圆弧半径 R_1 和 R_2，具体画法如图 4-13 （b）、（c）所示。

作图时，应注意以下两点：

① 因半圆球上侧面的轮廓线被切去一部分，所以开槽而产生的截交线的侧面投影向内"收缩"，其圆弧半径如图 4-13（c）所示。显然，槽越宽，半径越小；槽越窄，半径越大。

② 注意区分槽底的侧面投影的可见性。

（4）平面与组合回转体表面相交

【例 4-10】　一同轴回转体被平面截切，已知其俯视图和左视图［图 4-14（a）］，求作主视图。

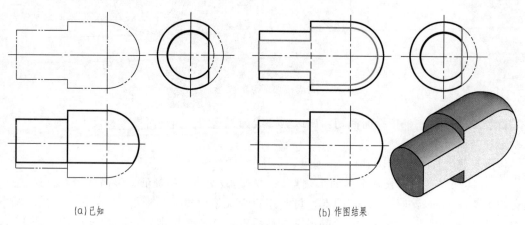

(a)已知　　　　　　　　　　　　　(b)作图结果

图 4-14　同轴回转体的截切

该同轴回转体由两个直径不等的圆柱和半个圆球组合而成，球心位于圆柱的轴线上，且圆球直径和大圆柱直径相等，前面被一个正平面截切。

正平面与两个直径不等的圆柱面相交，截平面与圆柱面的交线分别为两组距离不等的平行线，截断面的水平投影和侧面投影积聚成一条直线，正面投影反映实形。

正平面与半球相交，截交线为一半圆，其水平投影和侧面投影为一直线，正面投影反映实形。

作图步骤如下：

① 作出该立体截切前的主视图。

② 求出两个圆柱体截交线的正面投影，其投影为两组距离不等的平行线。

③ 求出半球截交线的正面投影，该投影为半圆，其直径与大圆柱两条截交线的距离相等。

④ 注意两圆柱体的连接面之间，在正立投影面上的投影有条虚线，画图时不要遗漏，其具体作图见 4-14（b）。

【例 4-11】　图 4-15 所示为一连杆头的立体及三视图，求其截交线的正面投影。

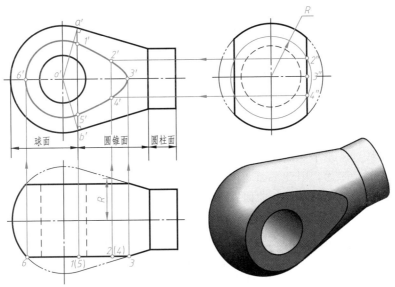

图 4-15　连杆头的立体及投影

连杆头的表面由轴线为侧垂线的圆柱面、圆锥面和球面组成，前后均被正平面截切，球面部分的截交线为圆；圆锥部分的截交线为双曲线；圆柱未被截切。

作图步骤如下：

① 如图 4-15 所示，首先要确定球面与锥面的分界线。从球心 o' 作圆锥面正面外形轮廓的垂线得交点 a'、b'，连线 $a'b'$ 即球面与圆锥面的分界线，以 $o'6'$ 为半径作圆，即球面的截交线，该圆与 $a'b'$ 相交于 1′、5′点，1′、5′即截交线上圆与双曲线的连接点。

② 按照水平面与圆锥面相交求截交线的方法作出圆锥面上的截交线，即可完成连杆头上截交线的正面投影。

下面列举一些同轴回转体常见的截切形式，供读者自行阅读。如图 4-16 所示。

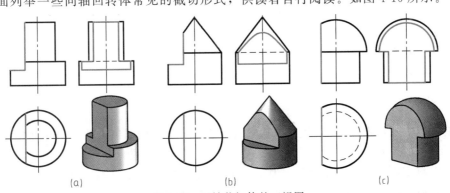

（a）　　　　　　　　　　　　（b）　　　　　　　　　　　　（c）

图 4-16　回转截切体的三视图

4.2 两回转体表面相交

两相交的立体称为相贯体，它们表面的交线称为相贯线，如图 4-17 所示。

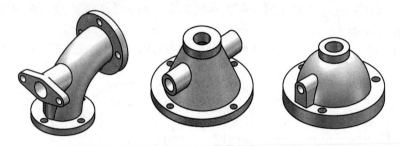

图 4-17 相贯线实例

平面立体与平面立体相交，其相贯线为封闭的空间折线或平面折线。平面立体与曲面立体相交，其相贯线为若干平面曲线或平面曲线和直线结合而成的封闭的空间几何图形。由于平面立体的表面都是平面，因此平面立体与平面立体相交或平面立体与曲面立体相交，都可以理解为平面与平面立体或平面与曲面立体截交的情况，其相贯线由多条截交线构成，如图 4-18 所示。

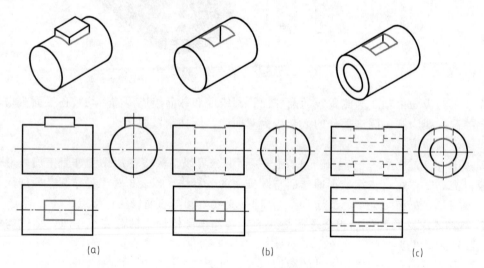

(a)　　　　　　　　　　(b)　　　　　　　　　　(c)

图 4-18 平面立体与回转体相交

曲面立体和曲面立体相交，最常见的是两回转体表面相交。因此，本节主要研究两回转体表面相交时相贯线的求法。

4.2.1 相贯线的性质

相贯线是由立体相交自然产生的表面交线，由于各立体的几何形状、大小和相对位置不同，相贯线的形状也不相同（图 4-19），但都具有以下基本性质：

① 共有性。由于相贯线是两回转体表面的交线，故相贯线是两回转体表面的共有线，也是两回转体表面的分界线。相贯线上的点是两回转体表面上的共有点。

② 封闭性。相贯线一般为封闭的空间曲线，特殊情况下可能是平面曲线或直线。

③ 相贯线的形状决定于回转面的形状、大小和两回转面的相对位置。

　　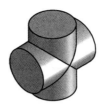　

(a)封闭的空间曲线　　(b)不封闭的空间曲线　　(c)封闭的平面曲线　　(d)直线段

图 4-19　两回转体的相贯线

求相贯线的一般步骤如下：

① 根据已知两回转体的投影，分析它们的形状、大小和轴线的相对位置，判定相贯线的空间形状及其投影。

② 选择适当的作图方法，常用的方法有积聚性法和辅助平面法等。

③ 求特殊点。包括最高、最低、最左、最右、最前、最后、转向轮廓线上的点及其它极限点等。

④ 求若干一般点。

⑤ 光滑连接各点，并判断可见性。

4.2.2　积聚性法求相贯线

当圆柱的轴线垂直于某一投影面时，圆柱面在这个投影面上的投影具有积聚性，因而相贯线的投影与其重合，根据这个已知投影，就可用表面取点的方法求出其它投影。

(1) 正交两圆柱体相贯线的画法

【例 4-12】　求作正交两圆柱相贯线的投影［图 4-20（a）］。

由图 4-20（a）可知，这是两个直径不同、轴线垂直相交的两圆柱表面相交，其相贯线为一封闭的空间曲线。大圆柱的轴线为侧垂线，小圆柱的轴线为铅垂线，所以相贯线的侧面投影和大圆柱面的侧面投影重合，为一段圆弧，相贯线的水平投影和小圆柱面的水平投影重合，为一个圆，需要求作的是相贯线的正面投影。

作图步骤如下：

① 求特殊点。相贯线上的特殊点主要是转向轮廓线上的共有点和极限位置点。如图 4-20（b）所示，小圆柱与大圆柱的正面轮廓线交点 $1'$、$5'$ 是相贯线上的最左、最右点，也是最高点，其投影可直接定出；小圆柱的侧面轮廓线与大圆柱面的交点 $3''$、$7''$ 是相贯线上的最前、最后点，也是最低点。由已知投影 1、3、5、7 和 $1''$、$3''$、$5''$、$7''$，求得 $1'$、$3'$、$5'$、$7'$。

② 求一般点。在小圆柱的水平投影中取对称点 2、4、6、8，然后按点的投影规律，求出其侧面投影 $2''$、$4''$ 及 $6''$、$8''$ 和正面投影 $2'$、$4'$、$6'$、$8'$，如图 4-20（c）所示。

③ 判别可见性，顺次光滑连接。根据具有积聚性投影的顺序，依次光滑连接 $1'$、$2'$、$3'$、$4'$、$5'$、…各点，即得到相贯线的正面投影。由于相贯线前后对称，因而其正面投影虚实线重合，如图 4-20（d）所示。

(2) 正交两圆柱体相贯线的变化

两圆柱垂直相交时，相贯线的形状取决于它们直径的相对大小和轴线的相对位置。图 4-21 表示相交两圆柱的直径相对变化，相贯线的形状和位置也随之变化。

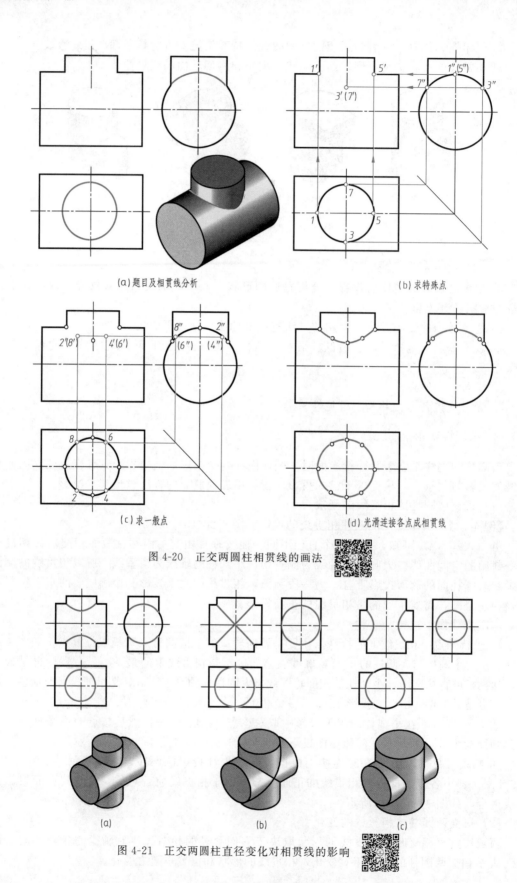

(a) 题目及相贯线分析

(b) 求特殊点

(c) 求一般点

(d) 光滑连接各点成相贯线

图 4-20　正交两圆柱相贯线的画法

(a)

(b)

(c)

图 4-21　正交两圆柱直径变化对相贯线的影响

（3）正交两圆柱体相贯的三种形式

　　两立体相交的表面可能是它们的外表面，也可能是内表面，图 4-22 所示为正交两圆柱相交的三种情况。图 4-22（a）为两圆柱体外表面相交；图 4-22（b）为外圆柱面与内圆柱面相交；图 4-22（c）为两圆柱体内表面相交，即两圆柱孔相交。它们虽有内、外表面的不同，但由于两圆柱面的直径大小和轴线相对位置不变，因此它们交线的形状和特殊点是完全相同的。

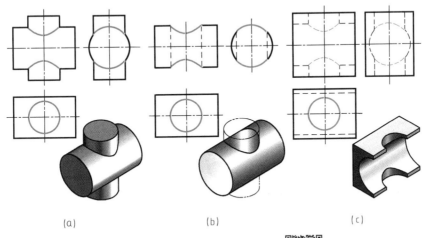

（a）　　　　　　　　　　　（b）　　　　　　　　　　　（c）

图 4-22　两圆柱相交的三种形式

（4）正交两圆柱体相对位置变化对相贯线的影响

　　正交两圆柱相贯线的形状取决于它们直径的相对大小和轴线的相对位置。图 4-23 表示相交两圆柱的位置变化，相贯线的形状和位置也随之发生变化。

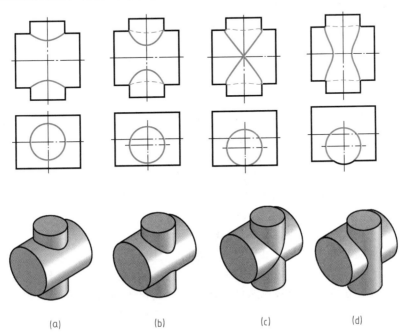

（a）　　　　　　　（b）　　　　　　　（c）　　　　　　　（d）

图 4-23　正交两圆柱位置变化时对相贯线的影响

当正交两圆柱的直径相差较大，作图准确性要求不高时，为了作图方便允许采用近似画法。即用圆弧代替空间曲线的投影，圆弧的半径等于大圆柱半径，圆心位于小圆柱的轴线上，并弯向大圆柱的轴线。具体作图如图 4-24 所示。

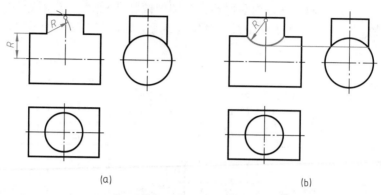

图 4-24　正交两圆柱相贯线的简化画法

【例 4-13】　求作正交两圆柱打内孔后的相贯线［图 4-25（a）］。

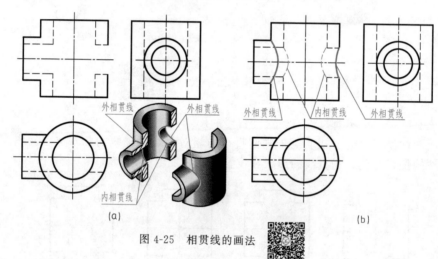

图 4-25　相贯线的画法

由图 4-25 可知，左侧水平圆柱的外圆柱面和直立圆柱的外圆柱面相贯，同时左侧水平圆柱内孔与直立圆柱的外表面和内表面都会相贯，在内表面上产生的相贯线和外表面上的相贯线画法相同，但内表面上相贯线的正面投影由于不可见，因而画成细虚线。

作图步骤如下：

① 求两外圆柱面的相贯线的正面投影，应该为曲线，弯向大圆柱面的轴线。

② 求两内圆柱孔的相贯线的正面投影，应该为曲线，弯向大圆柱孔的轴线。

③ 求内圆柱孔与外圆柱面的相贯线的正面投影，应该为曲线，弯向大圆柱面的轴线。

【例 4-14】　求图 4-26 所示圆柱与半球相贯线的投影。

圆柱和半球前后对称，且二者共底互交，故相贯线为前后对称的不封闭空间曲线；由于圆柱的轴线垂直于 H 面，其水平投影有积聚性，故相贯线的水平投影重合在圆柱面的水平投影上，而相贯线的正面和侧面投影未知。此时可以通过表面取点的方法，从已知的水平投影出发求出相贯线上一系列点的正面和侧面投影，从而作出相贯线的正面和侧面投影。

作图步骤如下：

① 作出相贯线上的特殊点。相贯线的最低点Ⅰ、Ⅶ点是圆柱底圆和半球底圆交点，其

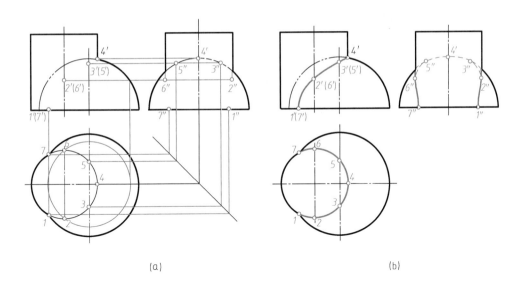

图 4-26 求圆柱与半球的相贯线

水平投影即为圆柱面积聚性投影（圆）和半球底圆投影的交点 1、7，而正面和侧面投影分别在圆柱底圆和半球底圆的积聚投影上；最前（后）点Ⅱ（Ⅵ）是圆柱最前（后）素线与球面的交点，其水平投影 2、6 已知，利用圆球表面取点的方法求出其正面和侧面投影；最高点Ⅳ点是圆柱最右素线与球面的交点，可以直接得到水平和正面投影 4、4′，从而求出侧面投影 4″；Ⅲ、Ⅴ点是球面左右方向转向轮廓线与圆柱面的交点，其水平投影 3、5 和侧面投影 3″、5″可以直接得到，进而求出其正面投影 3′、5′。

② 作出相贯线上的一般点。在特殊点之间取适当的一般点，用纬圆法求出它们的正面和侧面投影。

③ 依次光滑连接各点的正面和侧面投影，并判别可见性。按照相贯线水平投影中各点的顺序，连接诸点的正面投影，由于前后对称，前半相贯线和后半相贯线的正面投影重合，所以在正面投影中只需连接前半个圆柱面上的点即得相贯线的正面投影；按同样的顺序连接诸点的侧面投影，即可得相贯线的侧面投影，注意位于圆柱面右半部分的相贯线在侧面投影中不可见，应为虚线。

④ 补全轮廓线。注意在正面投影中半球和圆柱轮廓线仅画到 4′为止，在侧面投影中，半球的轮廓线画到 3″、5″为止，而圆柱的轮廓线画到 2″、6″为止。

4.2.3 辅助平面法求相贯线

所谓辅助平面法就是根据三面共点的原理，利用辅助平面求出两回转体表面上若干共有点，从而画出相贯线投影的方法。

① 作一辅助平面同时与两回转体相交。

② 分别求辅助平面与两回转体表面的交线，即得两组截交线。

③ 求出两组截交线的交点即为相贯线上的点。

选择辅助平面的原则是：选取特殊位置平面（一般为投影面平行面），使其截切所得的截交线投影最简单（直线或圆）。

【例 4-15】 圆柱与圆锥台表面相交，求相贯线的投影（图 4-27）。

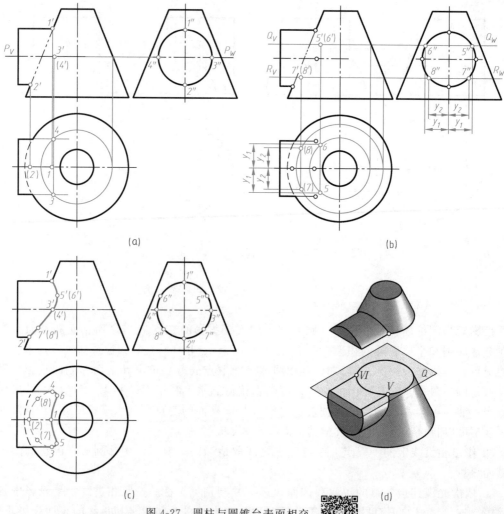

(a)　　　　　　　　　　　　　(b)

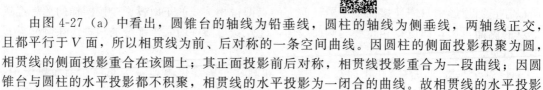

(c)　　　　　　　　　　　　　(d)

图 4-27　圆柱与圆锥台表面相交

由图 4-27（a）中看出，圆锥台的轴线为铅垂线，圆柱的轴线为侧垂线，两轴线正交，且都平行于 V 面，所以相贯线为前、后对称的一条空间曲线。因圆柱的侧面投影积聚为圆，相贯线的侧面投影重合在该圆上；其正面投影前后对称，相贯线投影重合为一段曲线；因圆锥台与圆柱的水平投影都不积聚，相贯线的水平投影为一闭合的曲线。故相贯线的水平投影和正面投影都需作图完成。本例用辅助平面法作图较为方便，根据两立体的相互位置，可选择水平面作为辅助平面，如图 4-27（d）所示。

作图步骤如下：

① 求特殊点。如图 4-27（a）所示，由侧面投影可知 $1''$、$2''$ 是相贯线上最高点和最低点的投影，它们是两回转体主视图中转向轮廓线的交点，可直接确定出 $1'$、$2'$，并由此投影确定出水平投影 1、2；而 $3''$、$4''$ 是相贯线上最前点、最后点的侧面投影，它们在圆柱水平投影转向轮廓线上。可过圆柱轴线作水平面 P 为辅助平面，求出平面 P 与圆锥面截交线的水平投影，该水平投影与圆柱面水平投影的外形轮廓线交于 3、4 两点，并求出 $3'$、$4'$。

② 求一般点。如图 4-27（b）所示，作水平面 Q 为辅助平面，求出水平面 Q 与圆锥面截交线（圆）的水平投影，再由侧面投影按宽相等（y_1）画出水平面 Q 与圆柱面的截交线（两条直线）的水平投影，则圆与两条直线的交点 5、6 即为一般点 Ⅴ、Ⅵ 的水平投影，最

后确定出 $5'$ 和 $6'$。同理，再作水平辅助面 R，可求出 7、8 及 $7'$、$8'$。

③ 判别可见性并光滑连接各点。如图 4-27（c）所示，因曲线前后对称，相贯线正面投影前后重合，所以在正面投影中，用粗实线画出可见的前半部曲线即可；水平投影中，由 3、4 点分界，在上半圆柱面上的曲线可见，将 35164 段曲线画成粗实线，其余部分不可见，画成细虚线。

④ 补画轮廓线。水平投影中圆台底圆的投影不全，补画出圆柱下面不可见的虚线圆弧。圆柱体最前、最后素线与锥台表面相交与 Ⅲ、Ⅳ 点，故水平投影应画到 3、4 点。如图 4-27（c）所示。

【例 4-16】　半球与圆锥台相交，求相贯线的投影 [图 4-28（a）]。

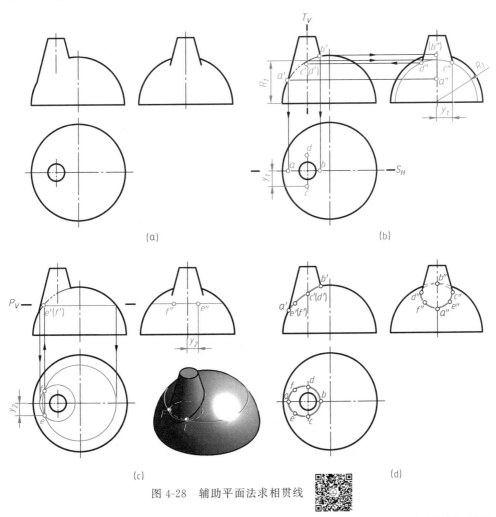

图 4-28　辅助平面法求相贯线

由 4-28（a）可知，相贯体前后对称，为一条封闭的空间曲线。由于半圆球与圆锥的投影无积聚性，所以相贯线的三面投影均未知，选用水平辅助面求相贯线。此外，还可采用过圆锥轴线的一个正平面和一个侧平面作辅助面。

作图步骤如下：

① 求特殊点。如图 4-28（b）所示，作过圆锥台轴线的侧平面 T，它与圆锥台的交线的侧面投影为左右方向转向轮廓线，与圆球的交线为一侧平圆，其交点为 C、D；作过圆锥台轴线的正平面 S，求得圆球与圆锥台前后方向投影转向轮廓线上的交点 A、B，它们是相贯

线上的最低、最高和最左、最右点。

② 求一般点。如图 4-28（c）所示，在 AB 之间的适当位置作水平面 P，它与圆锥台和圆球的交线均为圆，两圆交于 E、F 两点。可根据需要用同样的方法求出适当的一般点。

③ 判别可见性并光滑连接曲线。如图 4-28（d）所示，相贯体前后对称，正面投影可见与不可见部分投影重合，故画粗实线；水平投影均可见，将 $aecbdf$ 段曲线画成粗实线；侧面投影中 $d''b''c''$ 段曲线不可见，画成细虚线，其余可见，画成粗实线。

④ 检查整体轮廓并判别可见性。正面投影中 $a'b'$ 段无圆球轮廓线，侧面投影中被圆锥台挡住部分的圆球轮廓线应画成细虚线，圆锥台的侧面轮廓应画到 c''、d''，并与相贯线的投影相切，其作图结果如图 4-28（d）所示。

4.2.4 相贯线的特殊情况

两回转体相交，在一般情况下，表面交线为封闭的空间曲线，但在特殊情况下，也可为平面曲线或直线，还有可能不封闭。表 4-3 列出了相贯线的几种特殊情况。

表 4-3 相贯线的几种特殊情况

说明	示例	
当两回转体共切于一球面时,其相贯线为平面曲线——椭圆	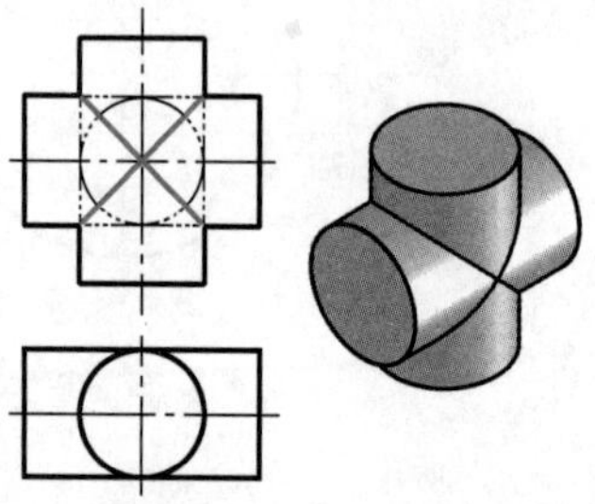	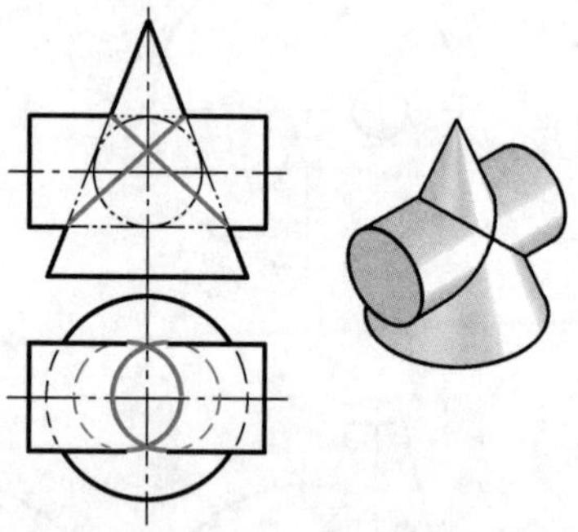
同轴线的两回转体相交,其相贯线为垂直于轴线的圆	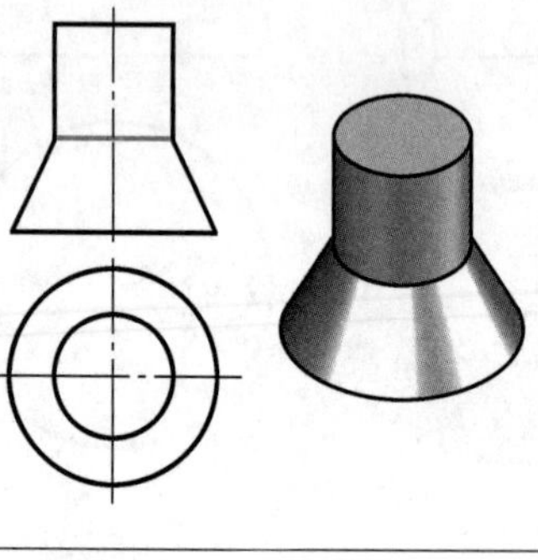	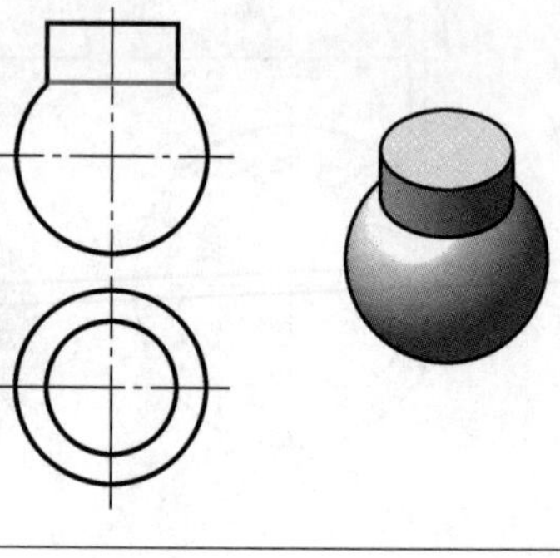
轴线平行且共底的两圆柱相交,其相贯线为不封闭的两平行直线;共锥顶、共底面的两圆锥相交,其相贯线为不封闭的两相交直线	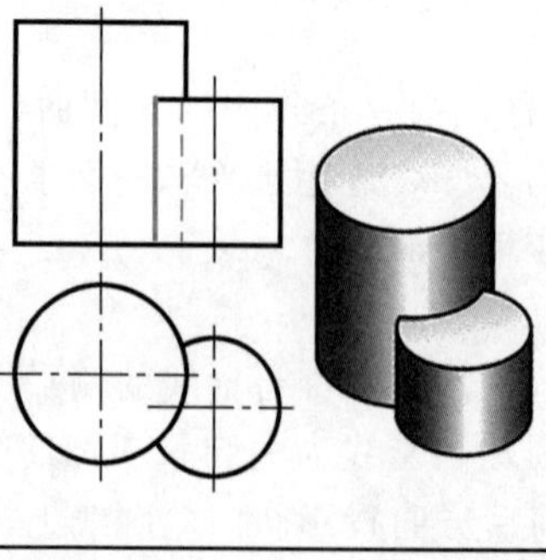	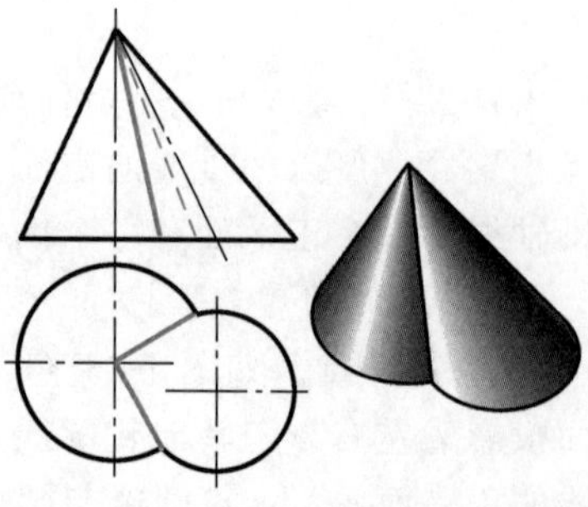

4.2.5 多立体相交的相贯线

在机件上常常会出现多个立体相交的情况，多立体相交的相贯线，其作图方法和求两立体相交的相贯线一样，作图前，先要分析各相交立体的形状和相对位置，确定每两个立体的相贯线的形状，然后分别求出各部分相贯线的投影。作图中，要注意相贯线之间的连接点。

【例 4-17】 求组合回转体相贯线的投影（图 4-29）。

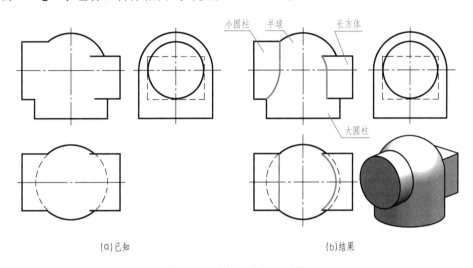

(a)已知   (b)结果

图 4-29 多体相交的相贯线

由图 4-29 中看出，铅垂的大圆柱与半球相切，故无交线。

左侧的侧垂小圆柱上半部与半圆球相交，因它们是同轴线回转体相交，相贯线为垂直于轴线的半圆；左方的侧垂小圆柱下半部与大圆柱相交，为不等径的两圆柱正交，其相贯线为一空间曲线。

右侧的长方体上半部与半圆球相交，其相贯线（相当于平面截切半球的截交线）为圆弧；长方体下半部与大圆柱相交，前后两侧相贯线（相当于平面截切圆柱的截交线）为平行于轴线的直线，下侧的相贯线为一圆弧。

作图步骤如下：

① 小圆柱与半圆球相贯线侧面投影积聚在小圆柱的上半圆上，其正面投影和水平投影均为直线。

② 小圆柱与大圆柱的相贯线的水平投影和侧面投影积聚在各自的圆上，其正面投影用正交两圆柱相贯线求法即可求得。

③ 长方体与半球、大圆柱的截交线侧面投影积聚在长方形（图中虚线）上；长方体与半球相贯线的正面投影、水平投影各为一段前后对称的正平圆弧和水平圆弧；长方体与大圆柱前后两侧相贯线的正面投影为直线，下方相贯线的水平投影重合在大圆柱面的水平投影（圆）上，不可见，为虚线。

【例 4-18】 完成图 4-30 所示的组合体的主、左视图。

由视图可知，该组合体前后面对称，由两个具有同心孔的圆柱 A、B 及半球面 C 组成，A、B 的轴线互相垂直，且都通过球心。

外表面之间的交线——圆柱面 B 与圆柱面 A、球面 C 及半球的左端平面 D 都相交，交线分别是空间曲线、半圆和两条直线，这两段直线正好在圆柱面 B 左右方向转向轮廓线上；

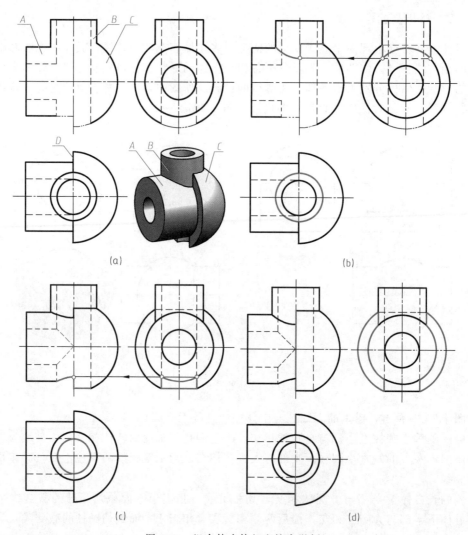

图 4-30　组合体多体相交综合举例

圆柱面 A 和半球面的左端面 D 交于圆弧。

　内表面产生的交线——竖直圆柱孔与水平圆柱孔的轴线相交，它们的直径尺寸相同，交线为两个垂直的半椭圆平面；竖直圆柱孔的下部又与外表面 A、C、D 都相交，这些交线与外圆柱面 B 所产生的交线类似。

　由于竖直圆柱的内、外表面的水平投影都具有积聚型，因此，俯视图已经完成，只需按照上述分析作出各交线的其余两面投影。

　作图步骤如下：

　① 作出圆柱面 B 与各表面之间交线的正面和侧面投影，如图 4-30（b）所示。

　② 作出竖直圆柱孔与水平圆柱孔、圆柱面 A、平面 D、半球面 C 交线的正投影和侧面投影，如图 4-30（c）所示。

　③ 根据投影关系，完成平面 D 的正面投影，如图 4-30（d）所示。

　④ 检查后描深草稿，完成后的三视图如图 4-30（d）所示。

第5章

轴测图

工程上常用的图样是多面正投影图，它能确切地表达零件的形状大小，且作图方便，度量性好。但这种图样立体感差，必须有一定读图基础的人才能看懂。而轴测投影图（简称轴测图）通常称为立体图，它是能在一个视图上同时表达立体的长、宽、高三方向的形状和尺度的投影图。与同一物体的三面投影图相比，轴测图的立感强，直观性好，是工程上的一种辅助图样。

5.1　轴测图的基本知识

5.1.1　轴测图的形成

将物体连同直角坐标系，沿着不平行于任一坐标面的方向，用平行投影法将其投影在单一投影面上所得到的具有立体感的图形，称为轴测投影图或轴测图。它能同时反映出物体长、宽、高三个方向的尺度，富有立体感，但不能反映物体的真实形状和大小，度量性差。其中，用正投影法形成的轴测图称为正轴测图，如图 5-1（a）所示，用斜投影法形成的轴测

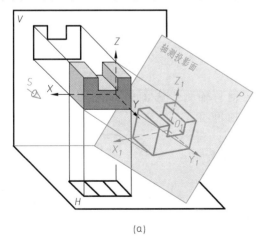

(a)

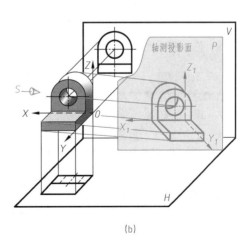

(b)

图 5-1　轴测图的形成

图称为斜轴测图，如图 5-1（b）所示。

如图 5-1 所示，如果我们将空间直角坐标系 OX、OY、OZ 固连在物体上，那么在形成轴测图的过程中，三个坐标轴在轴测投影面上的投影 O_1X_1、O_1Y_1、O_1Z_1 则称为轴测轴。

5.1.2 轴间角和轴向伸缩系数

（1）轴间角

在图 5-1 中，相邻两轴测轴之间的夹角 $\angle X_1O_1Y_1$、$\angle X_1O_1Z_1$、$\angle Y_1O_1Z_1$ 称为轴间角。

（2）轴向伸缩系数

由于物体上三个坐标轴对轴测投影面的倾斜角度不同，所以在轴测图上各条轴线长度的变化程度也不一样，轴测轴上的线段与空间坐标轴上对应线段的长度比称为轴向伸缩系数，O_1X_1、O_1Y_1、O_1Z_1 轴上的轴向伸缩系数分别用 p、q、r 表示。

5.1.3 轴测图的基本性质

由于轴测图采用的仍然是平行投影法，因此它具有下列两个基本性质：

① 物体上相互平行的直线段，在轴测图中也相互平行。

② 物体上平行于直角坐标轴的直线段，在轴测图中也平行于相应的轴测轴，且在作图时可以沿轴向测量，即物体上的长、宽、高三个方向的尺寸可沿其对应轴来量取。

5.1.4 轴测图的分类

根据投射方向对轴测投影面的相对位置不同，轴测图可分为正轴测图（投射方向垂直于轴测投影面）和斜轴测图（投射方向倾斜于轴测投影面）。

在正轴测图中，根据三个轴的轴向伸缩系数是否相同，又分为下列三种：

① 当三个轴向伸缩系数相等（即 $p=q=r$）时，称为正等轴测图，简称正等测。

② 当二个轴向伸缩系数相等（如 $p=q\neq r$）时，称为正二等轴测图，简称正二测。

③ 当三个轴向伸缩系数均不等（即 $p\neq q\neq r$）时，称为正三等轴测图，简称正三测。

在斜轴测图中，对应上述三种情况，依次为斜等测、斜二测和斜三测。

5.2 正等轴测图

5.2.1 轴间角和轴向伸缩系数

（1）轴间角

在正投影情况下，当 $p=q=r$ 时，三个坐标轴与轴测投影面的倾角都相等，均为 $35°16'$。由几何关系可以证明，正等轴测图的轴间角 $\angle X_1O_1Y_1=\angle X_1O_1Z_1=\angle Y_1O_1Z_1=120°$。作图时，将 O_1Z_1 轴按规定画成铅垂方向，O_1X_1、O_1Z_1 轴分别画成与水平线成 $30°$ 的斜线。

（2）轴向伸缩系数

在正等轴测图中，O_1X_1、O_1Y_1、O_1Z_1 三轴的轴向伸缩系数均相等，即 $p=q=r=\cos35°16'\approx0.82$。为作图方便，常采用简化系数，即 $p=q=r=1$，如图 5-2 所示。当

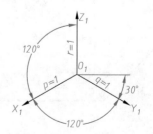

图 5-2　轴间角和轴向伸缩系数

采用简化系数作图时，凡是与各轴平行的线段都按实际尺寸量取。这样，所画出的图形沿各轴轴向的长度都被分别放大 $1/0.82 \approx 1.22$ 倍，此时，轴测图比实际物体大，但对物体形状没有影响。

5.2.2　平面立体正等轴测图的画法

【例 5-1】　根据正六棱柱的主、俯视图［图 5-3（a）］，画出正等轴测图。

由于正六棱柱前后、左右对称，故选择顶面的中点为坐标原点，两对称线分别为 O_1X_1、O_1Y_1 轴，这样作图比较方便。作图步骤如图 5-3（b）～（e）所示。

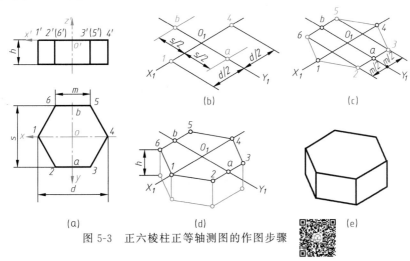

图 5-3　正六棱柱正等轴测图的作图步骤

【例 5-2】　根据垫块的三视图［图 5-4（a）］，画出正等轴测图。

首先根据尺寸画出完整的长方体；再用切割法分别切去左上角的四棱台、左中部的四棱柱；擦去作图线，描深可见部分即得垫块的正等测图。作图步骤如图 5-4（b）～（e）所示。

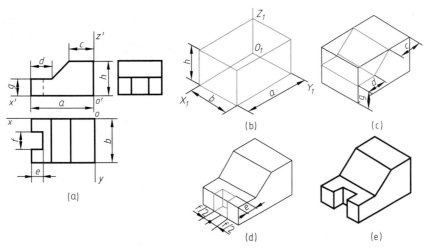

图 5-4　垫块正等轴测图的作图步骤

5.2.3　回转体正等轴测图的画法

（1）平行于坐标面的圆的正等轴测图的画法

平行于各坐标面的圆的正等轴测图都是椭圆，如图 5-5 所示。它们除了长短轴的方向不

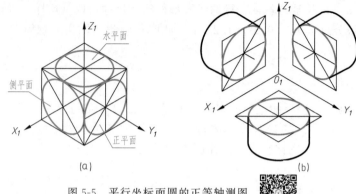

图 5-5 平行坐标面圆的正等轴测图

同外，其画法都是一样的。

下面以水平圆为例，分别介绍外切正方形法和六点共圆法绘制圆的正等轴测图的方法。正平圆和侧平圆的绘制方法与水平圆相同。

方法一：用外切正方形法绘制水平圆的正等轴测图。

① 作圆外切正方形。以圆心 O 为坐标原点并确定坐标轴方向，然后作出圆的外切正方形，切点为 1、2、3、4，如图 5-6（a）所示。

② 画出轴测轴，并作出正等测菱形。作正等测的轴测轴和切点 1、2、3、4，通过这些点作外切正方形的正等测菱形，并作对角线，如图 5-6（b）所示。

③ 找圆心。A、B 为短对角线的顶点，连接 $A1$、$A2$、$B3$、$B4$，相交得到 C、D，C、D 在长对角线上，A、B、C、D 即为四段圆弧的圆心，如图 5-6（c）所示。

④ 画圆弧。分别以 A、B 为圆心，以 $A1$ 为半径作 12 圆弧和 34 圆弧，分别以 C、D 为圆心，以 $C4$ 为半径作 14 圆弧和 23 圆弧，连成近似椭圆，如图 5-6（d）所示。

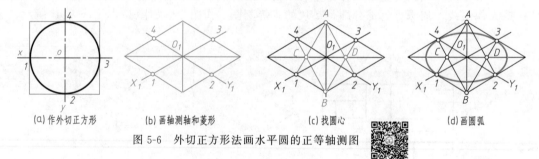

图 5-6 外切正方形法画水平圆的正等轴测图

方法二：用六点共圆法绘制水平圆的正等轴测图。

① 画出轴测轴。画出轴测轴 O_1X_1、O_1Y_1 及 O_1Z_1（椭圆短轴），在垂直于 O_1Z_1 方向画出椭圆长轴。如图 5-7（b）所示。

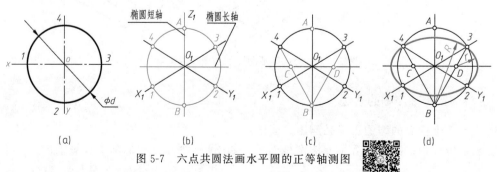

图 5-7 六点共圆法画水平圆的正等轴测图

② 画圆。以 O_1 为圆心、d 为直径画圆，与 O_1X_1、O_1Y_1 相交得 1、2、3、4 点，与 O_1Z_1（椭圆短轴）相交得 A、B 点，如图 5-7（b）所示。

③ 找圆心。连接 $B3$ 和 $B4$，与椭圆长轴交于 C、D 点，如图 5-7（c）所示。

④ 画圆弧。分别以 A、B 点为圆心、R（$B4$）为半径画大圆弧；再分别以 C、D 点为圆心，r（$D3$）为半径画小圆弧，四段圆弧相切于 1、2、3、4 四点，如图 5-7（d）所示。

（2）回转体正等轴测图的画法

在画回转体的正等测时，只有明确圆所在的平面平行于哪个坐标面，才能保证画出方向正确的椭圆。

【例 5-3】 作图 5-8 所示轴套的正等轴测图。

如图所示的轴套轴线是铅垂线，由圆柱钻孔和开槽形成，圆柱体的顶圆和底圆都在水平面内，顶圆的轴测图可见，于是取顶圆的圆心为原点，顶圆的横向、纵向中心线和圆柱的轴线为坐标轴，从而定图中所附加的坐标轴。先作出完整圆柱体的正等测，再作孔的轴测投影，最后作出在顶面上的槽口，再切割出整条槽。

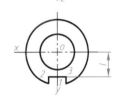

作图过程如下：

① 作轴测轴，画圆顶面的近似椭圆，如图 5-9（a）所示。再把三段圆弧的圆心向下移 H，作底面近似椭圆的可见部分。

② 作出两个椭圆相切的圆柱轴测图的转向轮廓线及轴孔。如图 5-9（b）所示。

③ 在 O_1Y_1 轴上量取 l，确定 1 的位置。通过作轴测轴的平行线由 1 定出 2、3；由 3、2 定 4、5。再作出平行于轴测图的其它轮廓线，定出 6、7、8，画出槽的可见轮廓。如图 5-9（c）所示。

④ 擦去作图线，加深得到轴套的正等轴测图。如图 5-9（d）所示。

图 5-8 轴套的视图

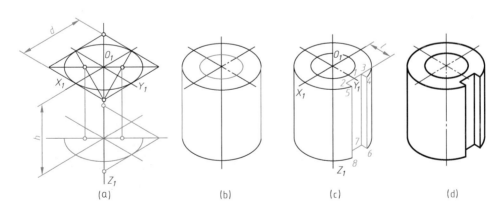

| (a) | (b) | (c) | (d) |

图 5-9 作轴套的步骤

（3）圆角正等轴测图的画法

在产品设计上，经常会遇到由四分之一圆柱面形成的圆角轮廓，画图时就需画出由四分之一圆周组成的圆弧，这些圆弧在轴测图上正好是近似椭圆的四段圆弧中的一段。

如图 5-10 所示，根据已知圆角半径 R，找出切点，过切点作边线的垂线，两垂线的交点即为圆心。以此圆心到切点的距离为半径画圆弧，即得圆角的正等轴测图。采用"移心法"将圆心向下移动板厚 h，即得下底面两圆弧的圆心。画弧即完成圆角的画法。

机械制图 第二版

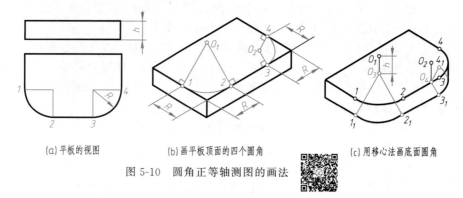

(a) 平板的视图　　　　　(b) 画平板顶面的四个圆角　　　　(c) 用移心法画底面圆角

图 5-10　圆角正等轴测图的画法

5.2.4　组合体正等轴测图的画法

画组合体的轴测图，常用下面两种方法：

① 叠加法。先将组合体分解成若干个基本几何体，然后按其相对位置逐个画出各基本几何体的轴测图，最后完成整体的轴测图。

② 切割法。先画出完整几何体的轴测图，然后按其结构特点逐个切除多余的部分，最后完成形体的轴测图。

【例 5-4】　根据图 5-11（a）所示的三视图，画出其正等轴测图。

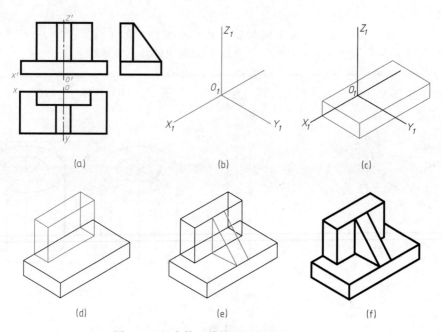

图 5-11　组合体正等轴测图的画法（一）

分析：该组合体由底板、立板以及一块三角形肋板叠加而成。组合体左右对称，底板和立板的后表面共面，三部分均以底板上面为结合面。坐标选点选在底板后、下棱与对称面的交点处。

作图：

① 作正等测时，按照叠加法，先画轴测投影轴，然后画出底板的轴测投影，如图 5-11（b）、（c）所示。

106

② 再按其相对位置尺寸添加立板，如图 5-11（d）所示。

③ 在立板前面添加三角形肋板，如图 5-11（e）。

④ 最后擦去作图线并加深，完成组合体的正等测，如图 5-11（f）所示。

【例 5-5】　已知组合体的三视图如 5-12（a）图所示，求其正等轴测图。

分析：图 5-12（a）所示的主、俯两个视图，该形体左右对称，立板与底板后面平齐。根据形体分析选定坐标轴，取底板上表面的后棱线中点 O 为原点，确定 X、Y、Z 轴的方向。画轴测图时先用叠加法画出底板和立板的轴测图，再用切割法画出三个通孔的轴测图。

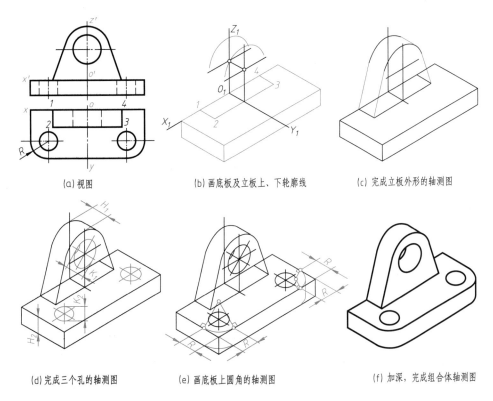

(a) 视图　　　　　(b) 画底板及立板上、下轮廓线　　　　　(c) 完成立板外形的轴测图

(d) 完成三个孔的轴测图　　　　(e) 画底板上圆角的轴测图　　　　(f) 加深，完成组合体轴测图

图 5-12　组合体正等轴测图的画法（二）

作图：

① 根据选定的坐标轴画出轴测轴，完成底板的轴测图，并画出立板上部的两条椭圆弧及立板与底板上表面的交点 1、2、3、4。如图 5-12（b）所示。

② 分别由 1、2、3、4 点向椭圆弧作切线，完成立板外形的轴测图，如图 5-12（c）所示。再画出三个圆孔的轴测图。画通孔时应注意，立板圆孔后表面及底板下表面的底圆是否可见，将取决于孔径或孔深之间的关系。如立板上的孔深（即板厚）小于椭圆短轴，即 $H_1 < K_1$，则立板后面的圆可见；而底板上的圆孔，由于板厚大于椭圆短轴，即 $H_2 > K_2$，所以其底圆为不可见。如图 5-12（d）所示。

③ 画出底板上两圆角的轴测图。在作圆角的边上量取圆角半径 R［见图 5-12（e）］，自量得的点（切点）作边线的垂线，然后以两垂线的交点为圆心，分别过切点所画的圆弧即为所求。然后再利用"移心法"确定底圆椭圆弧的圆心和切点，并画出椭圆弧。

④ 擦去多余图线，加深，完成的轴测图如图 5-12（f）所示。

5.3 斜二等轴测图

当物体上的两个坐标轴 O_1X_1 和 O_1Z_1 与轴测投影面平行，而投射方向与轴测投影面倾斜时，所得到的轴测图就是国标规定的斜二等轴测图，如图 5-13 所示。

5.3.1 轴间角和轴向伸缩系数

在斜二测图中，由于 XOZ 坐标面平行于轴测投影面，这个坐标面的轴测投影反映实形，因此轴测轴 X_1 和 Z_1 仍为水平方向和铅垂方向，即轴间角 $\angle X_1O_1Z_1 = 90°$，这两根轴的轴向伸缩系数 $p_1 = q_1 = 1$。O_1Y_1 与水平线成 45°，其轴向伸缩系数 $r_1 = 0.5$，即轴间角 $\angle X_1O_1Y_1 = \angle Y_1O_1Z_1 = 135°$。图 5-14 给出了斜二等轴测图的轴间角和轴向伸缩系数。

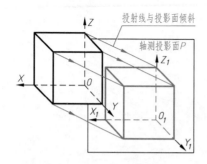

图 5-13　斜二等轴测图的形成

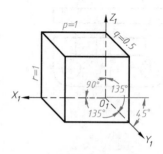

图 5-14　斜二等轴测图的轴间角和轴向伸缩系数

5.3.2 斜二等轴测图的画法

由于斜二测图的特点：平行于 XOZ 坐标面的圆，其斜二测投影反映实形，而平行于 XOY、YOZ 两个坐标面圆的斜二测投影为椭圆，这些椭圆的短轴不与相应轴测轴平行，且作图较繁复，如图 5-15 所示。因此在作带有圆的立体图时，应尽量使圆平面平行 XOZ 面，这样可避免画椭圆，使作图简单、快捷。

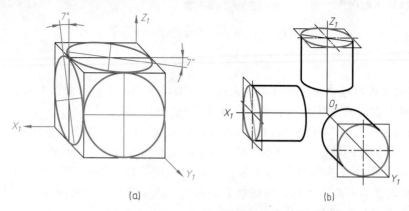

(a)　　　　　　　　　　　　(b)

图 5-15　平行坐标面圆的斜二等轴测图

【例 5-6】 根据图 5-16（a）所示支座的两视图，画出其斜二等轴测图。

分析：支座的前、后端面平行，且与 V 面平行，采用斜二等轴测图作图比较方便。选择前端面作 $X_1O_1Z_1$ 坐标面，坐标原点过圆心。

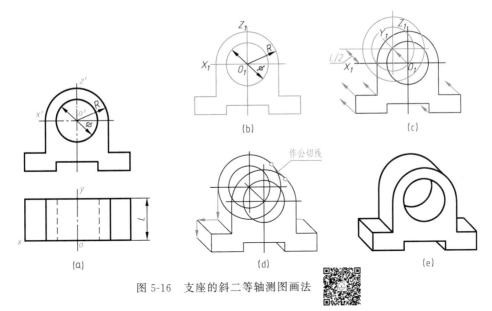

图 5-16　支座的斜二等轴测图画法

作图：

① 画出前端面的斜二等轴测图（主视图的重复），如图 5-16（b）所示。

② 过圆心向后作 O_1Y_1 轴，在 O_1Y_1 上量取 $L/2$，定出后端面的圆心。画出后端面上的两个圆，过底板的顶点作 O_1Y_1 轴平行线，如图 5-16（c）所示。

③ 过后端面大圆与中心线的交点作 O_1Z_1 轴的平行线，与 O_1Y_1 轴的平行线相交；进而作出 O_1X_1 轴的平行线，完成底板的斜二等轴测图；作前后端面两个大圆的公切线，如图 5-16（d）所示。

④ 擦去作图线并描深，完成支座的斜二等轴测图，如图 5-16（e）所示。

5.4　徒手画轴测图

正确而迅速地徒手画出轴测图是每个工程技术人员必须具备的一项重要技能。下面介绍徒手画轴测图的一些基本方法。

5.4.1　徒手画轴测轴

（1）画正等轴测图的轴测轴

可先画出 O_1Z_1 轴，然后按 $\tan 30° = 3/5$ 的关系近似地画出 O_1X_1、O_1Y_1 轴，如图 5-17 所示。

（2）画斜二等轴测图的轴测轴

先画两条互相垂直的 O_1X_1、O_1Z_1 轴，然后按 $\tan 45° = 1$ 的关系画出 O_1Y_1 轴，如图 5-18 所示。

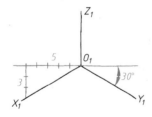

图 5-17　徒手画正等轴测轴

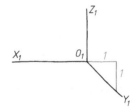

图 5-18　徒手画斜二等轴测轴

5.4.2　徒手画正等测圆

徒手画正等测圆时，应首先判断该圆平行于哪个坐标面，以便作出相应的轴测轴，见图 5-19 (a)、(b)；其次根据圆的直径作出菱形（此时，菱形的四条边应平行于相应的轴测轴），见图 5-19 (c)；最后徒手画出组成椭圆的四段圆弧（注意四段圆弧应与菱形的四条边相切），见图 5-19 (d)。

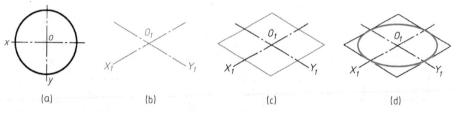

图 5-19　徒手画正等测圆

5.4.3　徒手画物体的正等轴测图

徒手画物体的正等轴测图时，除了掌握正等测的作图规则外，还应特别注意物体各部分的比例关系，若比例失调，就会使画出的图形与原物相比面目全非。

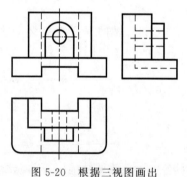

图 5-20　根据三视图画出物体的正等轴测图

【例 5-7】　试徒手画出图 5-20 所示物体的正等轴测图。

分析：该组合体由圆形底板、立板和凸块三部分组成。目测各部分的比例，采用叠加法逐一画出各形体的轴测图。

作图：

① 画出底板和立板的正等轴测图，先画大结构，局部小结构（圆角和开槽）暂时不画，如图 5-21 (a) 所示。

② 画前方凸块的正等轴测图，并画出前后的通孔，如图 5-21 (b) 所示。

③ 画出上下方向和前后方向的通槽，如图 5-21 (c) 所示。

④ 擦去多余图线并描深，得到该组合体的正等轴测图，如图 5-21 (d) 所示。

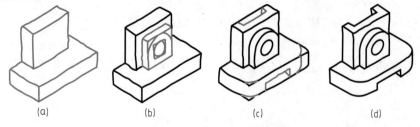

图 5-21　徒手画物体正等轴测图的步骤

5.5　轴测剖视图

在轴测图上，为了表达物体的内部结构，可假想用剖切平面切去物体的一部分，这种经剖切后画出的轴测图称为轴测剖视图。

5.5.1　轴测图上的剖切位置

一般采用两个相互垂直的轴测坐标面（或其平行面）来进行剖切，才能较完整地同时反映物体的内、外结构，如图 5-22（a）所示；尽量避免用一个剖切平面剖切 [图 5-22（b）] 或选择不正确的剖切位置剖切 [图 5-22（c）]。

(a) 好　　　　　　　　(b) 尽量少用　　　　　　(c) 不好

图 5-22　轴测剖视图的剖切方法

5.5.2　轴测剖视图上的剖切线方向

在轴测剖视图中，应在被剖切平面切出的断面上画出剖面线。平行于各坐标面的断面上的剖面线方向如图 5-23 所示。

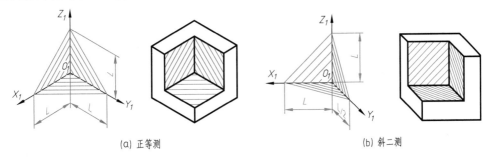

(a) 正等测　　　　　　　　　　　　(b) 斜二测

图 5-23　轴测剖视图的剖面线画法

5.5.3　轴测剖视图的画法

轴测剖视图的画法一般有两种：

方法一：先画出完整物体的轴测图，然后沿轴测轴方向将其切去左、前部分，如图 5-24 所示。

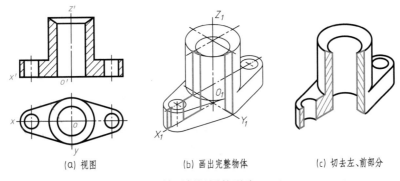

(a) 视图　　　　　　(b) 画出完整物体　　　　(c) 切去左、前部分

图 5-24　轴测剖视图的画法（一）

方法二：先画出剖面区域的轴测图，再补全其可见的轮廓线，这样可减少不必要的作图线，如图 5-25 所示。当剖切平面通过物体上的肋板或薄壁等结构的纵向对称平面时，这些结构上均不画剖面符号，而用粗实线将其与邻接部分分开。

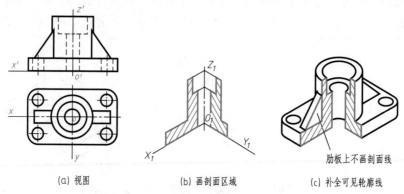

(a) 视图　　　　　　　　(b) 画剖面区域　　　　　　(c) 补全可见轮廓线

图 5-25　轴测剖视图的画法（二）

第6章

组合体

由两个或两个以上基本几何体按照一定方式组合而成的物体，称为组合体。

本章是在掌握投影理论的基础上，进一步讨论组合体的画图、读图和尺寸标注的方法，为后面章节的学习建立必要的基础。

6.1 组合体的组合方式及表面连接关系

6.1.1 组合体的组合方式

组合体的组合方式一般可分为叠加式、切割式和综合式三类，如图6-1所示。最基本的构成方式为叠加式和切割式。

(a) 叠加式　　　　　(b) 切割式　　　　　(c) 综合式

图6-1　组合体的组合方式

叠加式组合体可以看成是由若干个基本形体叠加而成的，如图6-1（a）所示。

切割式组合体可以看成是在基本体上进行切块、挖槽、穿孔等切割后形成的组合体，如图6-1（b）所示。

综合式组合体是叠加和切割组合而形成的，如图6-1（c）所示。在实际中，综合式组合体较为常见。

6.1.2 相邻表面之间的连接关系

在组合体中，相邻基本形体表面之间的连接关系有下列三种情况。

（1）共面

两形体相邻表面共面时（可以是共平面或共曲面），相邻表面之间应无分界线，如图 6-2（a）所示。当两形体相邻表面相错时，相邻表面之间应有分界线，如图 6-2（b）所示。

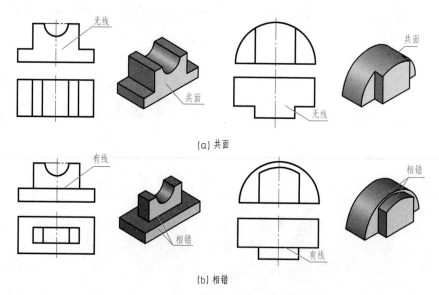

图 6-2　两形体表面共面或相错的画法

（2）相切

当两形体相邻表面相切时，由于相切处是光滑过渡的，因此，不应该在光滑过渡处有分界线，故不画出切线的投影，如图 6-3（a）所示。

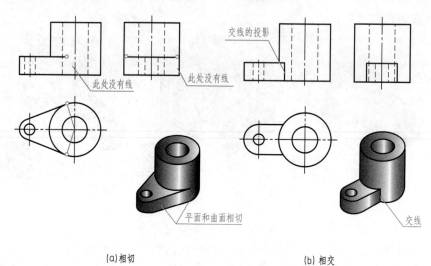

图 6-3　两形体表面相切和相交的画法

（3）相交

当相邻两形体的表面相交时，其交线是它们的分界线。要按投影关系画出交线的投影，如图 6-3（b）所示。

6.2 画组合体的三视图

组合体的形体分析方法，就是将机件分解为一些基本形体，并确定这些基本形体的相对位置、组合方式及相邻表面间的连接关系，从而可将复杂的问题化为简单问题来处理的一种思维方法。在学习画图、读图和尺寸标注时都要用到形体分析法。

6.2.1 叠加式组合体的画法

(1) 分析形体

图 6-4 所示的支座，可看成由空心圆柱体、底板、凸台、耳板、肋板五个形体叠加组合而成，其中底板与空心圆柱体底面平齐，前后铅垂面与圆柱面相切；耳板位于空心圆柱体的右侧，两形体的上顶面平齐，耳板的两侧面与圆柱面相交；凸台与空心圆柱体表面相交（内外表面均相贯）；肋板在底板上方，其前后端面、左侧斜面均与空心圆柱体表面相交；在底板、空心圆柱体、凸台、耳板中，分别切出圆柱孔。因此，画组合体视图时，可采用"先分后合"的方法。即先假想把组合体分解成若干个基本形体，然后按其相对位置逐个画出各基本形体的投影，综合起来即得到整个组合体的视图。这样，就可把一个复杂的问题分解成几个简单的问题加以解决。

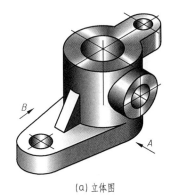

(a) 立体图   (b) 形体分析

图 6-4 支座

(2) 选择主视图

主视图是组合体三视图中最主要的视图。通常要求主视图能较多地反映物体的形体特征，即反映各组成部分的形状特点和位置关系。选择主视图时，要注意组合体的安放位置和主视图投射方向的选取。

① 安放位置。组合体应自然、平稳安放，即把组合体大的底面、主要轴线或对称中心线水平（或垂直）放置，尽可能使其主要平面或轴线平行或垂直于基本投影面。

如图 6-4 所示，可将组合体的底板与直立空心圆柱体的底面水平放置。

② 投射方向。主视图的投射方向应能够较多地反映组合体的形体特征和各部分间的相对位置关系，并尽可能避免俯、左视图上出现过多的虚线。

如图 6-4 所示，选取箭头 A 的方向作为主视图的投射方向最好，因为组成该组合体的各基本形体及它们间的相对位置在此投射方向表达最为清晰，因而最能反映支座结构的形体特征。如选取 B 方向作为主视图的投射方向，则耳板的投影全为虚线，底板、肋板的形状以及它们与直立空心圆柱体之间的位置关系也没有 A 方向清晰。

主视图的投射方向选定以后，俯视图和左视图也就随之确定。

（3）选比例、定图幅

视图选定以后，便要根据物体的大小和复杂程度确定作图比例和图幅。比例优先选用
1∶1，根据视图所占面积，并考虑标注尺寸所占位置，选用标准图幅。

（4）布置视图

根据每一视图的最大轮廓尺寸，均匀地布置好三个视图的位置。画出各视图的基准线、对称线以及主要形体的轴线和中心线，如图6-5（a）所示。注意：视图间的空档应保证能注全所需的尺寸。

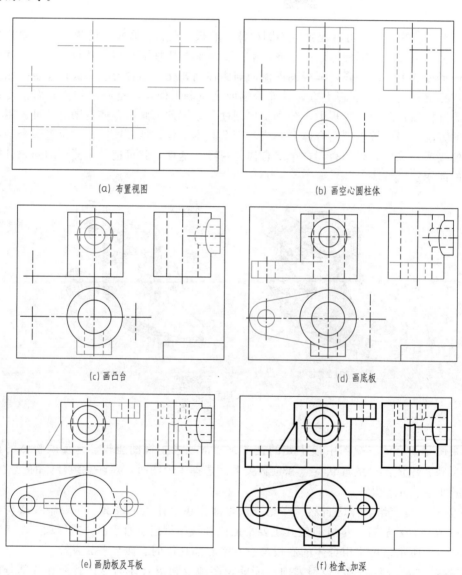

图 6-5 支座的画图步骤

（5）绘制底稿

依据各形体之间的相对位置关系，逐个画出各基本体的三视图，处理好两形体相邻表面间的连接关系。具体画图步骤如图6-5所示。

画底稿时还应注意以下几个问题：

① 画图的先后顺序，一般应从形状特征明显的视图入手。先画主要部分，后画次要部分；先画可见部分，后画不可见部分；先画圆或圆弧，后画直线。对于基本体上被切割部分的表面，可先从有积聚性的视图画起，再完成其余视图。

② 画图时，物体的每一组成部分，最好是三个视图对照着画，不要先把一个视图画完后再画另一视图。这样，不仅可以提高绘图速度，还能避免漏线、多线及视图间的不对应问题。

(6) 检查、描深

底稿完成后，应认真进行检查，看是否遗漏形体的投影，依次核对各组成部分的投影对应关系正确与否，相邻两形体表面衔接处的画法有无错误，是否多线或漏线。确认没有错误和多余图线后，再描深图线。描深时应先描圆或圆弧，后描直线；细实线和细点画线也应描深，使所画的图线保持粗细有别、浓淡一致。

6.2.2 切割式组合体的画法

形体分析法的画图步骤也适用于切割体，但不同的是需要在形体分析的基础上，对某些在切割过程中所形成的面与线做进一步投影分析，正确画出切割后形成的各个面、线的投影。

(1) 分析形体

图示组合体为一切割式组合体，它是在长方体上依次切去Ⅰ、Ⅱ、Ⅲ三部分而成，如图 6-6 (a) 所示。

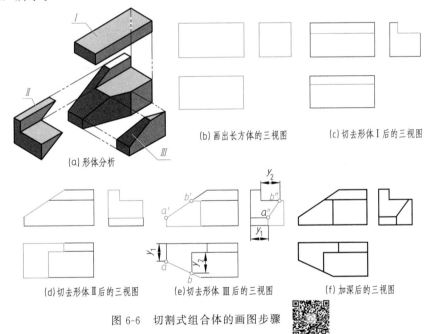

图 6-6 切割式组合体的画图步骤

(2) 画原始形体的三视图

画图时应使形体的表面尽可能处于与投影面平行或垂直的位置上，以利于画图和看图，如图 6-6 (b) 所示。

(3) 画切割部分的三视图

对于切去的部分，先画截平面有积聚性的投影，然后根据投影关系再完成其它两面投影，画图过程如图 6-6 (c)～(e) 所示。

注意，每切去一部分，要画出平面与立体表面的交线，尤其有两个不同投影面的垂直面相交时，交线是一般位置直线，应按长对正、高平齐、宽相等的投影规律求出两端点之后连线，如图 6-6（e）所示。

（4）检查、描深

擦去被切去部分的投影，检查无误后再描深 ［图 6-6（f）］。

6.3　读组合体的三视图

读组合体视图是根据已知视图，运用投影规律，想象出物体的空间形状和结构。读图是画图的逆过程。显然，照物画图与依图想物相比，后者的难度要更大些。为了能够正确而迅速地读懂视图，想象出物体的空间形状，必须掌握读图的基本要领和基本方法，并通过反复实践，不断培养空间想象力，逐步提高读图水平。

6.3.1　读图的基本要领

（1）将几个视图联系起来看

一般情况下，一个视图不能确定物体的形状。如图 6-7 所示，若只看图中的主视图，它可以表示许多不同的物体。

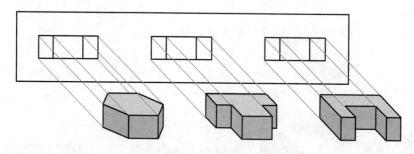

图 6-7　一个视图不能确切表示物体的形状

有时只看两个视图，也无法确定物体的形状。如图 6-8 所示的两组视图，主、左两个视图完全相同，但俯视图不同，表达的是两个形状不同的物体。

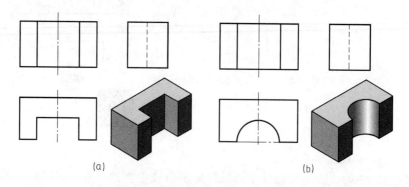

(a)　　　　　　　　　　　　　(b)

图 6-8　主、左两视图不能确切表达物体的形状

由此可见，在读图时，不能孤立地只看一个或两个视图，而应以主视图为主，配合所给出的其它视图，才能想象出物体的确切形状，这是读图的一个基本准则。

（2）从形体特征视图入手

形体特征是指形状特征和位置特征。

① 形状特征。能清楚地表达物体形状特征的视图，称为形状特征视图。通常主视图能较多地反映物体的形状特征，读图时常从主视图入手。但组合图的各个基本形体的形状特征不一定都集中在主视图上，如图 6-9 所示的物体，其底板的形状在俯视图中反映最明显，读图时抓住俯视图，再对照主或左视图，便能较快地构思出底板的形状，而肋板的形状特征在主视图上反映最明显，故应先从主视图入手。

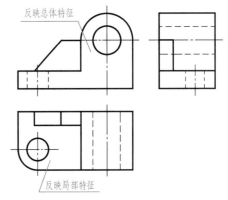

图 6-9　形状特征视图分析

② 位置特征。能清楚表达构成组合体的各形体之间相互位置关系的视图，称为位置特征视图，如图 6-10（a）中，如果只看主、俯视图，Ⅰ、Ⅱ两个形体哪个凸出、哪个凹进是不能确定的。因为这两个图可以表示图 6-10（a）所示的结构形状，也可以表示图 6-10（b）所示的结构形状。但如果将三视图配合起来看，则不仅形状清晰，而且Ⅰ、Ⅱ两个形体位置也清晰。显然，左视图是反映该物体各组成部分之间相对位置特征最明显的视图。

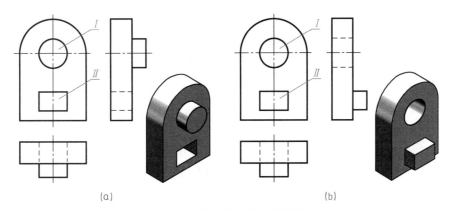

(a)　　　　　　　　　　　　　　(b)

图 6-10　位置特征明显的视图

（3）理解视图中图线和线框的含义

视图是由若干封闭线框组成的，而线框又是由图线围成的。因此，弄清视图中的图线和线框的空间含义，对读懂组合体视图是十分必要的。

① 视图中图线的含义。如图 6-11（a）所示，视图中图线的含义有：

a. 面的积聚性投影，如 1、2 等图线；

b. 面与面的交线，如 3 为正平面与铅垂面的交线；

c. 回转体的转向轮廓线，如 4、5 为外圆柱面及中间圆柱孔的转向轮廓线。

② 视图中线框的含义。

a. 一个封闭的线框表示物体的一个面，可能是平面、曲面、组合面，如图 6-11（b）中的线框 1、2、3、4 均表示平面；线框 5 表示曲面；线框 6 表示平面与曲面相切的组合面；线框 7、8 表示圆柱孔。

b. 相邻的两个封闭线框表示物体上位置不同的两个面，由于不同的线框代表不同的面，

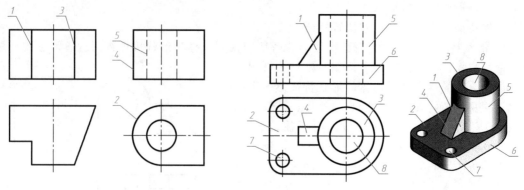

| (a) 视图中图线的分析 | (b) 视图中线框的分析 |

图 6-11　视图中图线与线框的分析

它们表示的面有前后、左右、上下的相对位置关系，可以通过这些线框在其它视图中的对应投影来加以判断，判断方法如图 6-12 所示。

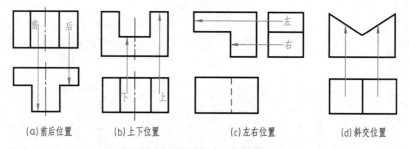

| (a) 前后位置 | (b) 上下位置 | (c) 左右位置 | (d) 斜交位置 |

图 6-12　判断物体表面之间的相对位置的方法

分析图 6-12 可归纳出：主视图不反映面的前后关系，俯视图不反映面的上下关系，左视图不反映面的左右关系。若要明确这种关系，只有将主视图中的线框向前拉出［图 6-12 (a)］，将俯视图中的线框向上拉出［图 6-12 (b)］，将左视图中的线框向左拉出［图 6-12 (c)］，找到该线框所表示的面（或体）在另外两视图上的对应投影。这样，物体上面的相对位置［含斜交位置，如图 6-12 (d) 所示］才能确定，线框所表示的基本形体的形状才能在头脑中初步形成。实际上，这种线框分析就是由平面图形想象物体空间形状的最根本途径和最有效方法。

(4) 要善于构思物体的形状

读图的过程就是不断地想象不同物体的空间形状，与各个视图中的投影反复对照、反复修改的过程。所以，读组合体视图要始终伴随着构思空间形体的思维活动。下面通过一组图形说明读图时构思空间形体的方法。

如图 6-13 (a) 所示，已知某一物体三个视图的外轮廓，要求构思物体的形状。

从已知三个视图的外轮廓考虑，构思空间形体的方法为：由主视图的外轮廓矩形和俯视图的外轮廓圆，可想象该物体为圆柱体，但圆柱体的左视图应该为矩形，而该例左视图的外轮廓为三角形，不符合圆柱体的投影关系。由俯视图的外轮廓圆和左视图的外轮廓三角形，可想象该物体为圆锥体，但圆锥体的主视图应该为等腰三角形，而该例主视图的外轮廓为矩形，不符合圆锥体的投影关系。由主视图的外轮廓矩形和左视图的外轮廓三角形，可想象该物体为三棱柱，但三棱柱的俯视图应该为矩形，而该例俯视图的外轮廓为圆，不符合三棱柱的投影关系。至此，完整的基本体可排除，只有想象成由基本体切割而成。主、俯视图的外

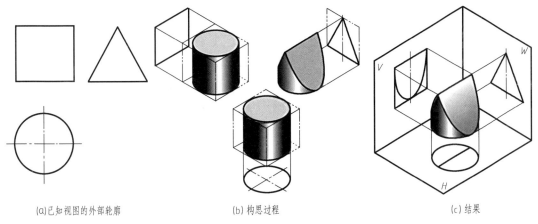

| (a)已知视图的外部轮廓 | (b)构思过程 | (c)结果 |

图 6-13　构思形体的方法

轮廓分别为矩形和圆，它符合圆柱体的投影，而左视图不符合圆柱体的投影呈三角形，所以，可以想象该物体是一圆柱体被前后对称的两个侧垂面截切而成，其构思过程如图 6-13（b）所示。构思的结果如图 6-13（c）所示。

6.3.2　读图的基本方法

（1）形体分析法

形体分析法是读图的基本方法。运用形体分析法读图时，仍按"先分解后组合"进行分析，即从特征视图入手，将复杂图形按线框分解为若干块，由"长对正、高平齐、宽相等"的三等对应规律，找出每一个线框在另外两个视图上的对应投影，然后一部分一部分地构思出它们所表示的空间形状，最后根据其相对位置、组合方式和表面连接关系，综合起来想出整体形状。

下面以图 6-14 物体的三视图为例，说明运用形体分析法读图的方法和步骤。

① 看视图、分线框。根据图 6-14（a）所示的三视图，可将主视图分成Ⅰ、Ⅱ、Ⅲ、Ⅳ四个线框，即四个部分。

② 对投影、识形体。从各形体的特征视图入手，根据各视图间的投影关系，分别找出各部分在其它视图中相应的投影。Ⅰ、Ⅲ形体从俯视图出发、形体Ⅱ从左视图出发、形体Ⅳ从主视图出发，依据"三等"规律分别在其它视图上找出对应的投影，从而可得出构成物体各组成部分的空间形状，如图 6-14（b）～（e）所示。

③ 综合后、想整体。分析各部分形体之间的相对位置和组合方式，然后将它们综合起来，就可以想象出该组合体的整体形状。由图 6-14（a）主、左视图可了解各形体的左右、上下位置，即形体Ⅰ在形体Ⅱ和Ⅲ的中间，形体Ⅰ与Ⅱ下底面平齐、并与Ⅲ相切，形体Ⅳ与Ⅰ和Ⅱ叠加；由俯、左视图可了解各部分的前后位置关系，即组合体前后对称。从而综合想象出物体的整体形状，如图 6-14（f）所示。

（2）线面分析法

对于形体清楚的物体，用上述形体分析法读图即可解决问题。对于切割式组合体上一些局部复杂结构，完全用形体分析法读图还不够，有时就需要用线面分析法读图。

线面分析法是在形体分析法的基础上，运用直线和平面的投影规律，把形体上某些线、面分离出来，通过识别这些几何要素的空间位置和形状，进而想象出物体形状的方法。其看图特点为：从面出发，在视图上分线框。

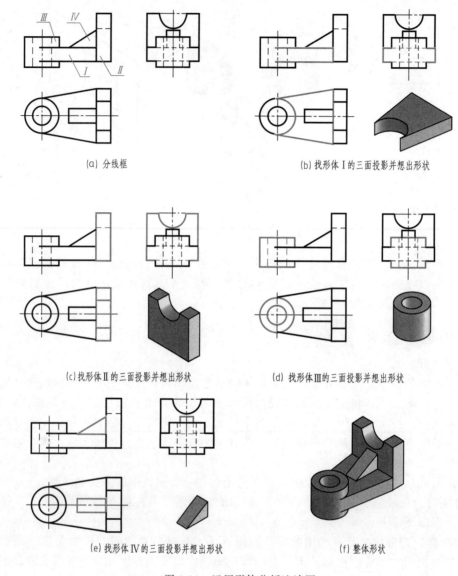

(a) 分线框

(b) 找形体Ⅰ的三面投影并想出形状

(c) 找形体Ⅱ的三面投影并想出形状

(d) 找形体Ⅲ的三面投影并想出形状

(e) 找形体Ⅳ的三面投影并想出形状

(f) 整体形状

图 6-14　运用形体分析法读图

以如图 6-15 所示的压块为例，介绍用线面分析法看图的方法和步骤。

先分析整体形状，压块三个视图的轮廓基本上都是矩形，所以它的原始形体是长方体；在分析细节部分，压块的右上方有一阶梯孔，其左上方和前后面分别被切掉一角。

从某一视图上划分线框，并根据投影关系在另外两个视图上找出与其对应的线框或图线，确定线框所表示的面的空间形状和对投影面的相对位置。

① 分析压块左上方的切口。如图 6-15 (a) 所示，在俯、左视图上相对应的投影是等腰梯形线框 p 和 p''，在主视图上与其对应的投影是一倾斜的直线 p'。由正垂面的投影特性可知，P 平面是形状为梯形的正垂面。

② 分析压块左方前、后对称的切口。如图 6-15 (b) 所示，在主、左视图上方对应的投影是七边形线框 q' 和 q''，在俯视图上与其对应的投影是一倾斜的直线 q。由铅垂面的投影特性可知，Q 平面是形状为七边形的铅垂面。同理，后方与之对称的位置也是形状为七边形

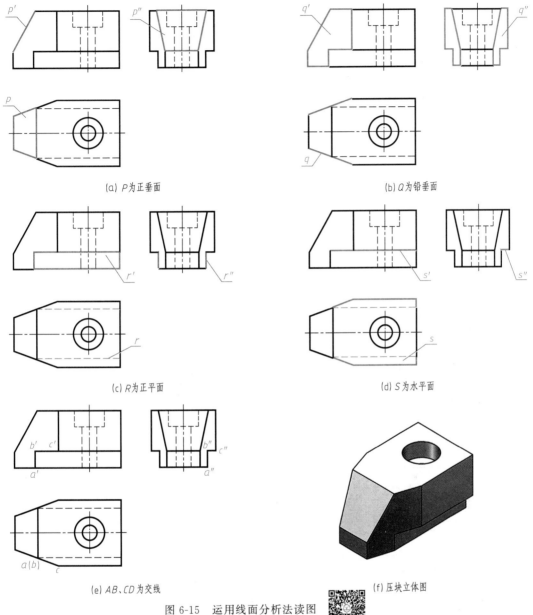

(a) P为正垂面　　　　　　　　　　　　　(b) Q为铅垂面

(c) R为正平面　　　　　　　　　　　　　(d) S为水平面

(e) AB、CD为交线　　　　　　　　　　　　(f) 压块立体图

图 6-15　运用线面分析法读图

的铅垂面。

③ 分析压块左方前、后对称的切口。如图 6-15（c）和（d）所示，它们是由两个平面切割而成的，其中一个平面 R 在主视图上为一可见的矩形线框 r'，在俯视图上的对应投影为虚线 r，在左视图上的对应投影为 r''。另一个平面 S 在俯视图上是有一边为虚线的直角梯形 s，在主、左视图上的对应投影分别为 s' 和 s''。由投影面平行面的投影特性可知，R 平面是长方形的正平面，S 平面是直角梯形的水平面。后方的切口与前方的切口对称，不再赘述。

在图 6-15（e）中，$a'b'$ 不是平面的投影，而是 R 面和 Q 面交线的投影。同理，$b'c'$ 是长方体前方 S 面和 Q 面交线的投影，其余线框及其投影读者自行分析。这样既能从形体上又从线面的投影上弄清压块的三视图，综合起来，便可想象出压块的整体形状，如图 6-15（f）所示。

6.3.3　由已知两个视图补画第三视图

已知物体的两个视图求第三视图，是一种读图和画图相结合的训练方法。首先根据物体的已知视图想象出物体的形状，在完全读懂已知视图的基础上，再利用投影的"三等"对应关系逐个画出每一形体的第三视图。

【例 6-1】　如图 6-16（a）所示，已知组合体的主、俯视图，补画左视图。

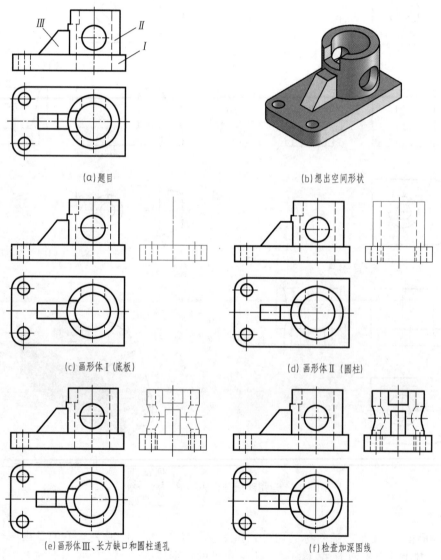

（a）题目　　　　　　　　　　　（b）想出空间形状

（c）画形体Ⅰ（底板）　　　　　　　（d）画形体Ⅱ（圆柱）

（e）画形体Ⅲ、长方缺口和圆柱通孔　　　（f）检查加深图线

图 6-16　已知两视图，求第三视图

① 分析视图，想象物体空间形状。该物体为综合式组合体，在主视图上分线框，共分为三个线框Ⅰ、Ⅱ、Ⅲ，如图 6-16（a）所示。分别想象出三个线框所表示的立体形状。Ⅰ为带有两圆角的长方体底板；Ⅱ为空心圆柱体，在圆柱体的左上方挖切有一长方缺口，圆柱体正前方由前向后挖切有一圆柱通孔；Ⅲ为支撑板。按Ⅰ、Ⅱ、Ⅲ形体在视图中的相互位置，想象出物体整体形状，如图 6-16（b）所示。

② 根据投影规律，分别画出各形体的左视图。画图过程如图 6-16 （c）～（f） 所示。

【例 6-2】 如图 6-17 （a） 所示，已知切割式组合体的主、左视图，想象该组合体的形状，并补画俯视图。

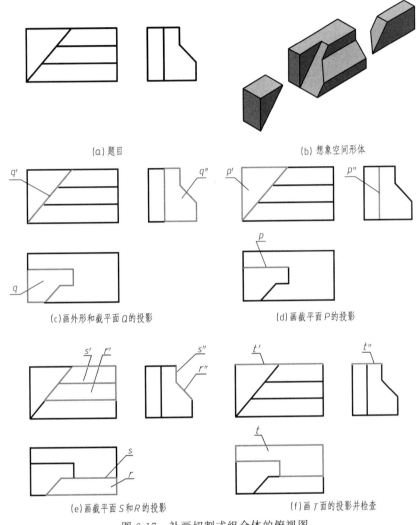

(a) 题目　　　　　　　　　　　　(b) 想象空间形体

(c) 画外形和截平面 Q 的投影　　　　　　(d) 画截平面 P 的投影

(e) 画截平面 S 和 R 的投影　　　　　　(f) 画 T 面的投影并检查

图 6-17　补画切割式组合体的俯视图

① 形体分析。由主、左视图可以看出，该组合体的原始形状是一个四棱柱。用正垂面 Q 和正平面 P 在左前方切去一角后，再用正平面 S 和侧垂面 R 在前上方切去一角，如图 6-17 （b） 所示。

② 线面分析。正平面 P 和 S 在主视图中的封闭线框分别是三角形和四边形，根据投影特性可知，其在俯视图上必积聚为直线，如图 6-17 （d） 和 （e） 所示。正垂面 Q 在主视图上积聚为直线、在左视图上为六边形，而侧垂面 R 在左视图上积聚为直线、在主视图为四边形，根据投影特性可知，它们的俯视图必为相似的六边形和四边形，如图 6-17 （c） 和 （e） 所示。水平面 T 在主、左视图上积聚为直线，根据"长对正、宽相等"的对应关系和投影特性可求得俯视图上反映真实形状的六边形，如图 6-17 （f） 所示。

③ 补画俯视图。先分别画出正垂面 Q 和正平面 P 在俯视图的投影，如图 6-17 （c） 和 （d） 所示。再分别画出侧垂面 R、正平面 S 和水平面 T 的俯视图，如图 6-17 （e） 和 （f）

所示。

④ 检查后按线型加粗图线，完成组合体三视图。

【例 6-3】 如图 6-18（a）所示，已知主、俯视图，补画左视图。

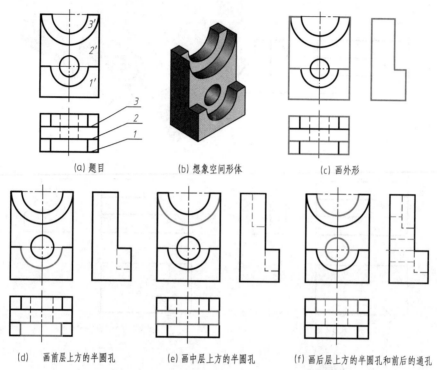

(a) 题目　　　　　　(b) 想象空间形体　　　　　(c) 画外形

(d) 画前层上方的半圆孔　　(e) 画中层上方的半圆孔　　(f) 画后层上方的半圆孔和前后的通孔

图 6-18　已知主、俯视图，求左视图

① 根据已知视图，想出物体形状。通过形体分析，先在主视图上分出三个封闭线框 1′、2′、3′，再在俯视图上找出对应的投影。由于在俯视图上找不到与其对应的类似形线框，所以与该线框对应的必然都是积聚线（1、2、3），说明三个封闭线框所表示的是由前至后的三个正平面。分别以这三个正平面为前端面，将物体分为前、中、后三层，其宽度相等（见俯视图）；从高度方向看，又分上、中、下三层，由中部小圆孔的前后起止情况（见俯视图中的虚线），可知Ⅱ面在中层，其上方被切去较大的半圆柱。前、后层上方由于都有半径相同的较小半圆槽，一层低，一层高，而其投影在主视图和俯视图上都可见，所以最高的半圆柱槽必定位于后层。小圆柱孔贯通中、后层，经上述分析便可想象出该物体的整体形状，如图 6-18（b）所示。

② 根据物体的整体形状，画左视图。在看懂物体形状的基础上，可以画出它的左视图，具体作图步骤如图 6-18（c）～（f）所示。

【例 6-4】 如图 6-19（a）所示，根据组合体的主、俯视图，补画其左视图。

图 6-19（a）所示的组合体，从主、俯两个视图可以看出该组合体左右对称。组成它的四个简单形体中，形体Ⅰ的基本形状是以水平投影形状为底面的棱柱体，左、右两边开有到底的方槽。形体Ⅳ为左圆右方的形体，嵌入形体Ⅰ左右两侧的方槽内，下底面与形体Ⅰ的下底面平齐。形体Ⅱ、Ⅲ的形状和位置，读者可自行分析，形状如图 6-19（b）所示。

读懂组合体的形状后，可按形体分析逐步画出左视图，具体作图步骤如图 6-19（c）～（f）所示。

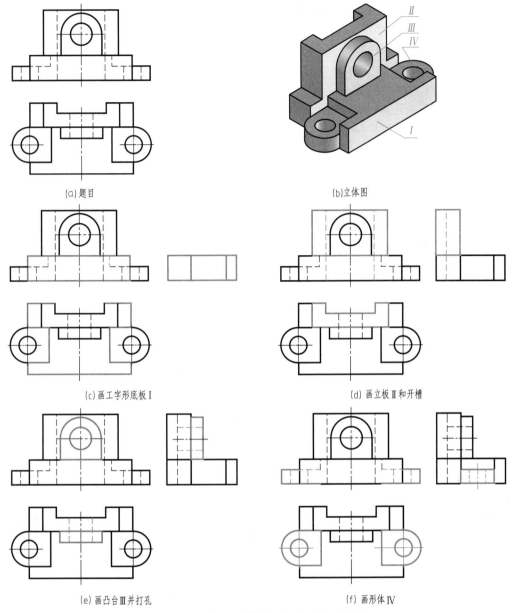

(a)题目

(b)立体图

(c)画工字形底板 I

(d)画立板 II 和开槽

(e)画凸台 III 并打孔

(f)画形体 IV

图 6-19　根据组合体的两视图画第三视图

6.4　组合体的尺寸标注

　　组合体的视图只是表达它的形状，而它的各组成部分的大小及相对位置必须由图上标注的尺寸来确定。因此，标注组合体尺寸是完整表达组合体的一个重要环节。标注组合体尺寸的基本要求如下。

　　① 正确：尺寸标注应符合国家标准中有关尺寸注法的基本规定。

　　② 完整：标注的尺寸能完全确定组合体各组成部分的形状大小及相互位置。

　　③ 清晰：标注的尺寸应布置匀称、清楚、整齐，便于阅读。

6.4.1 基本几何体的尺寸标注

组合体是由基本几何体组合而成的,要掌握组合体的尺寸标注,必须先熟悉一些基本几何体尺寸标注的方法。

(1) 平面立体的尺寸标注

对于一般的基本形体,应注出长、宽、高三个方向的尺寸,但并不是每个形体都需注出三个尺寸,不同的基本形体所标注的尺寸数量和标注形式是不相同的。如图 6-20 所示,三棱柱、四棱柱需注出长、宽、高三个方向的尺寸;六棱柱只需注出两个尺寸,参考尺寸标注时,把尺寸数字用括号括起来。

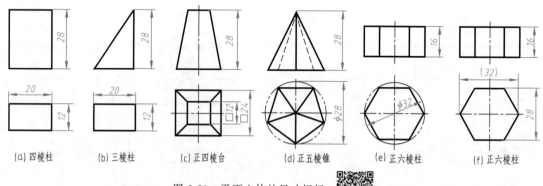

(a) 四棱柱   (b) 三棱柱   (c) 正四棱台   (d) 正五棱锥   (e) 正六棱柱   (f) 正六棱柱

图 6-20 平面立体的尺寸标标

(2) 回转体的尺寸标注

如图 6-21 所示,标注圆柱、圆台、圆环等回转体时,在其投影为非圆的视图上注出直径尺寸,且在数字前加注"ϕ",这样标尺寸还可以省略一个视图;圆球标注尺寸时,需在直径或半径符号前加注球面符号"S",即在尺寸数字前加注"$S\phi$"或"SR"。

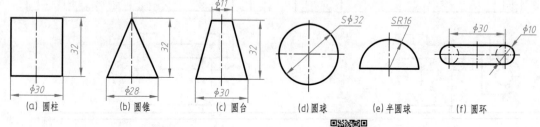

(a) 圆柱   (b) 圆锥   (c) 圆台   (d) 圆球   (e) 半圆球   (f) 圆环

图 6-21 回转体的尺寸标注

(3) 截切体和相贯体的尺寸标注

对于截切后的基本体,除了标注出基本形体的尺寸外,还需要注出确定截平面位置的尺寸。当立体的大小和截平面的位置确定后,截交线是自然形成的,因此截交线上不需要注尺寸,图 6-22 中画"×"的尺寸不能标注。

相贯体的尺寸,除了注出两相交基本体的大小尺寸外,还需注出它们之间的相对位置尺寸,相贯线上不需标注尺寸。

6.4.2 组合体的尺寸标注

(1) 尺寸种类

组合体的尺寸有定形尺寸、定位尺寸、总体尺寸三类。

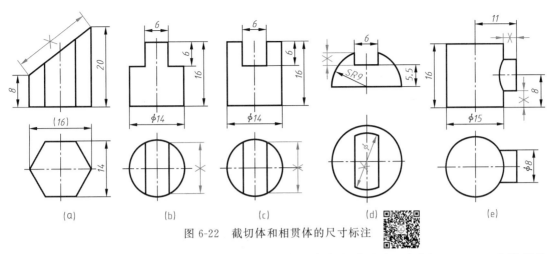

图 6-22　截切体和相贯体的尺寸标注

① 定形尺寸。确定各形体形状和大小的尺寸，称为定形尺寸。如图 6-23（a）中底板的定形尺寸有 70、40、12、2×ϕ10、R10；立板的定形尺寸有 32、12、38、ϕ16。

② 定位尺寸。确定各形体间相对位置的尺寸，称为定位尺寸。如图 6-23（b）中 50、30、8、34。

③ 总体尺寸。确定组合体外形的总长、总宽、总高尺寸，称为总体尺寸。由于组合体的尺寸总数是所有定形尺寸和定位尺寸之和，因此若加注总体尺寸就会出现多余尺寸。为了保持尺寸的完整性，在加注一个总体尺寸的同时，应去掉一个同方向的定形尺寸［图 6-23（c）中注总高尺寸 50，去掉尺寸 38］。有时，定形尺寸也反映了组合体的总体尺寸，如图 6-23（a）中底板的长 70 和宽 40，它们既是底板的定形尺寸，又是组合体的总长和总宽尺寸。

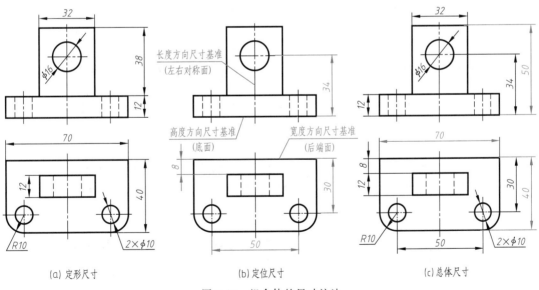

图 6-23　组合体的尺寸注法

注意：当组合体的一端或两端为回转体时，总体尺寸是不能直接注出的，否则就会出现重复尺寸。如图 6-24 所示组合体，其总长尺寸 76 和总高尺寸 42 是间接确定的。

（2）尺寸基准

标注和度量尺寸的起点，称为尺寸基准。标注定位尺寸时，必须在长、宽、高三个方向

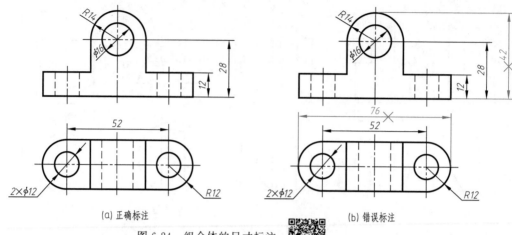

(a) 正确标注   (b) 错误标注

图 6-24 组合体的尺寸标注

分别选定一个尺寸基准，以便确定各形体间的相互位置。通常选择组合体的对称平面、底面、重要端面以及回转体轴线等作为尺寸基准，如图 6-23（b）所示的组合体，选择组合体的长度方向对称面、后端面、底面分别作为长度、宽度及高度方向的尺寸基准。

（3）常见形体的尺寸标注

常见形体的尺寸标注有其一定的标注形式和规律。图 6-25 所示的是机件中常见的一些底板的形状及其尺寸标注形式。标注组合体尺寸时，当遇到图中所示的底板时，应按图例中尺寸标注的形式进行标注。

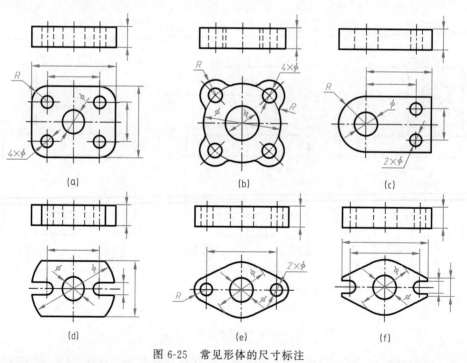

图 6-25 常见形体的尺寸标注

（4）标注组合体尺寸的方法和步骤

标注组合体尺寸，大致有如下几个步骤。

① 按形体分析法，将组合体分解为若干基本形体；

② 选定尺寸基准，标注各基本形体之间相对位置的定位尺寸；

③ 注出各基本形体的定形尺寸；

④ 检查组合体的总体尺寸。

下面以图 6-26 所示的轴承座为例，说明标注组合体尺寸的方法和步骤。

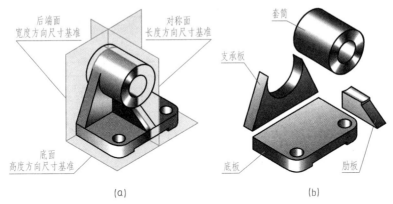

图 6-26　轴承座的形体分析

① 形体分析。按形体分析法，轴承座可以看作由四个基本部分组成，如图 6-26（b）所示。

② 选定尺寸基准，标注定位尺寸。由轴承座的结构特点可知，底板的下底面是轴承座的安装面，下底面可作为高度方向的尺寸基准；轴承座是左右对称的，对称平面可作为长度方向的尺寸基准；底板和支承板的后端面可作为宽度方向的尺寸基准，如图 6-27（a）所示。尺寸基准选定后，按各部分的相对位置标注它们的定位尺寸，如图 6-27（b）所示。

③ 标注出各部分的定形尺寸，如图 6-27（c）～（f）所示。

④ 考虑总体尺寸。轴承座的总长尺寸为 90，总宽是由底板宽 60 和套筒在支承板后面突出部分的长度 6 所决定的，总高是由套筒高度位置尺寸 56 和套筒半径 21 所决定的，所以不再另注总体尺寸。

最后，还要按形体逐个检查有无遗漏或重复，然后修正和调整。

(5) 组合体尺寸标注时应注意的几个问题

为了便于读图，尺寸标注还要布置整齐、清晰。所以在布局尺寸时应注意下列几点。

① 尺寸尽可能标注在反映形体特征的视图上。如图 6-27（c）所示，底板上两孔的定位尺寸 66 和 46 标注在俯视图上比较清晰，底部凹槽的尺寸 48 和 3 则标在主视图上比较清晰。

② 同一形体的尺寸应尽量集中标注。如图 6-27（c）中底板上的尺寸 90、60、66、46、$R12$、$2×\phi12$ 注在俯视图比较好，这样便于看图时查找尺寸。又如图 6-28（b）所示，立板的尺寸 32、24、16、$R8$、$2×\phi8$ 集中标注在左视图比较清晰。

③ 直径尺寸尽量注在投影为非圆的视图上，圆弧半径只能注在投影为圆弧的视图上。如图 6-27（d）中套筒的外径 $\phi42$ 注在左视图上，图 6-28（b）中底板的圆弧半径 $R16$ 则只能注在俯视图上。又如图 6-29 所示的直径尺寸，标注在非圆视图［图 6-29（b）］上比较清晰，标注在圆［图 6-29（a）］上反而不好。

④ 尽量避免在虚线上注尺寸。如图 6-27（d）中套筒的孔径 $\phi24$，注在主视图上是为了避免在虚线上注尺寸。

⑤ 标注同一方向的尺寸时，应将小尺寸放在里边，大尺寸注在外边，以避免尺寸线与尺寸界线相交。如图 6-30（b）所示。

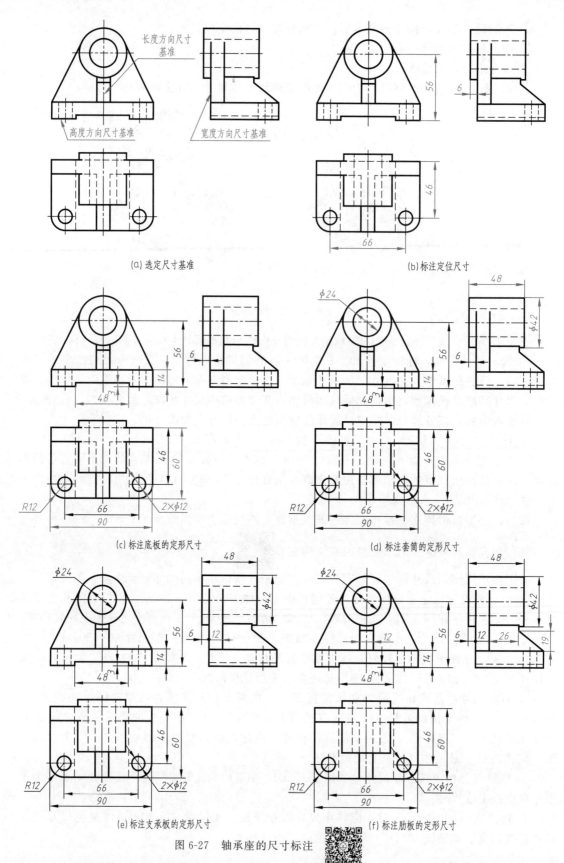

(a) 选定尺寸基准　　　　　　　　　　(b) 标注定位尺寸

(c) 标注底板的定形尺寸　　　　　　　(d) 标注套筒的定形尺寸

(e) 标注支承板的定形尺寸　　　　　　(f) 标注肋板的定形尺寸

图 6-27　轴承座的尺寸标注

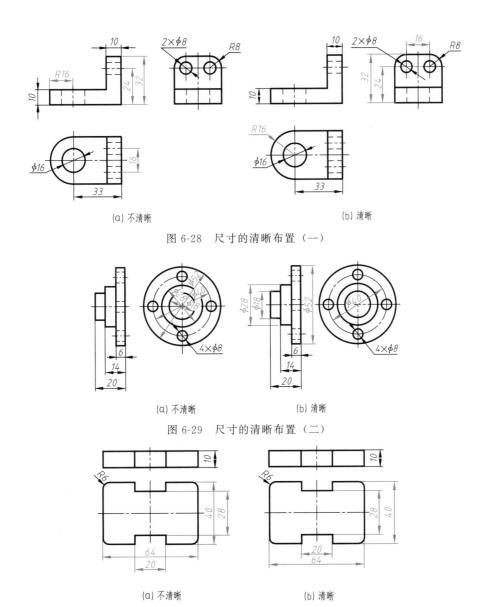

(a) 不清晰　　　　　　　　　　　(b) 清晰

图 6-28　尺寸的清晰布置（一）

(a) 不清晰　　　　　　　　　　　(b) 清晰

图 6-29　尺寸的清晰布置（二）

(a) 不清晰　　　　　　　　　　　(b) 清晰

图 6-30　尺寸的清晰布置（三）

⑥ 同一方向上连续标注几个尺寸时，应尽量配置在同一条尺寸线上。如图 6-27（f）左视图中的尺寸 6、12、26。

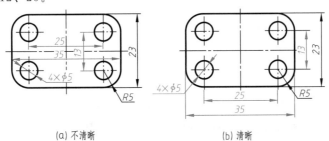

(a) 不清晰　　　　　　　　　　　(b) 清晰

图 6-31　尺寸的清晰布置（四）

⑦ 为保持图形清晰，尺寸应注在视图的外部。如图 6-31（b）所示。当图形简单清晰或

注在外部不方便时，也可注在图内，如图 6-27（f）左视图中的尺寸 12 和 26。与两个视图有关的尺寸，尽量注在两视图中间，如图 6-27（f）主视图中的套筒的中心高尺寸 56 注在主、左视图之间比较清晰。

6.5　组合体的形体构思

6.5.1　形体构思的基本原则

　　根据不同的结构要求，将某些基本几何体按照一定的组合形式组合起来，构成一个新形体，并用三视图表示出来的过程，称为组合体的构形设计。

　　组合体构形设计不同于"照物"、"照图"画图，而是在一定基础上"想物"、"造物"画图，它把空间想象、构思形体及形体表达三者结合起来，是发挥学生创造力和想象力的过程。构形设计的目的是进一步提高想象力，培养创新思维。

　　构形设计的基本原则：

　　① 构形应以基本形体为主，由若干基本形体组合而成。

　　② 构形要求结构合理、组合关系正确。应为现实的实体，两形体之间不能为用点连接或用线连接，如图 6-32 所示。

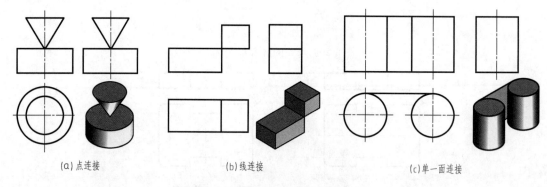

(a)点连接　　　　　　　(b)线连接　　　　　　　(c)单一面连接

图 6-32　实体之间错误的连接方式

　　③ 构形应简洁、美观。一般使用平面立体、回转体来构形。

　　④ 为了便于成形，构形中应避免出现封闭的空腔，如图 6-33 所示。

　　⑤ 构形应力求多样、变异和新颖。根据所采用的基本形体类型，对形体表面凸凹、正斜、曲平以及相交、相贯等组合方式进行联想，构思出组合体，使构形呈现多样化和个性化，也可打破常规，构造与众不同的新颖方案。

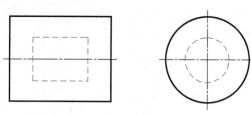

图 6-33　封闭的空腔不便于成形

6.5.2　形体构思的基本方法

　　根据组合体的一个视图构思组合体，通常不止一个，读者要运用联想的方法多构思出几种新颖、独特的组合体，以提高思维能力。

　　(1) 根据凹凸、平曲、正斜进行构思

　　如图 6-34 所示，根据给定的单面视图，依据凹凸、平曲、正斜可构思出许多不同的组合体。

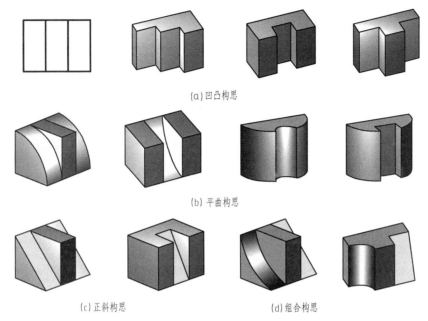

(a) 凹凸构思

(b) 平曲构思

(c) 正斜构思　　　　　　　　　　(d) 组合构思

图 6-34　根据凹凸、平曲、正斜进行构思

（2）根据相对位置的不同进行构思

由已知的基本形体，根据叠加的位置不同、方式不同，可以构思出许多的组合体。如图 6-35（a）所示，将长方体和三棱柱进行组合，通过位置变换，得到如图 6-35（b）所示的各种组合体。

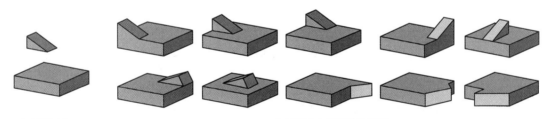

(a) 两基本体　　　　　　　　　　　　(b) 位置和方式不同构思的形体

图 6-35　根据相对位置的不同进行构思

（3）根据基本形体的不同进行构思

根据叠加的基本形体不同，也可以构思出许多不同的组合体。如图 6-36 所示，根据主、

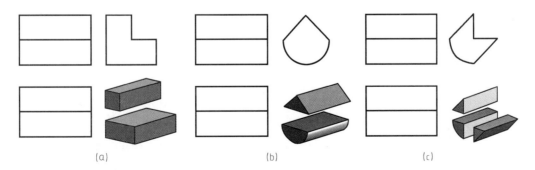

(a)　　　　　　　　　　　　(b)　　　　　　　　　　　　(c)

图 6-36　根据基本形体的不同进行构思

俯视图，构思出不同的空间形体。

（4）根据基本形体虚实的不同进行构思

根据基本形体虚实的不同，还可以构思出许多种形体，如图6-37（a）所示，通过小棱柱位置和虚实的变换，得到图6-37（b）所示不同形体。

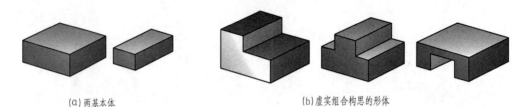

(a)两基本体   (b)虚实组合构思的形体

图6-37　根据基本形体虚实的不同进行构思

（5）根据虚实线重影进行构思

根据图6-38（a）给出的单面视图，如考虑虚实线重影，还可以构思出许多种形体，如图6-38（b）所示。

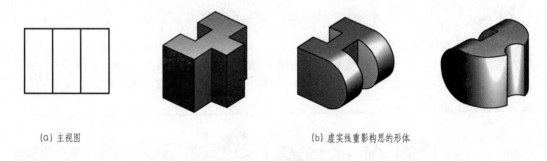

(a)主视图   (b)虚实线重影构思的形体

图6-38　根据虚实线重影进行构思

【例6-5】　如图6-39所示，根据给出的主、俯视图来构思形体。

先将其想象成棱柱切割，可画出图6-39（a）～（d）所示四种不同形状的切割体，也可将其想象成圆柱切割，又可画出图6-39（e）～（h）所示四种不同形状的切割体。当然还有其它的形体，读者可自行构思。

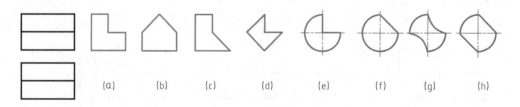

(a)　　　(b)　　　(c)　　　(d)　　　(e)　　　(f)　　　(g)　　　(h)

图6-39　根据主、俯视图构思不同形状的形体

【例6-6】　如图6-40所示，根据一个主视图来构思不同形体。

根据主视图，可将其想象成棱柱或者圆柱进行切割或者组合，构思出如图6-40所示各种不同的组合体。

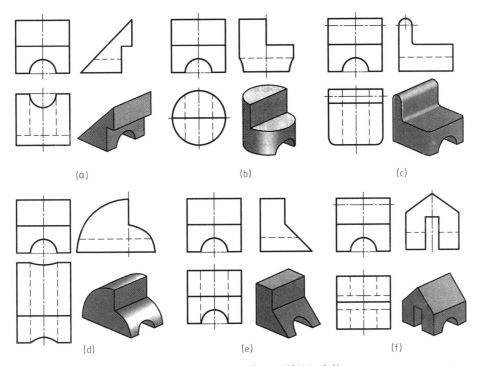

图 6-40　根据主视图构思不同的组合体

第7章

机件的图样画法

在生产实际中，由于机件的使用要求不同，它们的内、外结构形状也是多种多样的，且有的结构形状较为复杂，仅仅运用前面掌握的主、俯、左三个视图，往往不能完整、清晰、简便地表达它们的结构形状。为此，国家标准"机械制图"的"图样画法"（GB/T 4458.1—2002《视图》、GB/T 4458.6—2002《剖视图和断面图》）中规定了机件的各种表达方法。本章将对视图、剖视图、断面图、简化画法和其它表达方法进行介绍。

7.1 视图

视图主要用来表达机件的外部结构和形状，一般只画出机件的可见部分，必要时才用虚线表达其不可见部分。

视图分为基本视图、向视图、局部视图和斜视图。

7.1.1 基本视图

机件向基本投影面投影所得的视图，称为基本视图。

为了清楚地表达机件的上、下、左、右、前、后六个方向的结构形状，在三面投影体系的基础上，再增加三个投影面，构成了一个六面投影体系（正六面体）。六面体的六个面即为六个基本投影面。假设六个面是透明的，将机件放置在六面投影体系中，分别向各基本投影面投射，即得到六个基本视图，如图7-1所示。

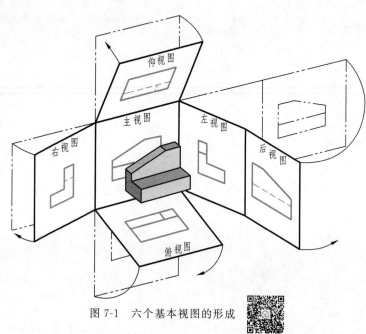

图 7-1　六个基本视图的形成

138

六个基本视图的展开方法是：保持正立投影面不动，其余各投影面按图 7-1 中箭头所指方向旋转，使之与正立投影面共面。各视图的名称及展开后的图形配置如图 7-2 所示，按此投影关系配置视图时，一律不标注视图名称。

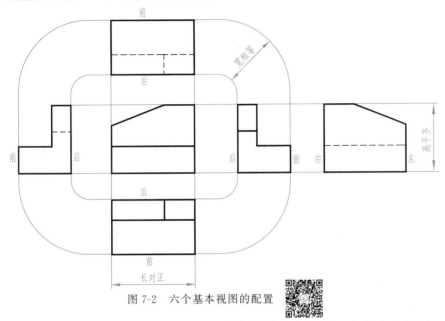

图 7-2　六个基本视图的配置

除主、俯、左视图外，其它三个视图的名称分别为右视图（自右向左投射）、仰视图（自下向上投射）、后视图（自后向前投射）。各视图之间仍然保持"长对正、高平齐、宽相等"的对应关系。

实际绘图时，不是任何机件都要选用六个基本视图，除主视图外，其它视图的选取由机件的结构特点和复杂程度而定，在机件表达清楚的前提下，力求制图简便，选用几个必要的视图即可。图 7-3 是用基本视图表示机件的示例，图中选用了主、左、右三个视图，且左、右两个视图中省略了已表达清楚结构的虚线，比用主、俯、左三视图表达更清晰。

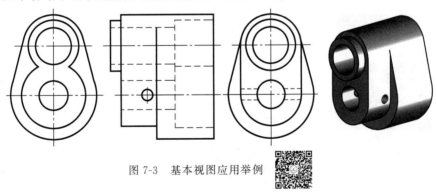

图 7-3　基本视图应用举例

7.1.2　向视图

向视图是可自由配置的基本视图。当基本视图不能按投影关系配置或不能画在同一张图纸上时，可将其配置在适当位置，如图 7-4 所示。

在实际绘图中，有时难以将六个基本视图按图 7-4 的形式配置，此时可采用向视图来表达，但必须在向视图的上方标注"×"（"×"为大写字母）。在相应视图的附近用箭头指明

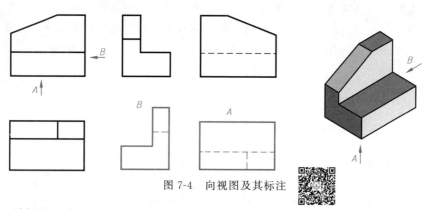

图 7-4　向视图及其标注

投影方向，并标注相应的字母，如图 7-4 所示。

在实际应用时，要注意以下两点：

① 向视图是基本视图的另一种表现形式，它的主要差别在于配置位置发生了变化。所以，在向视图中表示投影方向的箭头尽可能配置在主视图上，而绘制以向视图方式表达的后视图时，应将投影箭头配置在左视图或右视图上。

② 向视图的视图名称"×"，无论是箭头旁的字母，还是视图上方的字母，均与读图方向相一致，以便于识别。

7.1.3　局部视图

将机件的某一部分向基本投影面投影所得的视图，称为局部视图。

当机件的主要形状已经表达清楚，只有局部结构需要表达时，为了简化绘图，不必增加一个完整的基本视图，可以采用局部视图。

如图 7-5 所示的机件，用主、俯两个基本视图，其主要结构已经表达完整，但左、右两个凸台的形状不够清晰。若再画两个完整的基本视图（左视图和右视图），大部分投影重复；而如果只画出两个局部视图，表达更为简练、清晰，不仅便于看图和画图，而且符合国家标准中关于选用适当表达方法的要求。

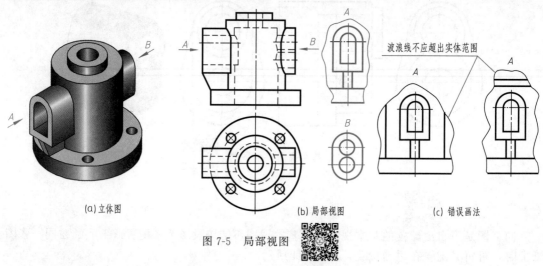

(a) 立体图　　　　　　　　　　(b) 局部视图　　　　　　　(c) 错误画法

图 7-5　局部视图

画局部视图时应注意以下两点。

① 为便于画图和看图，局部视图可按基本视图或向视图的方式配置。当局部视图按基

本视图配置，中间又无其它图形隔开时，可省略标注。当局部视图按向视图方式配置时，则按向视图的标注方法标注，如图 7-5 中的 B 向局部视图。

　　② 局部视图的断裂边界以波浪线（或双折线）表示，如图 7-5 中的 A 向局部视图。若表示的局部结构是完整的，且外形轮廓成封闭状态，波浪线可省略不画，如图 7-5 中的 B 向局部视图。

7.1.4　斜视图

　　斜视图是机件向不平行于基本投影面的平面投射所得的视图。

　　当机件上有不平行于基本投影面的倾斜结构时，基本视图就不能反映该结构的实形。为了表示倾斜结构的实形，可增加一个平行于该倾斜结构的表面，且垂直某一基本投影面的辅助投影面，然后将倾斜结构向该辅助投影面投射，所得的视图称为斜视图。

　　如图 7-6（b）所示的压杆零件，如果采用基本视图表达，零件的倾斜结构无法反映其真实形状，如图 7-6（a）所示。为了表示该零件倾斜结构的真实形状，可设置一新投影面平行于零件的倾斜结构，然后以垂直于倾斜结构的方向向新投影面投影，就得到反映零件倾斜结构真实形状的斜视图，如图 7-7（a）所示。

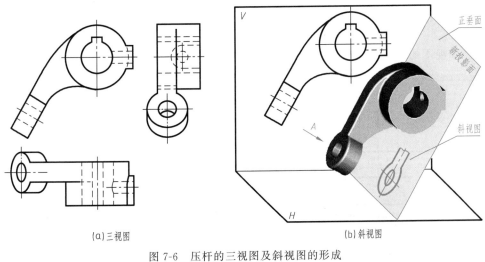

(a)三视图　　　　　　　　　　　　　　　(b)斜视图

图 7-6　压杆的三视图及斜视图的形成

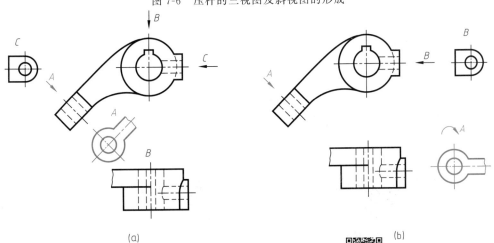

(a)　　　　　　　　　　　　　　　(b)

图 7-7　压杆的斜视图和局部视图

画斜视图时应注意以下几点：

① 斜视图必须进行标注。一般用带字母的箭头指明投影方向，并在斜视图上方标注相应的字母，字母一定要水平书写，如图7-7（a）所示。

② 斜视图一般配置在箭头所指的方向上，并保持投影关系。必要时也可配置在其它位置，也允许将斜视图旋转配置，但需画出旋转符号［图7-7（b）］，表示该视图名称的字母应靠近旋转符号的箭头端，也允许旋转角度标注在字母之后。斜视图可顺时针或逆时针旋转，但旋转符号的方向要与实际旋转方向一致，以便于看图者识别。

旋转符号的画法如图7-8所示。

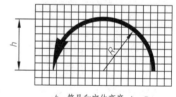

h=符号和字体高度，h=R

图 7-8　旋转符号的尺寸和比例

7.2　剖视图

在视图中，不可见的内部结构用虚线表示，当内部结构比较复杂时，虚线太多影响图形的清晰，造成画图、读图的困难，如图7-9（a）的主视图所示。为此，国标图样画法规定用剖视图表达机件的内部结构形状。

7.2.1　剖视图的基本概念

（1）剖视图的形成

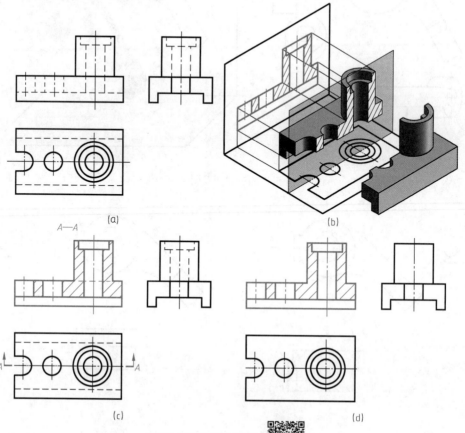

(a)

A—A

(b)

(c)

(d)

图 7-9　剖视图的形成

假想用剖切面把机件剖切开，将处在观察者和剖切面之间的部分移去，而将其余部分向投影面投影所得的图形称为剖视图，简称剖视。如图 7-9 所示。

（2）剖视图的画法

① 确定剖切平面的位置。为了在主视图上表达出机件的内部结构，选用平行于正面的对称面作为剖切平面，如图 7-9（c）所示。在选择剖切平面时，应使其平行于投影面，并尽量通过机件的对称面或内部孔、槽等结构的轴线，避免剖出不完整的结构要素。

② 画剖视图。画剖视图时，移开剖切面与观察者之间的部分，画出剩余部分的投影，对已经表达清楚的结构，在剖视图或其它视图上的虚线可以省略不画，如图 7-9（d）所示。但未表达清楚的结构的虚线必须保留。

③ 画剖面符号。在机件上与剖切面接触的实体部分称为剖面区域。为了区分机件的实体部分和空心部分，按国家标准 GB/T 4457.5—2013 规定，在剖面区域应画出相应的剖面符号。不同的材料用不同的剖面符号，各种材料的剖面符号如表 7-1 所示。

表 7-1　各种材料的剖面符号

材料	剖面符号	材料	剖面符号	材料	剖面符号
金属材料（已有规定剖面符号者除外）		型砂、填砂、粉末冶金、砂轮、陶瓷刀片、硬质合金刀片等		木材纵剖面	
非金属材料（已有规定剖面符号者除外）		钢筋混凝土		木材横剖面	
转子、电枢、变压器和电抗器等的叠钢片		玻璃及供观察用的其它透明材料		液体	
线圈绕组元件		砖		木质胶合板（不分层数）	
混凝土		基础周围的泥土		格网（筛网、过滤网等）	

当不需在剖面区域中表示材料的类别时，可采用通用的剖面线表示。通用剖面线应是与机件主要轮廓线成 45°（左右倾斜均可）的细实线，其间隔一般取 2～4mm。同一机件的剖面线在不同的剖视中均应同方向、同间隔，如图 7-10 所示。

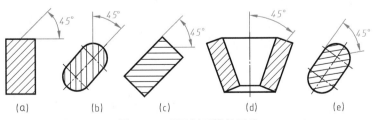

图 7-10　通用剖面线的画法

当图形中有主要轮廓线与剖面线平行或垂直时，剖面线可改画成 30°或 60°方向，但其倾斜方向和间隔仍应与其它图形保持一致，如图 7-11 所示。

（3）剖视图的标注

为了看图方便，一般剖视图需标注下列内容。

① 剖切符号。在相应的视图上用粗短画线（长约 $6b$，b 为线宽）表示剖切面起、迄和转折位置（剖切符号尽可能不与图形的轮廓线相交）；在剖切符号的起、迄或转折处注以大写字母"X"（"X"为大写字母），在起、迄的外端用与其垂直的细实线箭头表示投影方向，如图 7-9（c）所示。

② 剖视图的名称。在剖视图的上方用同样的字母标注剖视图的名称"$X-X$"，如图 7-9（c）所示。

③ 在下列情况下，剖视图可简化或省略标注。

a. 当剖视图按投影关系配置，中间有无其它图形隔开时，可省略箭头。

b. 当单一的剖切平面通过机件的对称（或基本对称）平面剖切，且剖视图按投影关系配置，中间又无其它图形隔开时，可省略标注，如图 7-9（d）所示。

（4）画剖视图时应注意的几个问题

① 剖切平面必须垂直于投影面（平行面或垂直面）。

② 剖视图只是假想的将机件剖开，因此除剖视图外，其它视图仍按完整的形状画出，如图 7-12 所示。

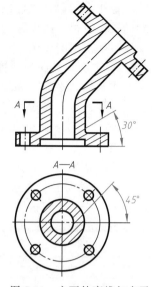

图 7-11　主要轮廓线与水平
线成 45°时剖面线的画法

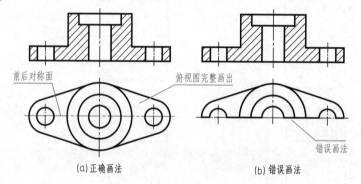

（a）正确画法　　　　　　　　（b）错误画法

图 7-12　其它视图要画完整

③ 剖切面后面的可见部分应全部画出，不能遗漏（图 7-13）。

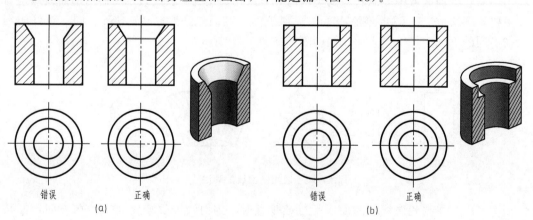

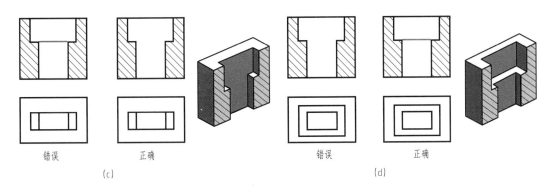

(c)   (d)

图 7-13　剖视图中孔后线的正误对比

④ 对于剖视或视图上已经表达清楚的结构形状,在剖视或其它视图上这部分结构的投影为虚线时,一般不画,如图 7-14 所示。但没有表达清楚的结构,允许画少量虚线,如图 7-15、图 7-16 所示。

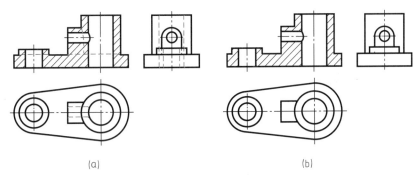

(a)   (b)

图 7-14　剖视图中虚线省略示例

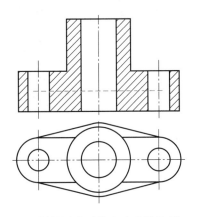

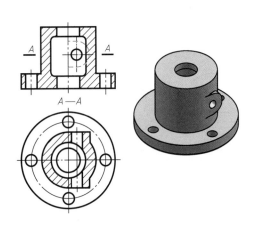

图 7-15　剖视图中不能省略虚线示例（一）   图 7-16　剖视图中不能省略虚线示例（二）

⑤ 剖视图中肋板的规定画法。国标规定对于机件的肋、轮辐及薄壁等,如按纵向剖切,这些结构的剖切面上不画剖面符号,而用粗实线将它与邻接部分分开,如图 7-17 中的左视图所示,但横剖时（剖切平面垂直肋的对称平面）必须画出剖面线,如图 7-17 中的俯视图所示。

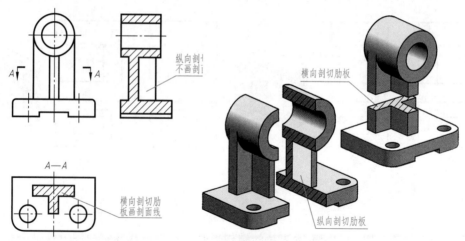

图 7-17 剖视图中肋板的规定画法

7.2.2 剖视图的种类

剖视图按图形特点和剖切范围的大小，可分为全剖视图、半剖视图和局部剖视图三类。

(1) 全剖视图

用剖切面完全地将机件剖开所得的全部剖视图称为全剖视图。如图 7-18 所示的主、左视图，均为全剖视图，其图形全部呈现内形。

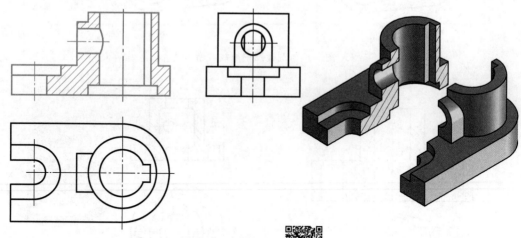

图 7-18 全剖视图

全剖视图主要用来表达外形比较简单，内部形状比较复杂的不对称机件的内形；但外形简单而内形相对复杂的对称机件也常用全剖视图来表达。

(2) 半剖视图

当机件具有对称（或基本对称）平面，且内外结构均须在同一视图中表示时，将机件沿对称平面处全部剖开，并以对称中心为界，一半画成剖视图，另一半画成视图的图形，称为半剖视图，如图 7-19 所示。

适用范围：半剖视图主要用于内、外形状均需在同一视图中表达的对称（或基本对称）

的机件。如图 7-20、图 7-21 所示。

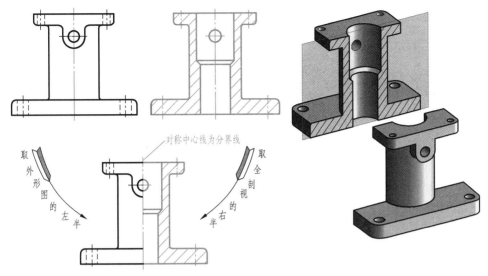

图 7-19 半剖视图的形成

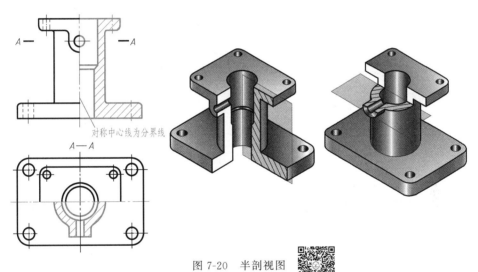

图 7-20 半剖视图

画半剖视图时，应注意以下几点。

① 在半剖视图中，视图与剖视图的分界线必须是对称中心线（细点画线），如图 7-21 所示。

② 由于半剖视图可同时兼顾机件内、外形状的表达，所以在表达外形的一半视图中一般不必再画出表达内形的虚线，如图 7-21 所示。

③ 半剖视图的标注原则与全剖视图相同，如图 7-21 所示。

④ 在半剖视图中，有些与机件的对称面相对称的尺寸，另一半未被画出时，可按对称尺寸的注法进行标注（尺寸线末端仅画一个箭头，另一端超出对称中心线即可），如图 7-22 所示。

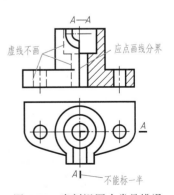

图 7-21 半剖视图中常见错误

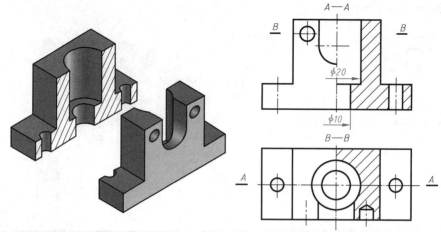

图 7-22　半剖视图的尺寸标注

⑤ 若零件的形状接近于对称，且不对称部分已由其它视图表示清楚，也可画成半剖视图，如图 7-23 所示。

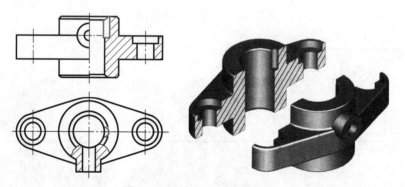

图 7-23　基本对称的半剖视图

（3）局部剖视图

用剖切平面局部地剖开机件所得的剖视图称为局部剖视图。在局部剖视图中，视图与剖视图的分界线为细波浪线或双折线，如图 7-24 所示。

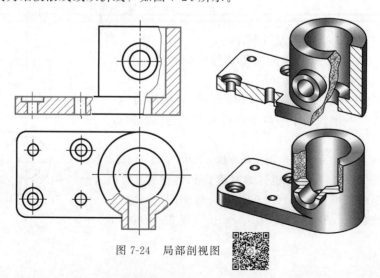

图 7-24　局部剖视图

适用范围：当机件只需要表达其局部的内部结构，或不宜做全剖视、半剖视时，可采用局部剖视图。常用于以下几种情况。

① 不对称机件的内、外形均需要表达时，但又不宜做全剖视、半剖视。

② 实心件上需要表达某处的孔、槽等内部结构时（图 7-25 所示）。

③ 当对称机件有轮廓线与对称中心重合，不宜采用半剖视时（图 7-26 所示）。

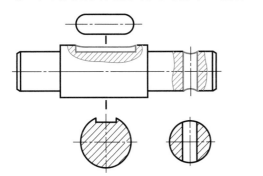

图 7-25　实心件上的孔、槽结构

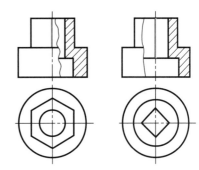

图 7-26　对称机件不宜作半剖视

画局部剖视图时应注意以下几点。

① 局部剖视图的范围根据机件表达的需要而定，可大于图形的一半，也可小于图形的一半，比较灵活。但在同一图形中不宜过多使用局部剖视图，避免图形凌乱和看图不便。

② 当用波浪线表示剖视与视图的分界线时，波浪线只能画在机件的实体部分，不能与其它图线重合，也不能画在其延长线上，也不能超出视图的轮廓线。若遇孔、槽时，波浪线必须断开（图 7-27 所示）。

③ 当剖切位置明显时，局部剖视图一般可不标注。

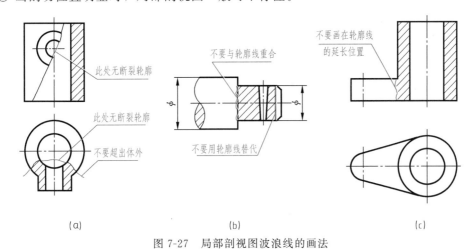

图 7-27　局部剖视图波浪线的画法

7.2.3　剖视图的剖切方法

国标规定，根据机件的结构不同，可采用不同的剖切方法，剖切方法有如下几种。

（1）单一剖切面剖切

单一剖切面剖切包括单一投影面平行面剖切、单一投影面垂直面剖切和单一圆柱面剖切。

① 单一投影面平行面剖切。前面已介绍过的全剖视图、半剖视图和局部剖视图都是采

用单一投影面平行面剖得的剖视图，如图 7-13～图 7-27 所示。

② 单一投影面垂直面（斜剖切面）剖切。当机件上具有倾斜的内部结构时［图 7-28（a）］，可采用一个平行于机件倾斜部分的投影面垂直面来剖切机件而获得剖视图，如图 7-28（b）所示。

画图时，一般按投影关系配置并标注，也可配置在其它位置，必要时允许旋转，但要在剖视图的名称旁用旋转符号注明旋转方向，如图 7-28（c）所示。

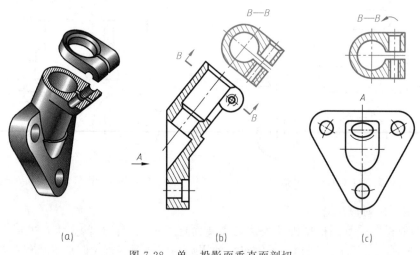

图 7-28　单一投影面垂直面剖切

③ 单一柱面剖切。用柱面剖切机件得到的剖视图一般采用展开画法，此时应在该剖视图的上方标注"$X—X$"展开字样，如图 7-29 所示。

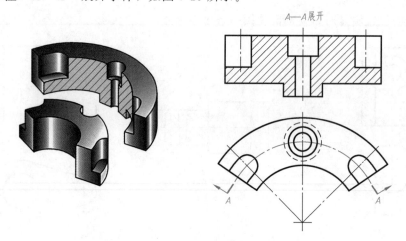

图 7-29　单一剖切柱面剖得的剖视图

（2）几个平行的剖切平面剖切

用几个互相平行的剖切平面剖开机件，各剖切平面的转折必须是直角的剖切方法。它主要用于表达机件上有一系列不在同一剖切平面上的孔、槽等内部结构，如图 7-30～图 7-32 所示。

画几个平行剖切平面剖切得到的剖视图时应注意以下几点。

① 剖视图上不允许画出剖切平面转折处的分界线，如图 7-33（c）所示；要恰当地选择剖切位置，避免在剖视图上出现不完整的要素，如图 7-33（d）所示；剖切平面的转折处不应与图形中的轮廓线重合，如图 7-33（c）所示。

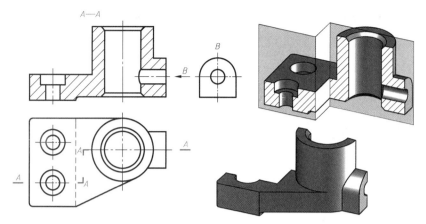

图 7-30　几个平行剖切平面剖切得到的剖视图（一）

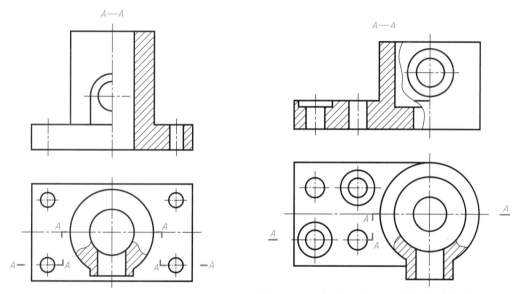

图 7-31　几个平行剖切平面剖切得到的剖视图（二）　　图 7-32　几个平行剖切平面剖切得到的剖视图（三）

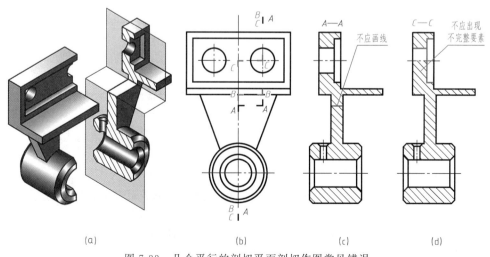

图 7-33　几个平行的剖切平面剖切作图常见错误

② 只有当两个要素在图形上具有公共对称中心线或轴线时，可以对称中心线为界，各画一半，如图 7-34 所示。

③ 用几个平行的剖切平面剖切时，必须进行标注，如图 7-30～图 7-34 所示。剖切平面起、迄、转折处画粗短线并标注字母，并在起、迄外侧画上箭头，表示投影方向；在相应的剖视图上方以相同的字母"X—X"标注剖视图的名称。当剖视图按投影关系配置时，也可省略箭头。

（3）几个相交的剖切平面剖切（交线必须垂直于相应的投影面）

用几个相交的剖切平面（交线垂直于某一投影面）剖开机件的方法，如图 7-35 所示。

它主要用于表达孔、槽等内部结构不在同一剖切平面内，但又具有公共回转轴线的机件。

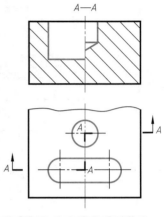

图 7-34　允许出现不完整要素的情况

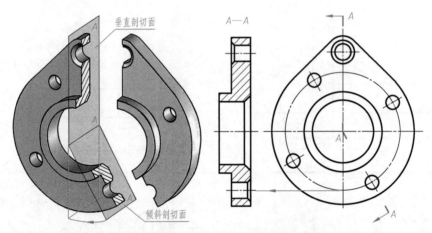

图 7-35　用几个相交的剖切平面剖切（一）

画图时，先假想按剖切位置剖开机件，移去观察者与投影面之间的部分，然后将被倾斜剖切面剖开的结构及其有关部分旋转到与选定的投影面平行，再进行投影，即可得到如图 7-35 所示的全剖视图。

画图时应注意：

① 在剖切平面后部的其它结构，应按原来位置投影，如图 7-36 中的油孔。另外，按国家标准规定，机件上的肋，若剖切平面沿纵向剖切，则在肋的剖切面上不画剖面线，而用粗实线将它与邻接部分分开，如图 7-36 所示。

② 该方法获得的剖视图必须标注。但当剖视图按投影关系配置，中间又无其它图形隔开时，允许省略箭头。如图 7-35、图 7-36 所示。

③ 当相交两平面剖切机件上的机构出现不完整要素时，则这部分结构做不剖处理，如图 7-37 所示。

（4）组合剖切面剖切

当机件的内部结构不便于运用平行剖切平面和两相交剖切平面表达时，可用组合剖切面剖切机件而绘制剖视图，如图 7-38 所示。

组合剖切面剖切是平行剖切平面剖切和相交剖切平面剖切的组合，所以平行剖切平面剖切和相交两剖切平面剖切的画图注意点仍然适用。

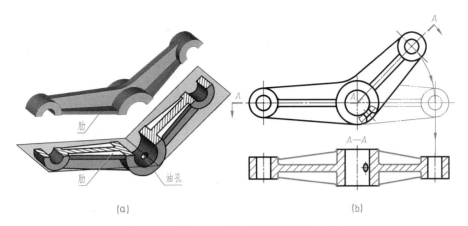

图 7-36 用几个相交的剖切平面剖切（二）

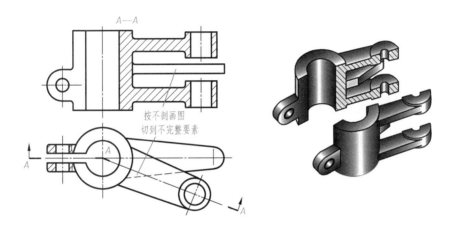

图 7-37 两相交剖切平面剖切得到的剖视图

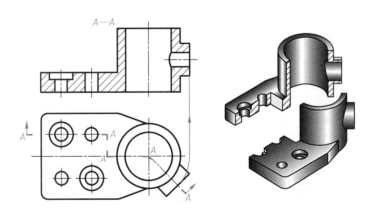

图 7-38 组合剖切面剖切得到的剖视图（一）

组合剖切面剖切所得的剖视图必须进行标注，标注方法与平行剖切平面剖切和相交两剖切平面剖切的标注类似，如图 7-38、图 7-39 所示。

当采用连续几个相交平面剖切时，一般采用展开画法，如图 7-39 所示。但展开画时，在剖视图上方应标注"$X—X$ 展开"，如图 7-39 所示。

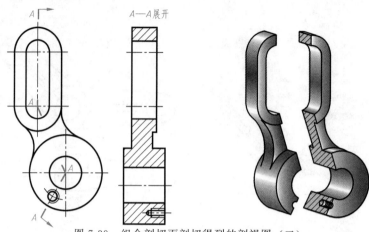

图 7-39　组合剖切面剖切得到的剖视图（二）

7.3　断面图

7.3.1　断面图的概念

假想用剖切平面将机件的某处切断，仅画出剖切面与机件接触部分的图形称为断面图，简称为断面，如图 7-40（b）所示。

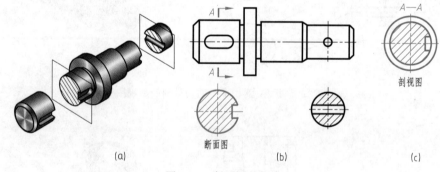

图 7-40　断面图的概念

断面图与剖视图主要区别：断面图是仅画出机件断面的真实形状，如图 7-40（b）所示；而剖视图不仅要画出其断面形状，还要画出剖切平面后面所有的可见轮廓线，如图 7-40（c）所示。

7.3.2　断面图的种类

根据断面图在图样中的不同位置，断面图分为移出断面图和重合断面图两种，通常简称移出断面和重合断面。

（1）移出断面图

画在视图外面的断面图，称为移出断面图。

① 移出断面图的画法。

a. 移出断面的轮廓线用粗实线绘制，一般需画出剖面线，如图 7-41 所示。

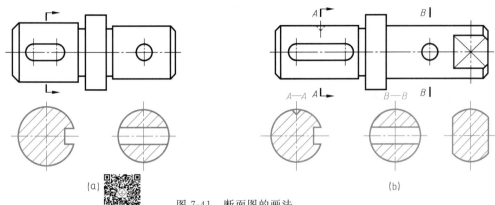

图 7-41　断面图的画法

b. 移出断面可配置在剖切符号的延长线上或剖切线的延长线上，如图 7-41（a）所示。为了合理布图也可将移出断面图配置在其它适当的位置，如图 7-41（b）中的"A—A""B—B""C—C"图所示。

c. 国标规定，当剖切平面通过回转面形成的孔或凹坑的轴线时，这些结构按剖视绘制，如图 7-42 所示。另外，当剖切面过非圆孔导致断面图出现分离的两个断面时，这些结构也按剖视绘制，如图 7-43 所示。

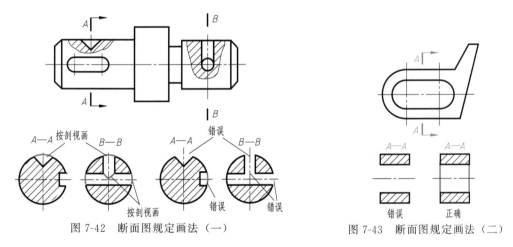

图 7-42　断面图规定画法（一）

图 7-43　断面图规定画法（二）

d. 断面图形对称时，移出断面图可配置在视图的中断处，如图 7-44 所示。由两个或多个相交的平面剖切得到的移出断面图，中间应断开，如图 7-45 所示。

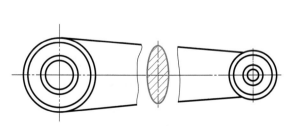

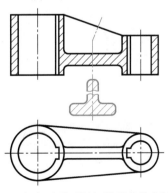

图 7-44　配置在图形中断处的移出断面图

图 7-45　相交两平面剖切得到的移出断面图

② 移出断面图的标注。移出断面图的标注形式及内容与剖视图相同，标注可以根据具体情况简化或省略，见表 7-2。

表 7-2　移出断面图的标注

断面类型	剖切平面的位置		
	配置在剖切线或剖切线符号延长线上	不在剖切符号的延长线上	按投影关系配置
对称的移出断面	剖切线为细点画线，省略标注	省略箭头	省略箭头
不对称的移出断面	省略字母	标注剖切符号、箭头和字母	省略箭头

(2) 重合断面图

画在视图轮廓线内的断面，称为重合断面，如图 7-46 所示。

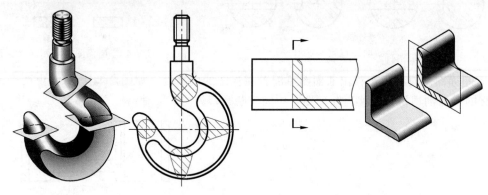

图 7-46　重合断面

① 重合断面图的画法。

a. 重合断面图的轮廓线必须用细实线绘制，并在断面图上画上剖面线。

b. 当视图中的轮廓线与重合断面的图形重合时，视图中的轮廓线仍应连续画出，不可间断。

② 重合断面图的标注。

a. 配置在剖切线或剖切符号延长线上的不对称重合断面图，可省略字母。

b. 配置在剖切线或剖切符号延长线上的对称重合断面图，可不标注。

7.4　局部放大图、规定画法和简化画法

为使图形清晰和画图简便，除了前面介绍的表达方法外，国家标准还规定了局部放大图、规定画法和简化画法等。

7.4.1　局部放大图

机件按一定比例绘制视图后，当其中一些细小结构表达不够清楚，或不便于标注尺寸时，用大于原图形比例单独画出这些结构，该图形称为局部放大图，如图 7-47、图 7-48 所示。

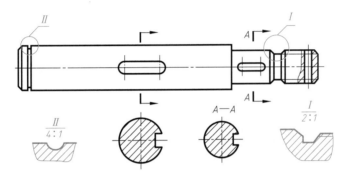

图 7-47　局部放大图（一）

局部放大图可以画成视图、剖视图和断面图，与被放大结构的表达方式无关。

绘制局部放大图时，一般应用细实线圈出被放大的部位，并尽量配置在被放大部位的附近。当同一机件有几处被放大时，必须用罗马数字依次标明被放大部位，并在局部放大图的上方标注出相应的罗马数字和所采用的比例，如图 7-47 所示。当机件上被放大的部分仅一个时，在局部放大图的上方只需注明所采用的比例，如图 7-48 所示。

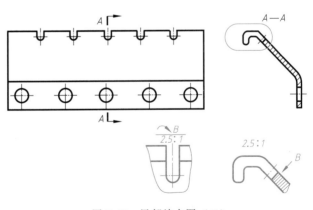

图 7-48　局部放大图（二）

注意：局部放大图的比例指该图形与实物的比例，与原图采用的比例无关。

7.4.2　规定画法和简化画法

① 对机件上的肋、轮辐及薄壁等，如按纵向剖切，即剖切平面通过这些结构的基本轴线或对称平面，这些结构都不画剖面线，而用粗实线将它与其邻接部分分开。但若按横向

157

（剖切平面垂直于肋、轮辐及薄壁厚度）剖切，这些结构的剖切面上仍应画出剖面线。如图 7-49、图 7-50 所示。

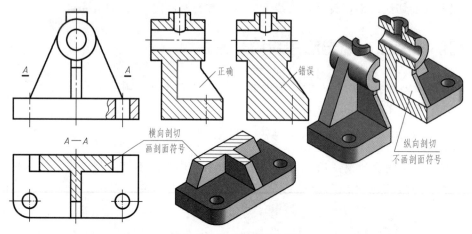

图 7-49 肋板的规定画法

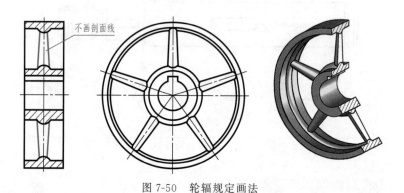

图 7-50 轮辐规定画法

② 当回转体机件上均匀分布的肋、轮辐、孔等结构不处于剖切平面上时，将这些结构旋转到剖切平面上按对称画出，如图 7-51 所示。

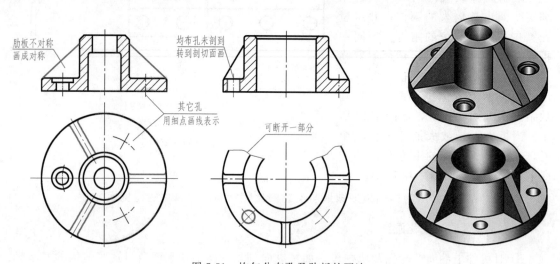

图 7-51 均匀分布孔及肋板的画法

③ 对于较长的机件（轴、杆、型材、连杆等），沿长度方向的形状一致或按一定的规律变化时，可断开缩短画出，但标注尺寸时仍标注实际长度，如图 7-52 所示。

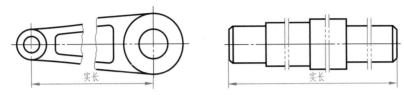

图 7-52　断开画法

④ 当机件上具有若干相同的结构要素（如齿、孔、槽）并按一定规律分布时，只需画出几个完整的结构要素，其余可用细实线连接或只需画出它们的中心位置。但图中必须注明结构要素的总数，如图 7-53 所示。

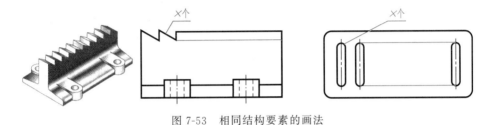

图 7-53　相同结构要素的画法

⑤ 零件上对称结构的局部视图，可按如图 7-54 所示简化。

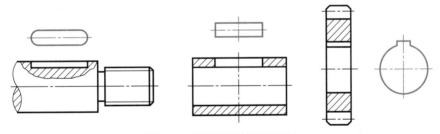

图 7-54　局部视图的简化画法

⑥ 在不致引起误解时，对称机件的视图可只画一半或四分之一，并在对称中心线的两端画出两条与其垂直的平行细实线，如图 7-55 所示。

图 7-55　对称机件的画法

⑦ 当回转体机件上的平面在一个图形中不能充分表达时，可用两条相交的细实线表示，如图 7-56 所示。

⑧ 圆柱形法兰和类似机件上均匀分布的孔，可按如图 7-57 所示的方法表示（由机件外向法兰端面方向投射）。

⑨ 圆柱体上因钻小孔、铣键槽等出现的交线允许省略，如图 7-58 所示。但必须有一个视图已经清楚表达了孔、槽的形状。

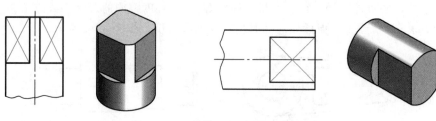

图 7-56　回转体上的平面的表示法

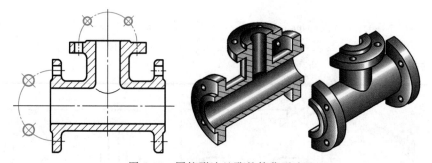

图 7-57　圆柱形法兰孔的简化画法

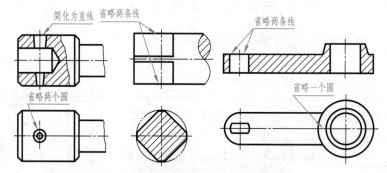

图 7-58　较小结构的画法

⑩ 与投影面倾斜角度小于或等于 30°的圆弧或圆，其投影可画成圆弧或圆，如图 7-59 所示。

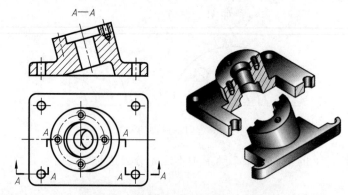

图 7-59　倾斜圆弧和圆的简化画法

⑪ 当需要表示位于剖切平面前面的结构时，这些结构可按假想投影的轮廓线画出，如图 7-60 所示。

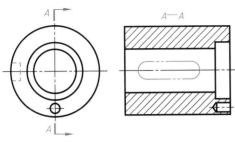

图 7-60　剖切平面前的结构简化画法

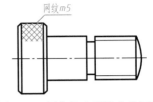

图 7-61　网状物表面滚花的画法

⑫ 网状物、编织物或机件上的滚花部分，可在轮廓线附近用细实线示意画出，并在零件图上或技术要求中注明这些结构的具体要求，如图 7-61 所示。

⑬ 当需要在剖视图的剖面中再作一次局部剖视时，可采用图 7-62 所示的方法表达，此时，两次剖切面的剖面线应同方向、同间隔，但要相互错开，并用引出线标注其名称，当剖切位置明显时，也可省略标注。

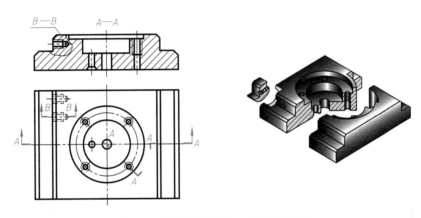

图 7-62　剖视图中再作一次剖视的画法

7.5　表达方法综合应用举例

表达机件常要运用视图、剖视图、断面图、规定画法和简化画法等各种表达方法，将机件的内、外结构形状及形体间的相对位置完整、清晰地表达出来。选择机件的表达方案的关键在于主视图选择、视图数量和表达方法的选择。

在选择时，应在对机件进行分析的基础上，先确定主视图，再采用逐个增加的方法选择其它视图。每个视图都应有其特定的表达意义，既要突出表达各自的重点，又要兼顾视图间的相互配合、彼此的互补关系；既要防止视图数量过多、表达松散，又要避免将表达方法过多地集中在一个视图上，一味地追求视图数量越少越好，致使看图者费解。只有经过反复推敲、认真比较，才能筛选出一组"表达完整、搭配恰当、图形清晰、利于看图"的表达方案。

【例 7-1】　确定支架（如图 7-63）的表达方案。

经过形体分析，确定用四个图形来表达，如图 7-64 所示。主视图用以表达机件的外部结构形状，图中的局部剖视图用来表达圆筒上大孔和斜板上小孔的内部结构形状；为了明确圆筒与十字肋的连接关系，采用了一个局部视图；为了表达十字肋的形状，采用了一个移出断面；为了反映斜板的实形及其四个小孔的分布情况，采用了一个旋转配置的斜视图（左边画波浪线的部分是为了表示肋板和底板之间的前、后相对位置关系）。

图 7-63　支架的立体图

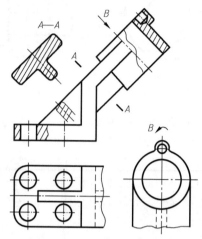

图 7-64　支架的表达方案

【例 7-2】　确定阀体 [图 7-65（a）] 的表达方案。

① 形体分析。阀体的主体部分是轴线为铅垂的四通管体，它的顶部和底部分别为正方形凸缘和圆形凸缘，主体圆柱上有两个圆柱与其轴线垂直相交，左上部有一圆形凸缘，右前部有一腰鼓形凸缘，各凸缘上均有与主体圆柱相通的圆柱光孔。

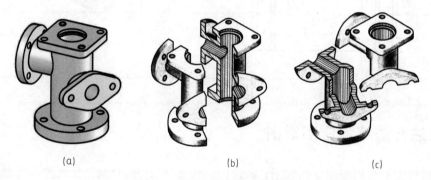

(a)　　　　　　　　　　(b)　　　　　　　　　　(c)

图 7-65　阀体的表达方案分析

② 确定表达方案。主视图将图 7-65（b）所示方向作为投影方向，为了表达各部分的内部形状需要对主视图作适当的剖切。因管体与上、下凸缘同轴，并与左边的凸缘的轴线在同一正平面内，而右前部的凸缘的轴线与 V 面倾斜 45°，故主视图可用两个相交的剖切平面剖切，如图 7-65（b）所示，画出 7-65 中的"B—B"剖视图。这样就把上下通孔、侧壁两凸缘孔的结构及上、下位置关系表达清楚了。

为了表达右前部凸缘的倾斜位置，需画俯视图。为进一步表达贯体孔与侧壁两凸缘孔的贯通情况、凸缘上连接孔及底部凸缘上孔的分布情况，俯视图采用图 7-65（c）所示的平行两剖切平面剖切，画出图 7-66 中的"A—A"剖视图。

为了表达右前部凸缘的形状，采用了 E—E 斜剖视图，如图 7-66 中的"E—E"图所示。

为了表达上方的方形凸缘形状和四个角孔的分布情况，选用了 D 向局部视图，如

图 7-66 中的"D"图所示。

左部凸缘的形状和连接孔的分布可采用图 7-66"C—C"剖视图的简化画法表达。

阀体完整的表达方案如图 7-66 所示。

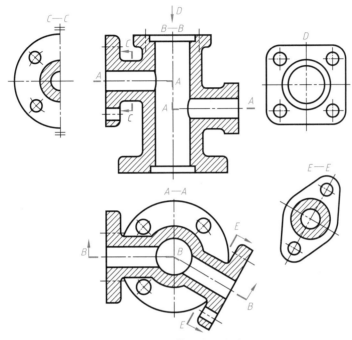

图 7-66　阀体的表达方案

7.6　第三角画法简介

根据国家标准规定，我国的技术图样主要是采用第一角画法绘制的，而美国、日本等有些国家采用的是第三角画法。随着技术交流的需要，我们要了解一些第三角画法的知识。

7.6.1　第三角画法中视图的形成

如图 7-67 所示，三个相互垂直相交的投影面，将空间分成Ⅰ、Ⅱ、Ⅲ……八个分角。采用第三角画法时，如图 7-68（a）所示，将机件置于第三分角内，这时投影面处于观察者与机件之间，以人-图-物的关系进行投射，由前向后投射，在 V 面上得到的图形称为主视

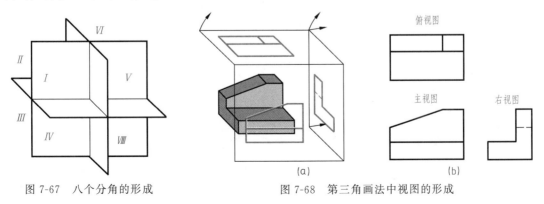

图 7-67　八个分角的形成　　　　　图 7-68　第三角画法中视图的形成

图；由上向下投射，在 H 面上得到的图形称为俯视图；由右向左投射，在 W 面上得到的图形称为右视图。

第三角画法的投影面展开及视图配置如图 7-68 所示：V 面不动，将 H 面绕它与 V 面的交线向上旋转 $90°$，将 W 面绕它与 V 面的交线向右旋转 $90°$，这样三个面处于同一平面上，即得到机件的三视图。从图中可以总结出三视图的对应规律：主、俯视图长对正；主、右视图高平齐；俯、右视图宽相等。

7.6.2 第三角画法与第一角画法的比较

第三角画法与第一角画法的主要区别在于：第三角画法是把机件放在投影面的另一边，投影方向是人→图（投影面）→物的关系，即将投影面视为透明的，投影时就像隔着"玻璃"看物体，将机件的轮廓形状印在物体前面的"玻璃"（投影面）上，如图 7-68 所示。第一角画法是把机件放在观察者与投影面之间，投影方向是人→物→图（投影面）的关系，如图 7-69 所示。

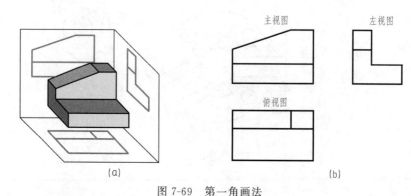

图 7-69　第一角画法

7.6.3 第三角画法的标识

国际标准规定，可以采用第一角画法，也可采用第三角画法。为了区别这两种画法，国家标准规定，在图纸的标题栏内（或外）画上标识符号，其画法如图 7-70 所示。

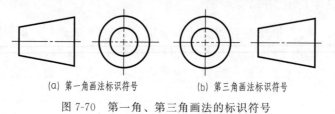

(a) 第一角画法标识符号　　　　(b) 第三角画法标识符号

图 7-70　第一角、第三角画法的标识符号

第8章

标准件和常用件

零件是组成机器设备的基本单元，是机器设备中具有某种功用，不能再拆分的独立部分。

任何机器和设备都是由若干个零件组成的，按同种零件在不同机器设备中互换性程度不同，常将零件分为标准件、常用件和一般零件三类。

① 标准件。零件的结构形式、尺寸规格和技术要求等均制订了统一的国家标准。这类零件不需绘制零件图样，如标准螺栓、螺母、垫圈、滚动轴承等。

② 常用件。零件的结构形式、尺寸规格只是部分地实现了标准化。如齿轮、弹簧、三角带轮、密封件等。

③ 一般零件。零件的结构、参数、规格等需根据其在机器或部件中的作用，按照机器或部件的性能和结构要求以及零件制造的工艺要求进行设计，不具有通用性，也可以称为专

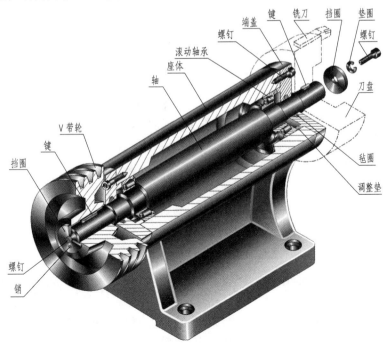

图 8-1　铣刀头轴测图

用件。一般零件按结构形状和功用不同，常分为轴套类、盘盖类、叉架类和箱体类四种。

如图 8-1 所示的铣刀头轴测图中，螺钉、销、键、垫圈等为标准件，V 带轮为常用件，座体、端盖、轴等为一般零件，也就是我们所说的专用件。

8.1 螺纹

螺纹是零件上常见的一种结构，一般成对使用。根据螺纹的作用分两类：起连接作用的螺纹称为连接螺纹；起传动作用的螺纹称为传动螺纹。

螺纹是以平面图形（如三角形、梯形、锯齿形等）在圆柱或圆锥表面上沿着螺旋线运动形成的连续凸起和沟槽部分。在圆柱或圆锥外表面上形成的螺纹称外螺纹；在圆柱或圆锥内表面上形成的螺纹称内螺纹。螺纹的加工方法很多，如图 8-2 所示。

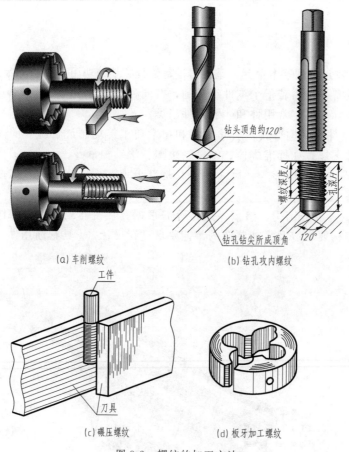

图 8-2　螺纹的加工方法

8.1.1　螺纹的要素

螺纹的基本要素主要是牙型、直径、线数、螺距和导程、旋向。下面逐一进行介绍。

（1）牙型

在通过螺纹轴线的剖断面上，螺纹的轮廓形状称为牙型。如图 8-3 所示，常见的牙型有三角形（普通螺纹）、梯形（梯形螺纹）和锯齿形（锯齿形螺纹）等。

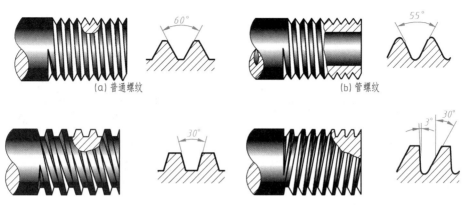

(a) 普通螺纹　　　　　　　　　　　　　　　(b) 管螺纹

(c) 梯形螺纹　　　　　　　　　　　　　　　(d) 锯齿形螺纹

图 8-3　常见标准螺纹的牙型

(2) 直径

螺纹直径有大径（外螺纹用 d 表示，内螺纹用 D 表示）、中径和小径之分，如图 8-4 所示。代表螺纹尺寸的直径称为公称直径。除管螺纹外，公称直径一般指螺纹的大径。外螺纹的大径和内螺纹的小径又称为螺纹的顶径，外螺纹的小径和内螺纹的大径又称为螺纹的底径。

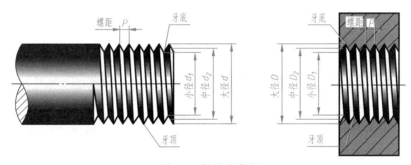

图 8-4　螺纹的直径

(3) 线数

线数是指形成螺纹的螺旋线条数，螺纹有单线和多线之分，如图 8-5 所示。螺纹的线数用 n 表示。

(4) 螺距和导程

相邻两牙在中径线上对应点间的轴向距离，称为螺距，用 P 表示。同一条螺旋线上相邻两牙在中径线上对应两点间的轴向距离，称为导程 Ph ，如图 8-5 所示。

对于单线螺纹：$Ph = P$

对于多线螺纹：$Ph = nP$

(5) 旋向

螺纹分左旋（LH）和右旋（RH）两种，如图 8-6 所示。顺时针方向旋入的螺纹为右旋螺纹（轴线竖立时左低右高）；逆时针方向旋入的螺纹为左旋螺纹（轴线竖立时左高右低）。工程上常用右旋螺纹，特殊场合才使用左旋螺纹。

内、外螺纹必须配对使用，只有螺纹的五个要素均相同的内、外螺纹才能相互旋合。

螺纹的种类很多，为了便于设计计算和加工制造，国家标准对螺纹的牙型、直径和螺距都作了规定，凡是这些要素都符合标准的螺纹称为标准螺纹。牙型符合标准，但公称直径或螺距不符合标准的螺纹称为特殊螺纹；牙型不符合标准的螺纹称为非标准螺纹，如方牙螺纹。

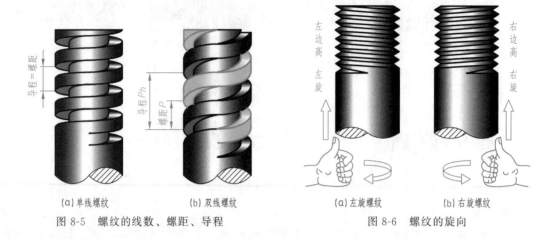

(a) 单线螺纹　　　(b) 双线螺纹

图 8-5　螺纹的线数、螺距、导程

(a) 左旋螺纹　　　(b) 右旋螺纹

图 8-6　螺纹的旋向

8.1.2　螺纹的结构

(1) 螺纹端部

为了便于安装和防止螺纹端部损坏，通常将螺纹端部做成规定的形状，常见的形式如图8-7 所示。

(a) 倒角　　　　　(b) 圆顶　　　　　(c) 平顶

图 8-7　螺纹的端部

(2) 螺尾和螺纹退刀槽

当车削螺纹的车刀逐渐离开工件的螺纹终了处时，出现一段牙型不完整的螺纹，称为螺纹收尾，简称螺尾 [图 8-8 (a)]。为了便于退刀，并避免出现螺尾，可在螺纹终了处预先车出一个小槽，称为螺纹退刀槽，如图 8-8 (b) 所示。

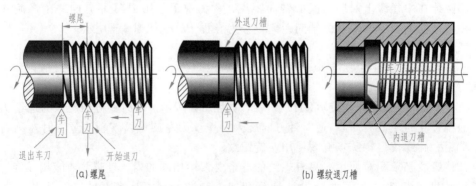

(a) 螺尾　　　　　　　　　(b) 螺纹退刀槽

图 8-8　螺尾及螺纹退刀槽

8.1.3　螺纹的画法

螺纹是标准结构，其结构和尺寸已经标准化，为了提高绘图效率，在图样上不按其真实投影画图，而根据国家标准规定画法和标记，进行绘图和标注。

（1）外螺纹的画法

如图 8-9（a）所示，在反映螺纹轴线的视图上，外螺纹牙顶轮廓（大径）的投影用粗实线表示，牙底轮廓（小径）的投影用细实线表示（通常按大径的 0.85 倍绘制），螺纹终止线用粗实线绘制，螺纹端部的倒角或倒圆也应画出，螺尾一般省略不画；在沿螺纹轴线投影的视图中，牙顶（大径）的投影用粗实线圆表示，牙底（小径）的投影用约 3/4 细实线圆表示，此时倒角圆不应画出。

在剖视图中，剖面线必须画到粗实线处，如图 8-9（b）所示。

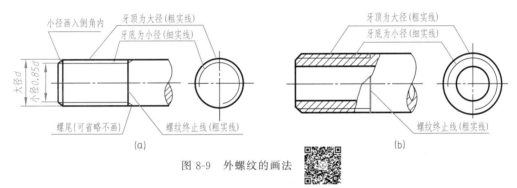

图 8-9　外螺纹的画法

（2）内螺纹的画法

如图 8-10（a）所示，在剖视图中，内螺纹牙顶轮廓（小径）的投影用粗实线表示，牙底轮廓（大径）的投影用细实线表示，螺纹终止线用粗实线绘制，剖面线应画到表示小径的粗实线为止；在沿螺纹轴线投影的视图中，小径用粗实线圆绘制，表示大径的细实线圆只画约 3/4 圈，表示倒角的投影圆不应画出。绘制不穿通螺纹孔时，一般应将钻孔深度和螺孔深度分别画出，由于钻头的顶角接近 120°，其钻孔的底部锥角按 120° 绘出，如图 8-10（b）所示。

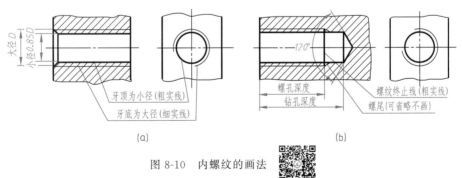

图 8-10　内螺纹的画法

（3）内外螺纹的旋合画法

用剖视表示内、外螺纹连接时，内、外螺纹旋合的部分应按外螺纹的画法绘制，其余部分按各自的画法绘制，如图 8-11 所示。

应注意：表示内、外螺纹大径的细实线和粗实线，以及表示小径的粗实线和细实线必须分别对齐。在内、外螺纹连接图中，同一零件在各个剖视图中，剖面线的方向和间距应一致；在同一剖视图中，相邻两零件剖面线的方向和间隔应不同。

（4）圆锥螺纹的画法

画圆锥内、外螺纹时，在反映螺纹轴线的视图上，画法与上述的内、外螺纹相同；在沿螺纹轴线投影的视图中，可见端的牙顶圆的投影用粗实线圆表示，可见端的牙底圆的投影用约 3/4 细实线圆画出，不可见端牙底圆的投影省略不画；当牙顶圆的投影为虚线时，可省略不画，如图 8-12 所示。

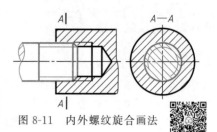

图 8-11　内外螺纹旋合画法

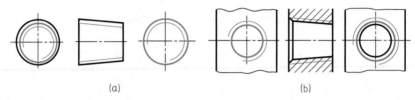

图 8-12　圆锥螺纹的画法

（5）螺纹牙型的画法

当需要表示螺纹的牙型时，可按图 8-13 所示绘制。

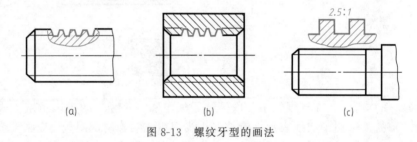

图 8-13　螺纹牙型的画法

8.1.4　螺纹的种类

螺纹按用途分为连接螺纹和传动螺纹两类，前者起连接作用，后者用于传递动力和运动。

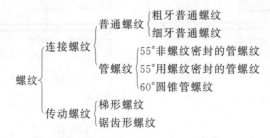

按照牙型的不同，标准螺纹可分为以下几类：

（1）普通螺纹

普通螺纹是常用的连接螺纹，牙型为三角形，牙型角为 60°，螺纹的种类代号为 M。普通螺纹又分为粗牙和细牙，当螺纹的大径相同时，细牙螺纹的螺距和牙型高度较粗牙的小。一般的连接都采用粗牙螺纹，细牙螺纹适用于薄壁零件和较精密零件的连接。普通螺纹的标准见附表 1。

（2）管螺纹

管螺纹主要用于管道连接，其牙型均为三角形，有以下几种。

① 55°非螺纹密封的管螺纹。该类螺纹牙型角为 55°，螺纹的种类代号为 G，其内、外螺纹均为圆柱螺纹，旋合后本身无密封能力。但加密封结构后，可具有很可靠的密封性。非螺纹密封管螺纹的外螺纹，根据制造精度不同又分为 A 级（精度较高）、B 级两种；而内螺纹无 A、B 级之分。55°非螺纹密封管螺纹的标准见附表 2。

② 55°用螺纹密封的管螺纹。该类螺纹牙型角也为 55°，其外螺纹均加工在锥度为 1∶16 的外圆锥上，这种圆锥外螺纹的种类代号为 R_1 和 R_2。与其相旋合的内螺纹可以制造在同样锥度的内锥面上，称为圆锥内螺纹，其螺纹种类代号为 Rc；也可以制造在内圆柱面上，称为圆柱内螺纹，螺纹的种类代号为 Rp。圆锥内螺纹 Rc 与圆锥外螺纹 R_2 相连接，圆柱内螺纹 Rp 与圆锥外螺纹 R_1 相连接，它们均有较高的密封能力。

③ 60°圆锥管螺纹。该类螺纹牙型角为 60°，其内、外螺纹均加工在锥度为 1∶16 的圆锥上，螺纹的种类代号为 NPT。它具有很高的密封能力，常用于汽车、航空、机床行业的中、高压的液压与气压系统中。60°圆锥管螺纹的标准见附表 3。

（3）梯形螺纹

梯形螺纹为常用的传动螺纹，牙型为等腰梯形，牙型角为 30°，螺纹的种类代号为 Tr。梯形螺纹的标准见附表 4。

（4）锯齿形螺纹

锯齿形螺纹也为传动螺纹，但只单方向传动，牙型为不等腰梯形，牙型角为 33°，螺纹的种类代号为 B。

8.1.5　螺纹的标注

由于各种不同螺纹的画法相同，无法表示出螺纹的种类和结构要素等，因此绘制螺纹图样时，必须通过标注予以明确。各种常用螺纹的标注方法如表 8-1 所示。

（1）普通螺纹的标注

普通螺纹的标记内容及格式为：

| 螺纹特征代号 | 尺寸代号 | - | 公差带代号 | - | 旋合长度代号 | - | 旋向代号 |

① 螺纹特征代号。表示牙型，不同牙型有不同的螺纹特征代号。普通螺纹的特征代号为"M"。

② 尺寸代号。表示螺纹的大小，包括公称直径、导程和螺距。单线螺纹标注为"公称直径×螺距"，多线螺纹标注为"公称直径×Ph 导程 P 螺距"，单线粗牙普通螺纹可省略螺距，只需标注为"直径"。

③ 公差带代号。普通螺纹公差带代号包括中径公差带代号和顶径公差带代号，公差带代号由数字和字母（内螺纹用大写字母，外螺纹用小写字母）组成，数字表示公差等级，字母反映公差带位置。当中径和顶径的公差带代号相同时，只需标注一个公差带代号。中等公差精度的螺纹，当螺纹的公称直径≥1.4mm 且公差带代号为 5H 和 6h，以及当公称直径≥1.6mm 公差带代号为 6H 和 6g 时，公差带代号不标注。

④ 旋合长度代号。表示内、外螺纹的旋合长度。螺纹的旋合长度分短、中、长三组，分别用 S、N、L 表示，中等旋合长度组的螺纹不标注旋合长度代号 N。

⑤ 旋向代号。表示螺纹的旋向。左旋螺纹标注 LH，右旋螺纹不标注旋向代号。

表 8-1　螺纹的种类代号与标注

螺纹类别	外形图	螺纹种类代号	标注形式	标记内容	标注要点说明
连接螺纹　粗牙普通螺纹	（60°）	M	M12-5g6g-S	M12-5g6g-S：短旋合长度代号；外螺纹中径和顶径（大径）公差带代号；公称直径（大径）；螺纹特征代号	①粗牙螺纹不注螺距，细牙螺纹标注螺距；②右旋不标，左旋以"LH"表示（各种螺纹皆如此）；③中径、顶径公差带代号相同时，只注一个公差带代号；④中等旋合长度不注；⑤螺纹标记应直接注在大径的尺寸线或延长线上；⑥若螺纹的直径≥1.6mm，公差带代号为6H、6g时，可略省不标注
细牙普通螺纹	（60°）	M	M20×2-7H-LH	M20×2-7H-LH：左旋；内螺纹中径和顶径（小径）公差带代号；螺距；公称直径（大径）；螺纹特征代号	
55° 非螺纹密封的管螺纹	（55°）	G	G1A / G1	G 1 A：外螺纹公差等级代号；尺寸代号；螺纹特征代号	①非螺纹密封的管螺纹，其内、外螺纹都是圆柱管螺纹；②外螺纹的公差等级代号为 A、B 两级，内螺纹的公差级仅一种，不标注
55° 用螺纹密封的管螺纹	（55°，1:16）	Rc　Rp　R_1　R_2	$R_2$1/2 / Rc1/2	R_2 1/2：尺寸代号；螺纹特征代号	Rc——圆锥内螺纹；Rp——圆柱内螺纹；R_1——与 Rp 相配圆柱外螺纹；R_2——与 Rc 相配圆锥外螺纹

续表

螺纹类别		外形图	螺纹种类代号	标注形式	标记内容	标注要点说明
连接螺纹	60°圆锥管螺纹	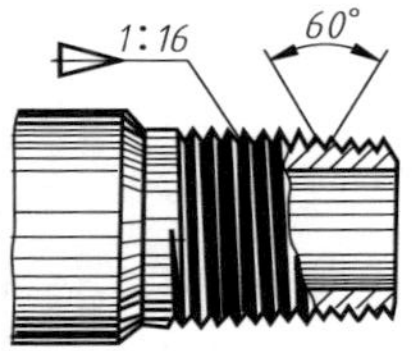 60° 1:16	NPT	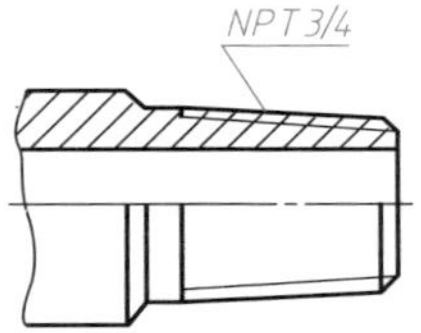 NPT 3/4	NPT 3/4 └ 尺寸代号 └ 螺纹特征代号	
传动螺纹	梯形螺纹	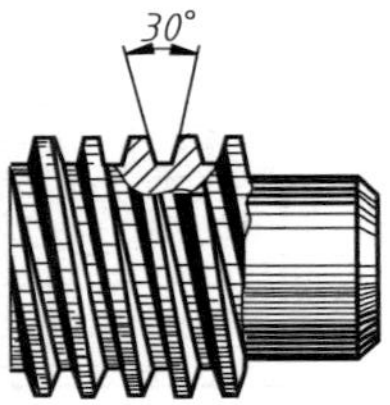 30°	Tr	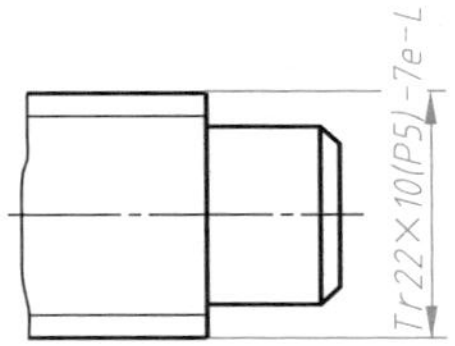 Tr22×10(P5)-7e-L	Tr22×10(P5)-7e-L └ 长旋合长度代号 └ 外螺纹中径公差带代号 └ 螺距 └ 导程 └ 公称直径（大径） └ 螺纹特征代号	① 只标注中径公差带代号； ② 旋合长度只有中等旋合长度（N）和长旋合长度（L）两组，中等旋合长度规定不标注； ③ 梯形螺纹的螺距或导程须标注
传动螺纹	锯齿形螺纹	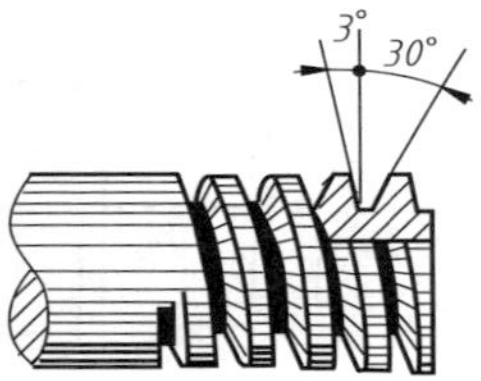 3° 30°	B	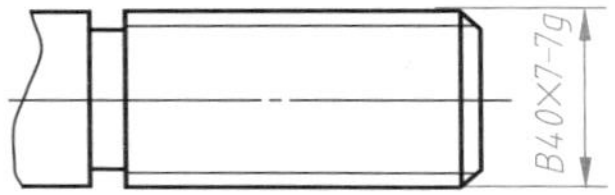 B40×7-7g	B40×7-7g └ 中径公差带代号 └ 螺距 └ 公称直径 └ 锯齿形螺纹	① 只能传递单向力； ② 其它情况同梯形螺纹

（2）梯形螺纹和锯齿形螺纹的标注

梯形螺纹和锯齿形螺纹的标注内容相同，均按下列顺序书写：

$$\boxed{螺纹特征代号}\quad\boxed{尺寸代号}\quad\boxed{旋向}\text{-}\boxed{公差带代号}\text{-}\boxed{旋合长度代号}$$

① 螺纹特征代号。梯形螺纹的牙型代号为"Tr"，锯齿形螺纹的牙型代号为"B"。

② 尺寸代号。包括公称直径、导程和螺距。公称直径与导程之间用"×"分开，螺距代号 P 和螺距数值用圆括号括上，单线螺纹省略括号部分，用"公称直径×导程"表示；多线螺纹用"公称直径×导程（P 螺距）"表示。

③ 公差带代号。梯形螺纹和锯齿形螺纹的公差带代号只标注中径公差带代号。

（3）管螺纹的标注

① 非螺纹密封管螺纹。非螺纹密封管螺纹标记的内容及格式为：

$$\boxed{螺纹特征代号}\quad\boxed{尺寸代号}\quad\boxed{公差等级代号}\text{-}\boxed{旋向代号}$$

55°非螺纹密封管螺纹的螺纹特征代号为"G"；尺寸代号用阿拉伯数字表示，单位是英寸；公差等级代号，外螺纹分 A、B 两级，内螺纹公差等级只有一种，不用标记。

② 用螺纹密封管螺纹。用螺纹密封管螺纹标记的内容和格式为：

$$\boxed{螺纹特征代号}\quad\boxed{尺寸代号}\text{-}\boxed{旋向代号}$$

a. 55°用螺纹密封的管螺纹包括圆锥内螺纹（代号为 Rc）与圆锥外螺纹（代号为 R_2）、圆柱内螺纹（代号为 Rp）与圆锥外螺纹（代号为 R_1）两种连接方式，这两种连接方式的螺纹副（内外螺纹装配在一起）本身具有一定的密封能力。

b. 60°圆锥管螺纹的特征代号为"NPT"。

应注意：各种管螺纹的尺寸代号不是指螺纹的大径尺寸，其数值与管子的孔径相近，作图时可根据尺寸代号在附表 3 中查取相应的尺寸。

当螺纹为左旋时，须标出"LH"；右旋不标。

管螺纹在标注时，应以指引线的形式标注，且指引线应用细实线从大径引出。如表 8-1 中对应的标注示例。

国家标准规定，公称直径以 mm 为单位的螺纹，其标记应直接标注在大径的尺寸线或其延长线上；管螺纹，其标记一律标注在引出线上，引出线应由大径处引出或由对称中心线处引出，见表 8-1 中的图例。

（4）特殊螺纹的标注

标注特殊螺纹的螺纹代号时，应在特征代号前面加"特"字，如图 8-14 所示。

（5）非标准螺纹的标注

非标准螺纹，可按规定画法画出，但必须画出牙型，并注出所需的尺寸及有关要求，如图 8-15 所示。

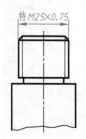

图 8-14　特殊螺纹的标注

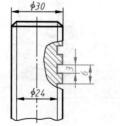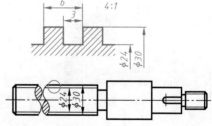

图 8-15　非标准螺纹的标注

8.2　螺纹紧固件及其连接画法

螺纹紧固件属于标准件，其种类很多，常用的有螺栓、双头螺柱、螺钉、螺母、垫圈等，如图 8-16 所示。

(a) 六角头螺栓　(b) 开槽圆柱头螺钉　(c) 内六角圆柱头螺钉　(d) 开槽沉头螺钉　(e) 开槽锥端紧定螺钉

(f) 双头螺柱　　　(g) 六角螺母　　　(h) 六角开槽螺母　　　(i) 平垫圈　　　(j) 弹簧垫圈

图 8-16　常用的螺纹紧固件

8.2.1　螺纹紧固件的标记

螺纹紧固件均属于标准件，一般无需画出它们的零件图，只需按规定进行标记，根据标记从有关标准中可查到它们的结构形式和尺寸。

螺纹紧固件的规定标记为：

名称　标准编号　螺纹规格尺寸-性能等级及表面热处理

标记的简化原则：

① 采用现行标准规定的各螺纹紧固件时，国家标准编号中的年代号允许省略。

② 当性能等级或硬度是标准规定的常用等级时，可以省略不注明，在其它情况下应注明。

③ 当写出了螺纹紧固件的国家标准编号后，不仅可以省略年号，还可省略螺纹紧固件的名称。

常见螺纹紧固件及标记见表 8-2。

表 8-2　常见螺纹紧固件及标记示例

名称及视图	标准编号及标记示例	名称及视图	标准编号及标记示例
六角头螺栓 A 级和 B 级	GB/T 5782—2016 螺栓 GB/T 5782 M12×50	开槽圆柱头螺钉	GB/T 65—2016 螺钉 GB/T 65　M10×50
内六角圆柱头螺钉	GB/T 70.1—2008 螺钉 GB/T 70.1　M10×40	开槽沉头螺钉	GB/T 68—2016 螺钉 GB/T 68　M10×40

续表

名称及视图	标准编号及标记示例	名称及视图	标准编号及标记示例
开槽锥端紧定螺钉	GB/T 71—2018 螺钉 GB/T 71　M10×50	双头螺柱(b_m＝1.25d)	GB/T 897～900—1988 螺柱 GB/T 898　M12×50
Ⅰ型六角开槽螺母	GB/T 6179—1986 螺母 GB/T 6179　M16	Ⅰ型六角螺母	GB/T 6170—2015 螺母 GB/T 6170　M16
平垫圈 A 级	GB/T 97.1—2002 垫圈　GB/T 97.1　16-140HV	弹簧垫圈	GB/T 93—1987 垫圈　GB/T 93　12

8.2.2　螺纹紧固件的连接画法

螺纹紧固件的连接主要形式有：螺栓连接、螺柱连接和螺钉连接三种。画螺纹紧固件连接图时，应遵守下述基本规定。

① 两零件接触表面只画一条线；不接触的相邻表面，不论其间距大小均应画两条线。

② 剖视图中，不同零件的剖面线方向应相反，或者方向一致，间距不等；但同一零件的剖面线在各剖视图中应同方向、同间距。

③ 对于标准件和实心件（如螺栓、螺钉、螺柱、螺母、垫圈、键、销、球及轴等），若剖切平面通过它们的轴线时，则这些零件都按不剖绘制，需要时可采用局部剖视。

（1）螺栓连接

螺栓连接用于连接两个较薄但连接力较大的零件。连接时，被连接的两零件上要钻出光孔，通常光孔直径略大于螺纹的公称直径，一般约等于 1.1d，将螺栓穿入两零件的通孔，在螺杆的一端套上垫圈，再拧紧螺母使之紧固，如图 8-17（a）所示。

画螺栓连接图时，应根据紧固件的标记，按其相应标准的各部分尺寸绘制。但为了方便作图，通常将各部分的尺寸按螺栓大径 d 的比例关系近似地画出。但应注意：按比例关系计算出的画图尺寸，不能作为螺栓的尺寸进行标注，应查表确定。

螺栓的公称长度 l 的确定，则应根据被连接两零件的厚度 t_1、t_2 和查出螺母厚度 m、垫圈厚度 h 等值来确定，即：$l=t_1+t_2+h+m+a$ ［一般取 $a=$（0.2～0.4）d］。计算出 l 后，再从螺栓的标准长度系列中选取与 l 相近的标准值，即为螺栓的公称长度。

（2）双头螺柱连接

如图 8-18（a）所示，双头螺柱连接适用于被连接的两个零件中有一件较厚，或由于结构上的限制不宜采用螺栓连接的情况。通常在较厚的零件上做出螺纹孔，在另一较薄的零件上做出通孔，连接时先将双头螺柱的旋入端 b_m 全部旋入被连接零件的螺孔中，然后将另一个零件的通孔套在双头螺柱上，再套上垫圈，旋紧螺母，即可将两零件连接起来。

应注意，双头螺柱的旋入端应画成全部旋入螺孔内，即旋入端的螺纹终止线与两个被连接件的接触面画成一条线。螺孔的深度应大于旋入端的螺纹长度 b_m，一般螺孔的深度可取（b_m＋0.5d），而钻孔深度则可取为（b_m＋d）。

双头螺柱的公称长度 l 按下列公式计算，然后选用近似的标准长度。

$$l=t+h+m+a$$

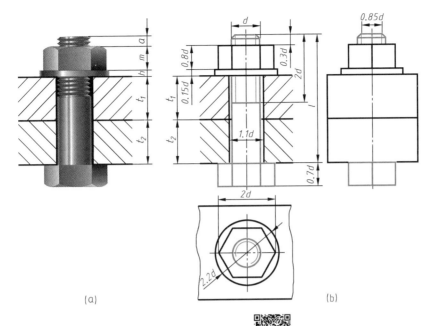

(a) (b)

图 8-17　螺栓连接

双头螺柱旋入端 b_m 由被旋入零件材料的强度确定，因此有相应的国家标准规定：

零件材料是钢或青铜时：$b_m = 1d$ （GB/T 897—1988）；

零件材料是铸铁时：$b_m = 1.25d$ （GB/T 898—1988）；

零件材料强度在铸铁与铝之间时：$b_m = 1.5d$ （GB/T 899—1988）；

零件材料是纯铝时：$b_m = 2d$ （GB/T 900—1988）。

当使用弹簧垫圈时，其开口方向应向左倾斜 15°，如图 8-18（c）所示。

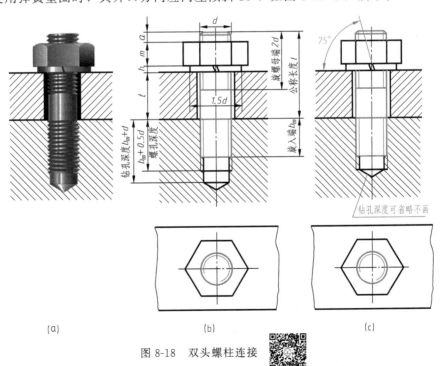

(a) (b) (c)

图 8-18　双头螺柱连接

机械制图 第二版

(3) 螺钉连接

螺钉连接常用于受力不大且又常拆卸的场合。将螺钉穿过被连接零件的通孔，再旋入到另一被连接零件的螺纹孔内 [图 8-19（a）]，即可将两零件连接起来。

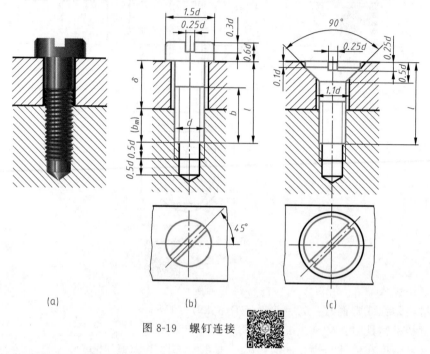

（a）　　　　　（b）　　　　　（c）

图 8-19　螺钉连接

螺钉的公称长度的确定与螺栓、双头螺柱的确定方法类似，先近似计算 $l = \delta + b_m$，再选用标准系列长度。

画螺钉连接图时，可按图 8-19 所示的比例关系近似地画出。在俯视图中，螺钉槽画成向右倾斜 45°方向。当槽宽≤2mm 时可涂黑，在主、左视图中开槽位置对称地画在轴线处。

用紧定螺钉连接时，其画法如图 8-20 所示。

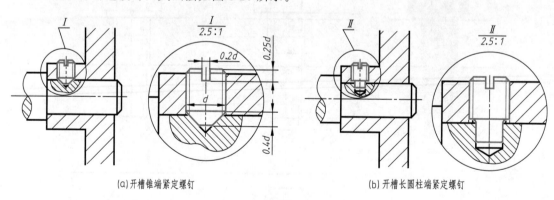

（a）开槽锥端紧定螺钉　　　　　　　　　（b）开槽长圆柱端紧定螺钉

图 8-20　紧定螺钉连接

8.3　键连接

键是标准件，用来连接轴和装在轴上的传动零件（如齿轮、带轮等），起传递扭矩的作用，是一种可拆卸连接，如图 8-21 所示。

178

键的种类很多，本节仅介绍常用的普通平键与花键两种。

8.3.1　常用键连接

(1) 常用键的种类和标记

常用的键有普通平键、半圆键和钩头楔键等，如图 8-22 所示。普通平键形式有：A（双圆头）、B（方头）、C（单圆头）三种。A 型键标记时可省略 "A" 字。其结构形式、尺寸均有规定，可参见附表 15。下面标记示例中，b、h、L 分别表示键的宽度、高度和长度，其尺寸都是从相应标准中查出的。

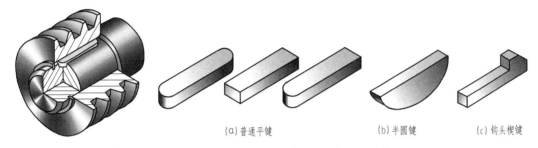

图 8-21　键连接

(a)普通平键　　(b)半圆键　　(c)钩头楔键

图 8-22　常用的几种键

① GB/T 1096 键 $18 \times 11 \times 100$，表示普通平键，宽 $b = 18$mm，高 $h = 11$mm，长 $L = 100$mm。

② GB/T 1099.1 键 $6 \times 10 \times 25$，表示半圆键，宽 $b = 6$mm，高 $h = 10$mm，长 $L = 25$mm。

③ GB/T 1565 键 18×100，表示钩头楔键，宽 $b = 18$mm，高 $h = 11$mm，长 $L = 100$mm。

(2) 键槽的加工方式

轮毂上的键槽常用插刀加工，如图 8-23（a）所示，轴上的键槽常用铣刀铣削而成，如图 8-23（b）所示。

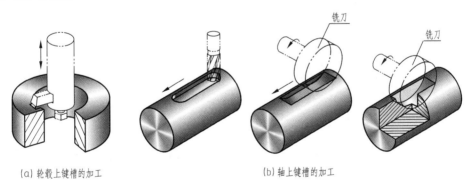

(a)轮毂上键槽的加工　　　　(b)轴上键槽的加工

图 8-23　键槽的加工方式

(3) 常用键连接的画法

键是标准件，不必画出其零件图，但需画出与键相配的零件上的键槽和键连接的装配图。普通平键的键连接及轴、轮毂上键槽的画法和尺寸注法，如图 8-24（a）、（b）所示。

在普通平键的连接画法中，轴上键槽常用局部剖视表示，键槽深度和宽度尺寸应注在断面图中，图中的 b、t_1、t_2 可按轴的直径从附表 16 中查出，L 根据设计要求查附表 15 确定。

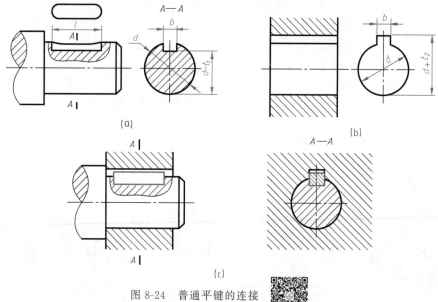

(a)　　　　　　　　　　　　　　　　　　　(b)

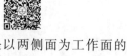

图 8-24　普通平键的连接

如图 8-24 和图 8-25 所示，普通平键和半圆键都是以两侧面为工作面的，键的两个侧面与轴和轮毂上的键槽两侧面接触，键的底面与轴上键槽的底面接触，故均画一条线；键的顶面为非工作面，与轮毂有间隙，故应画成两条线；当对键进行纵向剖切时，键按不剖绘制；当对键进行横向剖切时，则要画上剖面线。

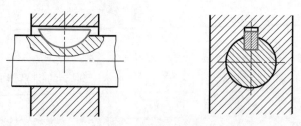

图 8-25　半圆键的连接

如图 8-26 所示，钩头楔键的顶面有 1：100 的斜度，装配时将键打入键槽中，靠键与键槽上下两面的摩擦力连接，其上下面为工作面，各画一条线。键的两侧面为非工作面，与轮毂有间隙，故应画成两条线。

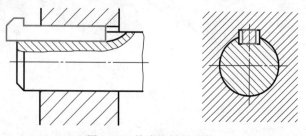

图 8-26　钩头楔键的连接

8.3.2　花键连接

如图 8-27 所示，花键常与轴制成一体，称为花键轴。它与轮上的花键孔连接，其连接较可靠，对中性好，且能传递较大的动力。

花键的齿形有矩形、三角形、渐开线形等，其中矩形花键应用最广，它的结构和尺寸都已标准化，可查阅相关的国际标准。

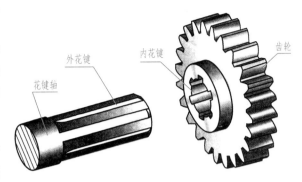

图 8-27　花键轴和花键孔

（1）外花键的画法

如图 8-28 所示，在与花键轴线平行的视图上，大径用粗实线、小径用细实线绘制；在断面图中画出部分或全部齿形。外花键工作长度的终止端和尾部长度的末端均用细实线绘制，并与轴线垂直，尾部则画成斜线，倾斜角度一般与轴线成 30°，必要时按实际情况画出。

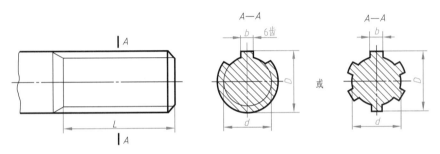

图 8-28　矩形外花键的画法和尺寸标注

（2）内花键的画法

如图 8-29 所示，在与花键轴线平行的剖视图上，大径和小径均用粗实线绘制，并用局部视图画出部分或全部齿形。

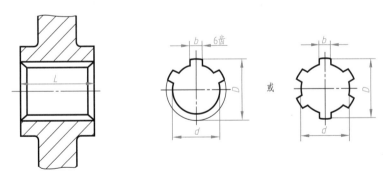

图 8-29　矩形内花键的画法和尺寸标注

（3）内、外花键连接的画法

矩形内、外花键连接的剖视图中，其连接部分按外花键绘制，画法如图 8-30 所示。

（4）花键的标注

花键的标注方法有两种：

方法一：分别标出 z、d、D、b，为花键的齿数、小径、大径和齿宽，如图 8-28、图 8-29 所示。

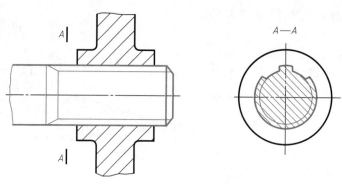

图 8-30   矩形花键连接的画法

方法二：用指引线引出标注，其标记形式为：

$$型号\quad z \times d \times D \times b\quad 国家标准代号$$

矩形花键的图形符号为⊓，渐开线花键的图形符号为⋀。

以矩形花键为例：

外花键：⊓ 6×23H7×26H10×6H11   GB/T 1144—2001

内花键：⊓ 6×23f7×26a11×6d10   GB/T 1144—2001

花键连接：⊓ 6×23H7/f7×26H10/a11×6H11/d10   GB/T 1144—2001

8.4   销连接

销在机械传动中主要起定位连接作用。常用的有圆柱销、圆锥销、开口销等。如图 8-31 所示。

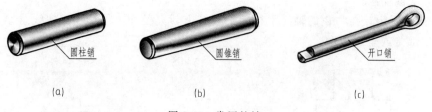

圆柱销   圆锥销   开口销

(a)   (b)   (c)

图 8-31   常用的销

8.4.1   圆柱销和圆锥销

圆柱销用于不常拆卸的场合；而圆锥销多用于经常拆卸的场合。

(1) 销的标记

销也是标准件，其结构和尺寸可查阅附表 17、18、19。

现以圆柱销为例说明销的标记形式。如圆柱销公称直径 $d=8mm$、长度 $L=30mm$、材料为 35 钢，热处理硬度 28～38HRC，经表面氧化处理的 A 型圆柱销的标记为：

$$销\ GB/T\ 119.1—2000\quad A8 \times 30$$

圆锥销的公称直径指其小端直径，其锥度为 1∶50。

(2) 销连接的画法

圆柱销和圆锥销在零件定位、连接时，为了保证精度，应将两零件的位置调整准确后，同时加工，用钻头先钻孔，再绞孔，故在零件图中，除了用指引线标注销孔的尺寸外，还要注"配作"，说明其加工情况，锥销孔的直径前要加注"锥销孔"。如图 8-32、图 8-33 所示。

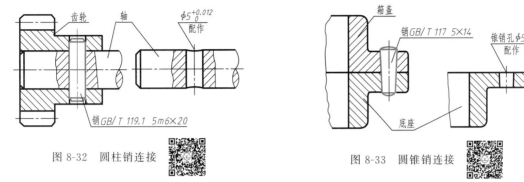

图 8-32　圆柱销连接　　　　　　　　　　　　　图 8-33　圆锥销连接

销作为实心件，当剖切平面通过销的轴线时，仍按外形画出；垂直于轴线剖切时，应画上剖面符号。画轴上的销连接时，轴常采用局部剖，以表示销和轴之间的配合关系，如图 8-32 所示。

8.4.2　开口销

开口销［图 8-31（c）］用来防止连接螺母松动或固定其它零件。在螺栓连接中，为防止螺母松动，可采用一种带孔螺栓，如图 8-34 所示，并配六角开槽螺母，然后用开口销穿过螺母的槽和螺栓的销孔，最后将开口销的长、短两尾扳开固定，使螺母和螺栓不能相对转动，从而起到防松的作用，如图 8-35 开口销的连接图。

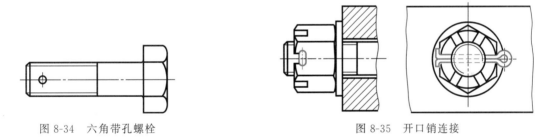

图 8-34　六角带孔螺栓　　　　　　　　　　　　图 8-35　开口销连接

8.5　滚动轴承

支承轴的零件称为轴承。轴承分为滑动轴承和滚动轴承。滚动轴承是用以支承旋转轴并承受轴上载荷的标准组件，由于具有摩擦力小、结构紧凑等优点，被广泛应用于机械、仪表和设备。

8.5.1　滚动轴承的结构和分类

滚动轴承的种类很多，但结构大体相同，一般由外圈、内圈、滚动体和保持架（也叫隔离罩）组成，如图 8-36 所示。

滚动轴承按承受载荷的方向可分为三类：

① 向心轴承。主要承受径向载荷，如深沟球轴承［图 8-36（a）］。

② 推力轴承。仅能承受轴向载荷，如推力球轴承［图 8-36（b）］。

③ 向心推力轴承。能同时承受径向载荷和轴向载荷，如圆锥滚子轴承［图 8-36（c）］。

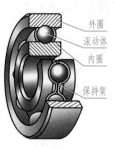

(a)深沟球轴承

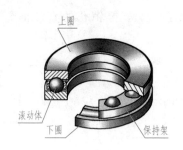

(b)推力球轴承

(c)圆锥滚子轴承

图 8-36　滚动轴承

8.5.2　滚动轴承的代号

滚动轴承是标准组件，其种类繁多，为了方便选用，常用代号表示。滚动轴承的代号由基本代号、前置代号和后置代号构成。当轴承的结构形状、尺寸、公差、技术要求等有改变时，用前置代号和后置代号补充基本代号。基本代号由轴承类型代号、尺寸系列代号和内径代号等一组数字表示。

（1）内径代号

基本代号中右起第一、二位数字为内径代号。代号数字为 00、01、02、03 时，表示轴承内径 $d=10$、12、15、17mm；代号数字为 04 以上时，一般轴承内径为代号数字乘以 5 所得数字。

（2）尺寸系列代号

基本代号中右起第三位数字为直径系列代号，以区分结构、内径相同而外径不同的轴承。右起第四位数字为宽度系列代号，以区分内、外径相同而宽度（高度）不同的轴承。直径系列代号和宽度系列代号统称为尺寸系列代号。对深沟球轴承，当宽度系列代号为 0 时，可省略 0。

（3）类型代号

基本代号中右起第五位数字为类型代号，深沟球轴承的类型代号为 6，推力球轴承的类型代号为 5，圆锥滚子轴承的类型代号为 3。详见附表 20、附表 21、附表 22。

【例 8-1】　轴承代号为 6210　6 表示其类型为深沟球轴承，内径 $d=10×5=50$mm，尺寸系列代号为 02，其中宽度系列代号 0 省略。

【例 8-2】　轴承代号为 51203　5 表示其类型为推力球轴承，内径代号 03 表示内径 $d=17$mm，尺寸系列代号为 12。

【例 8-3】　轴承代号为 32214　3 表示其类型为圆锥滚子轴承，内径 $d=14×5=70$mm，尺寸系列代号为 22。

8.5.3　滚动轴承的画法

为了在图样中清晰、简便地表示滚动轴承，国家标准中规定了滚动轴承的三种画法，即规定画法、特征画法和通用画法。常用滚动轴承的画法见表 8-3，其各部尺寸可根据轴承代号查阅相关标准。

① 规定画法。必要时，在滚动轴承的产品图样、样本及其标准中，采用规定画法表示滚动轴承。在剖视图中，轴承滚动体不画剖面线，其内外圈可画成方向和间隔相同的剖面线；在不致引起误解时，也允许省略不画。

② 特征画法。在剖视图中，当需要较形象地表示滚动轴承的结构特征时，可用矩形线框及其结构要素符号表示滚动轴承。

③ 通用画法。在剖视图中，当不需要确切表示滚动轴承的外形轮廓、载荷特征、结构特征时，可用矩形线框及其中央的十字形符号表示滚动轴承。

画轴承时，规定画法一般绘制在轴的一侧，另一侧按通用画法绘制。通用画法和特征画法应绘制在轴的两侧。矩形线框、符号和轮廓线均用粗实线绘制。

表 8-3　滚动轴承的画法

名称和标准号	查表主要数据	画　　法	
		规定画法和通用画法	特征画法
深沟球轴承 GB/T 276—2013 （60000 型）	D、d、B	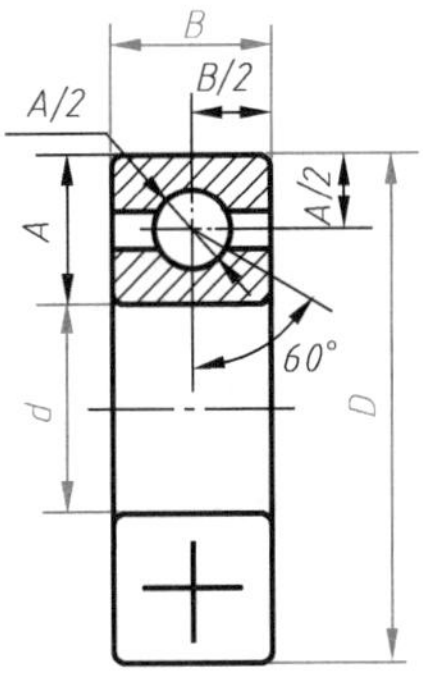	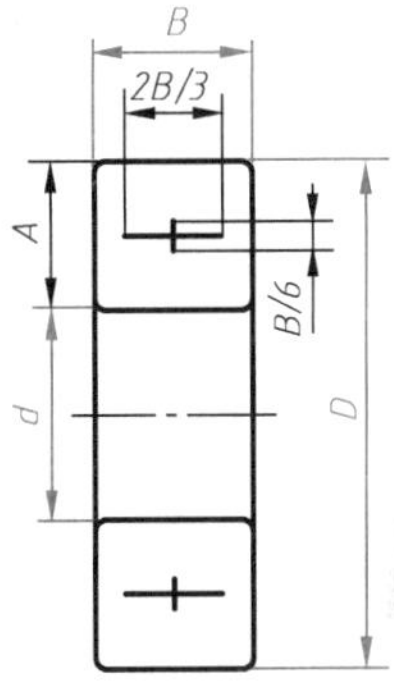
圆锥滚子轴承 GB/T 297—2015 （30000 型）	D、d、B、T、C	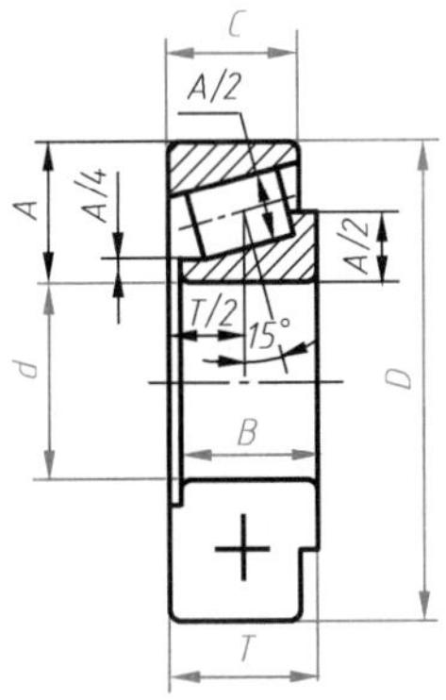	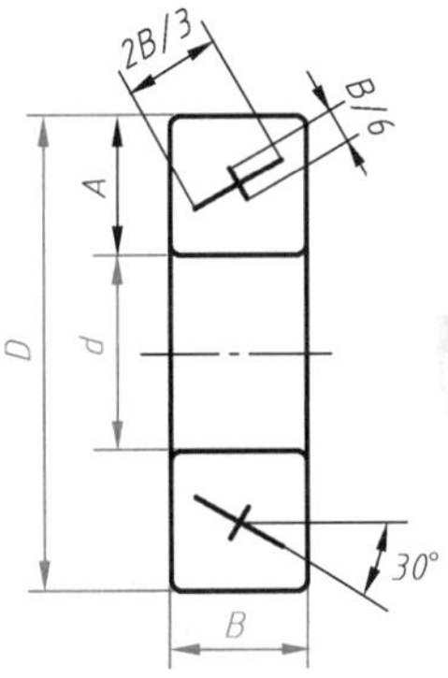
推力球轴承 GB/T 301—2015 （51000 型）	D、d、T	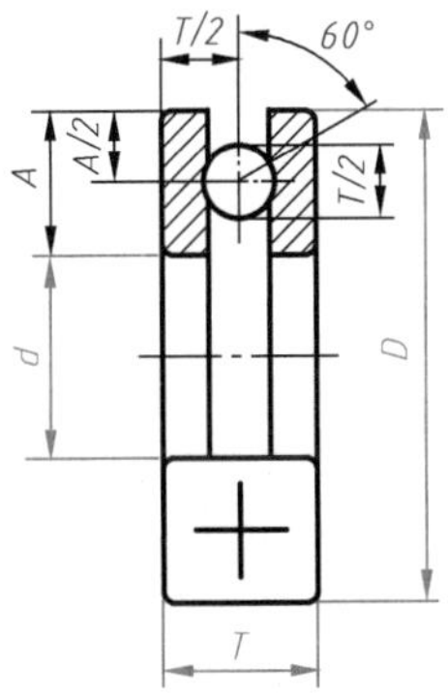	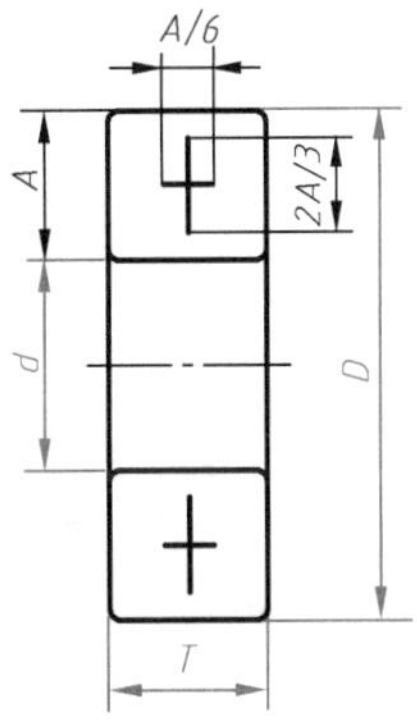

8.6 齿轮

齿轮是机械设备中常用的传动零件，它不仅能传递运动和动力，并且还能改变转速和旋转方向。

常见的齿轮传动形式有三种。

① 圆柱齿轮传动。通常用于平行轴之间的传动 [图 8-37（a）]；

② 锥齿轮传动。用于相交两轴之间的传动 [图 8-37（b）]；

③ 蜗轮蜗杆传动。用于交叉两轴之间的传动 [图 8-37（c）]。

(a) 圆柱齿轮传动　　　　　(b) 圆锥齿轮传动　　　　　(c) 蜗轮蜗杆传动

图 8-37　常见的齿轮传动

8.6.1　圆柱齿轮

圆柱齿轮的轮齿有直齿、斜齿和人字齿等，如图 8-38 所示。本节主要介绍直齿圆柱齿轮的有关知识与规定画法。

(a) 直齿轮　　　　　　(b) 斜齿轮　　　　　　(c) 人字齿轮

图 8-38　圆柱齿轮

（1）直齿圆柱齿轮各部分的名称及尺寸计算

直齿圆柱齿轮各部分的名称及代号（图 8-39）如下。

① 齿数。齿轮上轮齿的个数，用 z 表示。

② 齿顶圆。通过齿轮齿顶的圆，其直径用 d_a 表示。

③ 齿根圆。通过齿轮齿根的圆，其直径用 d_f 表示。

④ 分度圆。齿顶圆和齿根圆之间的假想圆，它是设计、制造齿轮的基准圆，其直径用 d 表示。

⑤ 节圆。当两齿轮啮合时，齿轮的齿廓在两中心线 O_1O_2 上的啮合接触点 C 称为节

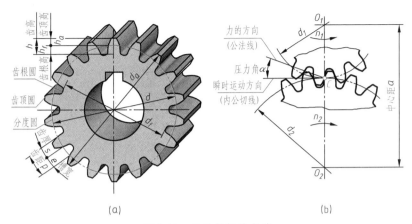

图 8-39　齿轮各部分名称

点，过节点 C 以 O_1C 和 O_2C 为半径的两个圆称为节圆，节圆直径用 d' 表示。一对安装准确的标准齿轮，其节圆和分度圆重合。

⑥ 齿顶高。分度圆到齿顶圆的径向距离，称为齿顶高，用 h_a 表示。

⑦ 齿根高。分度圆到齿根圆的径向距离，称为齿根高，用 h_f 表示。

⑧ 齿高。齿顶圆与齿根圆之间的径向距离，用 h 表示。对于标准齿轮，$h = h_a + h_f$。

⑨ 齿距。分度圆上相邻两齿廓上对应点之间的弧长，称为齿距，用 p 表示。齿距由齿厚 s 和槽宽 e 组成，$p = s + e$。标准齿轮在该圆上齿厚 s 和槽宽 e 相等。

⑩ 中心距。两啮合齿轮轴线之间的距离，称为中心距，用 a 表示。$a = (d_1 + d_2)/2$。

⑪ 模数。当齿轮的齿数为 z 时，齿轮的分度圆周长 $\pi d = zp$，则 $d = zp/\pi$，为方便计算，令 $m = p/\pi$，称 m 为模数，单位为 mm，则 $d = mz$。模数的数值已标准化，如表 8-4 所示。

表 8-4　圆柱齿轮模数

第一系列	1,1.25,1.5,2,2.5,3,4,5,6,8,10,12,16,20,25,32,40,50
第二系列	1.75,2.25,2.75,(3.25),3.5,(3.75),4.5,5,(6.5),7,9,(11),14,18,22,28,36,45

注：优先采用第一系列，其次是第二系列，括号内的模数尽量不用。

模数是设计、制造齿轮的重要参数。由于 $m = p/\pi$，若 m 越大，则齿距 p 大，齿厚 s 也大，能传递的力矩也大。齿轮的模数不同，其轮齿的大小也不同，加工时应选用对应模数的刀具。

⑫ 压力角。一对啮合齿轮的齿廓受力方向与齿轮瞬时运动方向的夹角，称为压力角，用 α 表示。标准齿轮的压力角为 $20°$。

当齿轮的基本参数 z、m 确定之后，标准直齿圆柱齿轮各部分的尺寸计算，如表 8-5 所示。

表 8-5　直齿圆柱齿轮各部分尺寸的计算公式

名称及代号	公式	名称及代号	公式
模数 m	$m = p/\pi = d/z$	齿顶圆直径 d_a	$d_a = d + 2h_a = m(z+2)$
分度圆直径 d	$d = mz$	齿根圆直径 d_f	$d_f = d - 2h_f = m(z-2.5)$
齿顶高 h_a	$h_a = m$	齿距 p	$p = \pi m$
齿根高 h_f	$h_f = 1.25m$	齿厚 s、齿间 e	$s = e = p/2$
齿高 h	$h = h_a + h_f = 2.25m$	中心矩 a	$a = (d_1 + d_2)/2 = m(z_1 + z_2)/2$

（2）圆柱齿轮的规定画法

① 单个齿轮的规定画法。

a. 在投影为圆的视图中，齿顶圆用粗实线，齿根圆用细实线或省略不画，分度圆用细点画线画出，如图8-40（a）所示。在剖视图中，用粗实线表示齿顶线和齿根线，用细点画线表示分度线，而轮齿按不剖处理，如图8-40（c）所示。若不画成剖视图，则齿根线可省略不画或用细实线画出，如图8-40（b）所示。

b. 当齿轮为斜齿或人字齿时，应画成半剖视或局部剖视图，在外形视图部分用三条与齿线方向一致的细实线表示齿线的特征，如图8-40（d）斜齿轮所示。

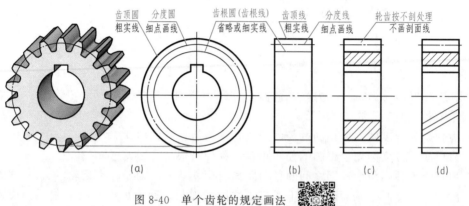

图8-40　单个齿轮的规定画法

② 两齿轮啮合的规定画法。画啮合图时，啮合区外按单个齿轮的画法绘制，啮合区内按以下规定绘制。

a. 在剖视图中，啮合区两轮齿的节线重合，用点画线绘制；两轮齿的齿根线均画成粗实线，一条齿顶线画成粗实线，另一条齿顶线被遮挡，画成虚线或省略不画［图8-41（a）］。

b. 在投影为圆的视图中，啮合区内两轮齿的齿顶圆均用粗实线绘制［图8-41（a）］，两节圆投影相切，用点画线圆表示。啮合区的齿顶圆粗实线也可省略不画［图8-41（b）］。

c. 若不做剖视，啮合区内齿顶线省略，仅画一条粗实线表示节线［图8-41（c）］。

注意：齿顶和齿根之间有$0.25m$的间隙，如图8-42所示。

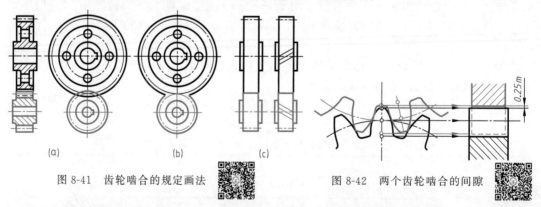

图8-41　齿轮啮合的规定画法　　　　图8-42　两个齿轮啮合的间隙

③ 齿轮与齿条啮合的画法。如图8-43所示，当某个齿轮的直径无限增大时，其齿顶圆、齿根圆和齿廓曲线都近似成直线，即齿轮变为齿条。其中，齿轮作旋转运动，齿条做直线运动，二者的啮合条件为模数和压力角均相同。齿轮与齿条啮合的画法基本与齿轮啮合画法相同。

④ 圆柱齿轮的零件图。图8-44所示为直齿圆柱齿轮的零件图。

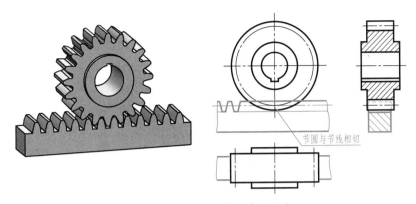

图 8-43　齿轮与齿条啮合的画法

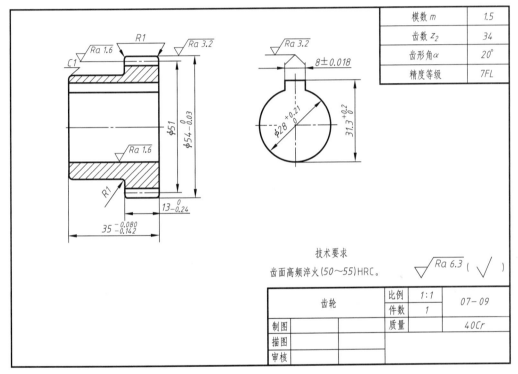

模数 m	1.5
齿数 z_2	34
齿形角 α	20°
精度等级	7FL

技术要求

齿面高频淬火(50～55)HRC。

$\sqrt{\dfrac{Ra\ 6.3}{}}$ ($\sqrt{\ }$)

齿轮		比例	1:1	07-09
		件数	1	
制图		质量		40Cr
描图				
审核				

图 8-44　直齿圆柱齿轮的零件图

8.6.2　锥齿轮简介

(1) 锥齿轮各部分的名称及尺寸计算

图 8-45 所示为锥齿轮的各部分名称及代号。由于锥齿轮的轮齿加工在圆锥面上进行，轮齿沿圆锥素线方向的大小不同，其模数、齿高、齿厚也随之变化，因此，通常以大端的模数作为标准模数来进行各部分的尺寸计算，如表 8-6 所示。

(2) 锥齿轮的规定画法

① 单个锥齿轮的画法。如图 8-46 所示，在投影为圆的视图中，用粗实线画出大端和小端的齿顶圆，用点画线画出大端分度圆，大、小端齿根圆及小端分度圆均省略不画；在剖视图中，用粗实线表示齿顶线和齿根线，用细点画线表示分度线，而轮齿按不剖处理。若不画成剖视图，则齿根线可省略不画。除轮齿按上述规定画法绘制外，其余部分按投影规律绘制。

189

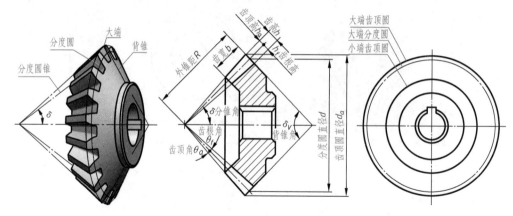

图 8-45 锥齿轮各部分名称

表 8-6 锥齿轮各部分尺寸的计算公式

名称及代号	公式	名称及代号	公式
分度圆直径 d	$d=mz$	分度圆锥角 δ_1	$\mathrm{Tan}\delta_1=z_1/z_2$
齿顶高 h_a	$h_a=m$	分度圆锥角 δ_2	$\mathrm{Tan}\delta_2=z_2/z_1$
齿根高 h_f	$h_f=1.2m$	外锥距 R	$R=mz/\sin\delta$
齿高 h	$h=h_a+h_f=2.2m$	齿顶角 θ_a	$\mathrm{Tan}\theta_a=2\sin\delta/z$
齿顶圆直径 d_a	$d_a=d+2h_a=m(z+2\cos\delta)$	齿顶角 θ_f	$\mathrm{Tan}\theta_f=2.4\sin\delta/z$
齿根圆直径 d_f	$d_f=d-2h_f=m(z-2.4\cos\delta)$	齿宽 b	$b=(0.2\sim0.35)R$

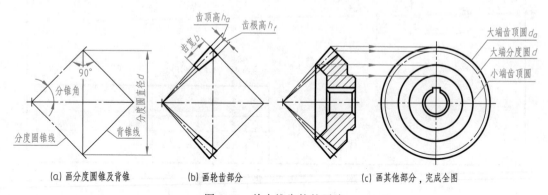

(a) 画分度圆锥及背锥　　(b) 画轮齿部分　　(c) 画其他部分，完成全图

图 8-46 单个锥齿轮的画法

② 锥齿轮啮合的画法。画啮合图时，啮合区外按单个锥齿轮的画法绘制，啮合区内按以下规定绘制。

a. 在剖视图中，啮合区的画法与圆柱齿轮相同。若不做剖视，啮合区内用粗实线绘制节锥线即可，如图 8-47 所示。

b. 在投影为圆的视图中，两齿轮的节圆投影相切，被遮挡部分省略不画。

③ 锥齿轮的零件图。图 8-48 所示为锥齿轮的零件图。

8.6.3 蜗轮蜗杆简介

蜗轮、蜗杆具有结构紧凑、传动平稳、传动比大等优点，但传动效率低。蜗杆为主动，蜗轮为从动，用于减速运动。

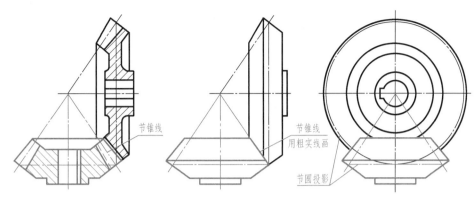

图 8-47　锥齿轮啮合的画法

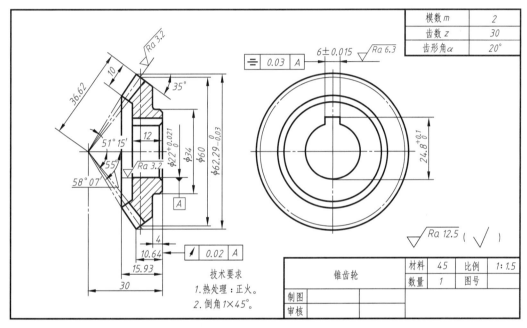

模数 m	2
齿数 z	30
齿形角 α	20°

	锥齿轮	材料	45	比例	1:1.5
		数量	1	图号	
制图					
审核					

技术要求
1.热处理：正火。
2.倒角1×45°。

图 8-48　锥齿轮的零件图

蜗杆的头数相当于螺杆螺纹的线数，常用单头和双头。蜗轮可看成一斜齿轮，为了增加传动时的接触面积，常将蜗轮的外圆柱面加工为凹形环面。

（1）蜗轮、蜗杆的画法

① 蜗杆的画法。蜗杆一般选用一个视图，其画法与圆柱齿轮相同。蜗杆齿形可用局部剖视图或局部放大图表示，如图 8-49 所示。

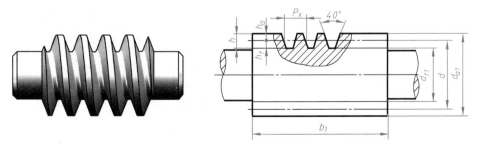

图 8-49　蜗杆的画法

② 蜗轮的画法。在投影为圆的视图中，用粗实线画齿顶外圆，用点画线画出分度圆，喉圆与齿根圆均省略不画；在剖视图中，轮齿画法与圆柱齿轮相同，如图 8-50 所示。

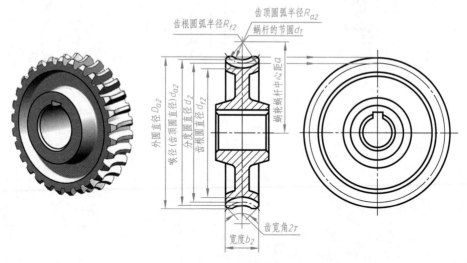

图 8-50　蜗轮的画法

(2) 蜗轮蜗杆啮合的画法

在剖视图中，蜗轮和蜗杆的重合部分，只画蜗杆。在蜗轮投影为圆的视图中，蜗轮和蜗杆按各自的规定画法绘制，啮合区的蜗杆的分度线与蜗轮的分度圆投影相切，蜗杆的齿根线可省略不画，如图 8-51 所示。

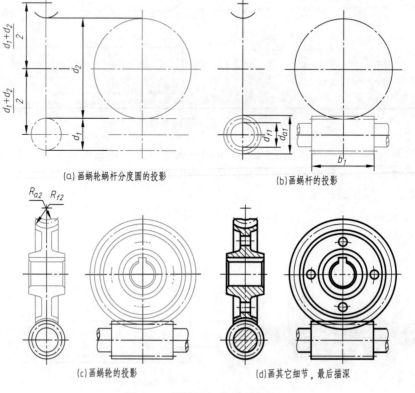

(a) 画蜗轮蜗杆分度圆的投影　　　　　(b) 画蜗杆的投影

(c) 画蜗轮的投影　　　　　(d) 画其它细节，最后描深

图 8-51　蜗轮蜗杆的啮合画法

(3) 绘制蜗轮、蜗杆的零件图

蜗轮、蜗杆的零件图如图 8-52、图 8-53 所示。

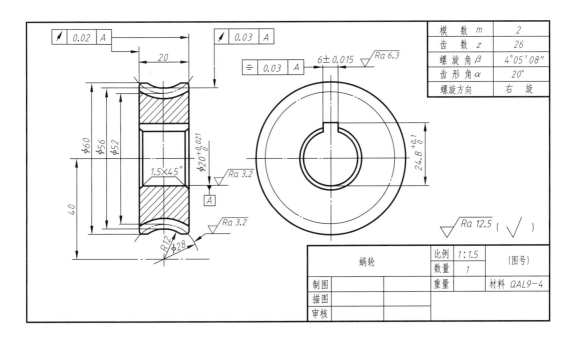

模　　数 m	2
齿　　数 z	26
螺 旋 角 β	4°05′08″
齿 形 角 α	20°
螺 旋 方 向	右　旋

蜗轮	比例	1:1.5	(图号)
	数量	1	
制图	重量		材料 QAL9-4
描图			
审核			

图 8-52　蜗轮的零件图

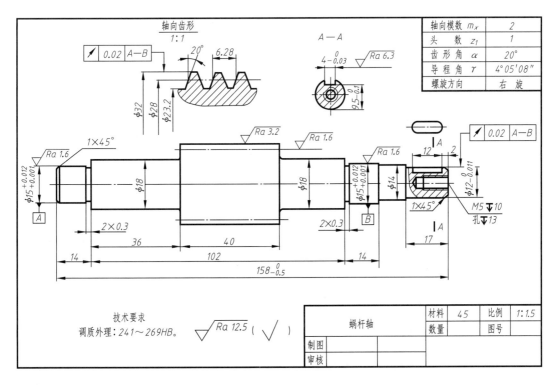

轴向模数 m_x	2
头　　数 z_1	1
齿 形 角 α	20°
导 程 角 γ	4°05′08″
螺 旋 方 向	右　旋

技术要求
调质外理：$241\sim269HB$。

蜗杆轴	材料	45	比例	1:1.5
	数量		图号	
制图				
审核				

图 8-53　蜗杆的零件图

8.7 弹簧

弹簧是工程上应用广泛的常用零件，主要用来减震、测力和储存能量等。

弹簧的种类很多，常用的有螺旋弹簧、板弹簧和涡卷弹簧等，如图 8-54 所示。其中圆柱螺旋弹簧更为常见，按承受载荷不同，可分为压缩弹簧、拉伸弹簧、扭转弹簧等，本节仅介绍圆柱螺旋压缩弹簧的尺寸计算和规定画法。

(a) 压缩弹簧　　　(b) 拉伸弹簧　　　(c) 扭转弹簧　　　(d) 涡卷弹簧　　　(e) 板弹簧

图 8-54　常用的弹簧

8.7.1　圆柱螺旋压缩弹簧各部分的名称及尺寸计算

如图 8-55（a）所示，圆柱螺旋压缩弹簧各部分的名称和代号如下。

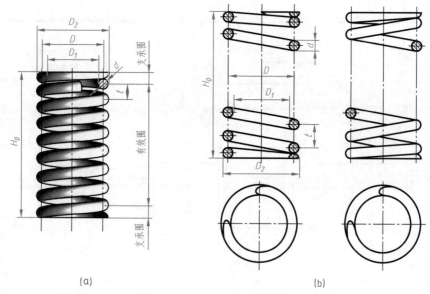

(a)　　　　　　　　　　　　　　　　(b)

图 8-55　圆柱螺旋压缩弹簧的规定画法

① 线径 d。制作弹簧的簧丝直径。

② 弹簧内经 D_1。弹簧的最小直径。

③ 弹簧外径 D_2。弹簧的最大直径。

④ 弹簧中径 D。弹簧内径和外径的平均值，$D=(D_1+D_2)/2=D_1+d=D_2-d$。

⑤ 节距 t。除支承圈外，相邻两圈沿中心线的轴向距离。一般 $t=(D/3)\sim(D/2)$。

⑥ 支承圈数 n_2。为使弹簧受力均匀，放置平稳，弹簧两端并紧磨平，起支承作用，这部分圈数称为支承圈数。支承圈有 1.5 圈、2 圈、2.5 圈三种，2.5 圈较为常见。

⑦ 有效圈数 n。弹簧上保持相同节距的圈数。除支承圈外，中间各圈受力变形时，均保持节距相等，它是计算弹簧受力与位移的主要依据。

⑧ 总圈数 n_1。弹簧的有效圈与支承圈之和，即：$n_1 = n + n_2$。

⑨ 自由高度（或自由长度）H_0。弹簧在不受外力时的高度（或长度），即：$H_0 = nt + (n_2 - 0.5)d$。

⑩ 弹簧的展开长度 L。制造弹簧的簧丝长度，即：$L \approx \pi D_2 n_1$。

8.7.2　圆柱螺旋压缩弹簧的规定画法

(1) 圆柱螺旋压缩弹簧的画法

① 圆柱螺旋压缩弹簧的规定画法。如图 8-55（b）所示，圆柱螺旋压缩弹簧可画成视图、剖视图或示意图。

a. 圆柱螺旋弹簧在平行于轴线的投影面上的投影，其各圈的轮廓线应画成直线。

b. 无论是左旋或右旋，螺旋弹簧均可画成右旋，但左旋要加注"LH"。

c. 螺旋压缩弹簧两端的支承圈不论多少圈，均按 2.5 圈绘制。当有效圈数 $n > 4$ 时，只需画出有效圈 1～2 圈，中间部分可省略不画，而用通过中径的两条细点画线连接即可。当中间部分省略后，允许适当地缩短图形的长度。

② 圆柱螺旋压缩弹簧的画图步骤。如图 8-56 所示，已知弹簧的中径 D、簧丝直径 d、节距 t 和圈数 n_1，先计算出自由高度 H_0，剖视图按下列步骤作图。

a. 根据 D 和 H_0 画矩形。

b. 根据簧丝直径 d，画支承圈的圆和半圆。

c. 根据节距画有效圈部分的圆。

d. 按右旋方向作相应圆的公切线及剖面线，加深，完成作图。

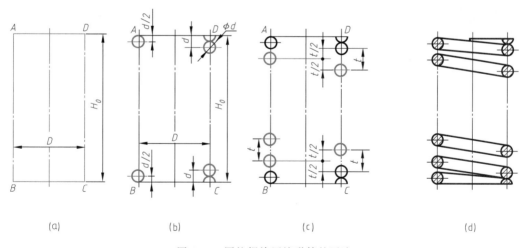

图 8-56　圆柱螺旋压缩弹簧的画法

③ 圆柱螺旋压缩弹簧的零件图。图 8-57 为圆柱螺旋压缩弹簧的零件图。

(2) 圆柱螺旋压缩弹簧在装配图中的画法

① 在装配图中，被弹簧挡住的结构按不可见处理，一般不画出，可见部分的轮廓线只画到弹簧钢丝的断面轮廓线或中心线处，如图 8-58（a）所示。

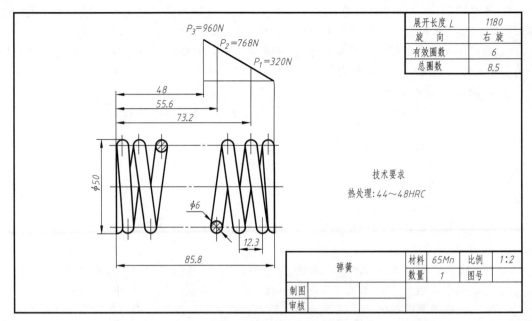

展开长度 L	1180
旋 向	右旋
有效圈数	6
总圈数	8.5

技术要求

热处理:44~48HRC

弹簧		材料	65Mn	比例	1:2
		数量	1	图号	
制图					
审核					

图 8-57　圆柱螺旋压缩弹簧的零件图

② 当簧丝直径 $d \leqslant 2mm$ 时，断面可以涂黑表示，而且不画各圈的轮廓线，如图 8-58（b）所示。

③ 当簧丝直径 $d \leqslant 1mm$ 时，允许采用示意画法，如图 8-58（c）所示。

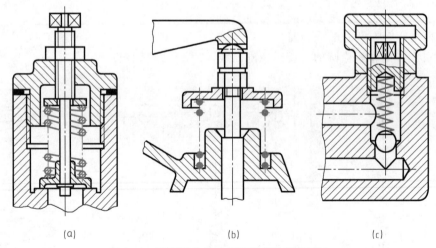

(a)　　　　　　　　　　(b)　　　　　　　　　　(c)

图 8-58　装配图中螺旋压缩弹簧的规定画法

第9章

零件图

一台完整的机器或部件，都是由一些零件按一定的装配关系组装而成的，这些零件是构成机器或部件的最小单元，是不可拆分的独立部分。

零件图表达了机器零件的结构形状、尺寸大小和技术要求，它是用于加工、检验和生产机器零件的重要依据，画零件图和读零件图是人们从事技术工作的基础。

9.1 零件图的作用和内容

零件图作为生产中的技术文件，应当提供加工零件所需的全部技术资料，如结构形状、

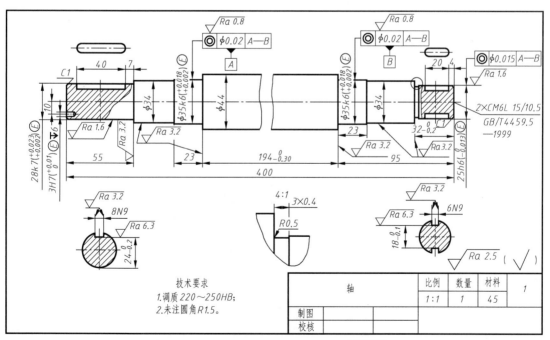

图 9-1 铣刀头部件中轴的零件图

尺寸大小、技术要求、材料及其热处理要求等，以便生产、管理部门用于组织生产和检验成品质量。因此，一张完整的零件图应具备以下内容。

① 一组图形。完整、清晰地表达出零件的结构形状。

② 完整的尺寸。正确、齐全、清晰、合理地标注出零件的全部尺寸，表明形状大小及其相互位置关系。

③ 技术要求。用规定的符号、数字或文字说明制造、检验时应达到的技术指标，如尺寸公差、表面结构要求、形状与位置公差、材料热处理要求等方面。

④ 标题栏。说明零件名称、材料、数量、比例、设计和审核人员、设计和批准年月以及设计单位等。

如图 9-1 所示为铣刀头部件中轴的零件图。

9.2 零件的视图选择

绘制零件图时，应首先考虑看图方便。根据零件的结构特点，选用恰当的表达方法，在完整、清晰地表达零件形状的前提下，力求制图简便。要达到这个要求，选择视图时必须将零件的外部结构和内部结构综合起来考虑，同时考虑合理利用图纸幅面，选择合理的主视图，然后选配其它视图。

9.2.1 视图选择的一般原则

（1）主视图的选择原则

主视图是最重要的视图，有时甚至是表达零件形状的唯一视图，选择合理与否对读图和绘图是否方便影响很大，并关系到其它视图的数量及配置。选择主视图时应遵循以下原则。

① 加工位置原则。加工位置是指按零件在机床上加工时主要加工工序的装夹状态。主视图与加工位置一致，是为了工人加工零件时看图方便。如轴、套、轮盘等零件的主要加工工序是在车床或磨床上进行的，因此这类零件不管其在机器中的工作位置如何，主视图选择应按照加工位置原则，将其轴线水平放置，以有利于在进行车削、磨削等主要工序时看图方便，如图 9-2 所示。

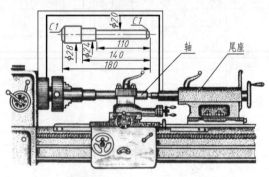

图 9-2　轴类零件的加工位置

② 工作位置原则。工作位置就是零件在机器或部件中工作时的位置状态。如支座、箱体等零件，它们的结构形状比较复杂，加工工序较多，加工时装夹位置经常变化，所以这类零件在选择主视图时，应尽量符合零件的工作位置。如图 9-3 所示的吊钩，其主视图就是按

照零件的实际工作位置或安装位置来绘制的，这样看图者很容易将其与整台机器或部件联系起来，从而获取某些信息，也便于零件图与装配图对照看图。

③ 结构特征原则。选择最能反映零件形状和结构特征以及各形体之间相互位置关系最明显的方向，作为主视图的投射方向。如图 9-4（a）所示的阀体，在确定了按工作位置放置后，选择投影方向有 A 和 B 两个方向。A 方向的视图可以反映出阀体的内、外结构形状及其相对位置，B 方向的视图虽然也可以表示出阀体的内、外结构形状，但其相对位置不明显，两者相比较，A 方向的视图较好。

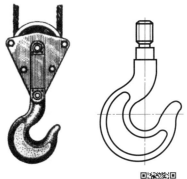

图 9-3　吊钩的工作位置

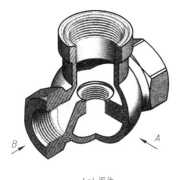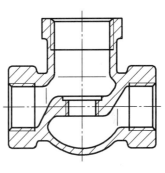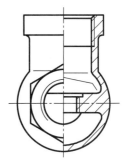

(a) 阀体　　　　　　　　(b) A 方向视图　　　　　　　　(c) B 方向视图

图 9-4　阀体的主视图选择

必须指出，在选择主视图时，同时满足上述三点最为理想。但当三者不能兼顾时，要根据具体情况而定。如没有固定位置的运动件、结构形状不规则的叉架等零件，通常将零件按习惯位置安放（具体见"9.2.2 典型零件的视图表达"）。另外，选择主视图时，还应考虑合理地利用图纸幅面，如长、宽相差悬殊的零件，应使零件的长度方向与图纸的长度方向一致。

（2）其它视图的选择原则

对于结构形状较复杂的零件，只画出主视图是不能完全反映其结构形状的，对主视图中没有表达清楚的结构特征和相对位置，必须选择其它视图并采用合适的表达方法来补充表达。

具体选用时，应注意以下两点。

① 所选视图应有明确的表达重点，各个视图所表达的内容应彼此互补，注意避免不必要的重复。在完整表达零件结构形状的前提下，使视图的数量为最少。

② 应根据零件的复杂程度、结构特点及表达需要，将视图、剖视图、断面图、简化画法等各种表达方法加以综合应用，恰当地重组，尽量少画或不画虚线。

9.2.2　典型零件的视图表达

由于每个零件在机器（或部件）中的作用各不相同，所以其结构形状也千变万化。为了便于分析和掌握，根据零件的作用和结构特点，大致可以将零件分为轴套类、盘盖类、叉架类、箱体类四种类型。通过对典型零件表达方法的分析，从中找出规律，以便指导学习。

（1）轴套类零件

① 结构特征。轴套类零件的主要结构是直径不同的同轴回转体，其轴向尺寸通常大于

径向尺寸，如各种转轴、销轴、衬套、轴套等。这类零件在机器或部件中起着支承和传递动力的作用。根据设计及工艺上的要求，此类零件上通常加工有键槽、轴肩、倒角、销孔、螺纹退刀槽、砂轮越程槽、中心孔等结构。它们的毛坯一般采用棒料，主要在车床和磨床上加工，如图9-5所示。

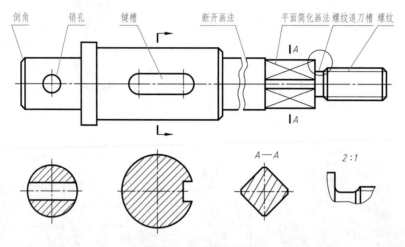

图 9-5　轴的表达方案

② 表达方法。轴套类零件一般在车床和磨床上加工，主视图按照加工位置放置，即轴线水平放置，便于工人加工零件时看图，如图9-5所示。

这类零件一般只画一个基本视图作为主视图，而用移出断面、局部视图或局部剖视图表达轴上的键槽、孔、中心孔等结构；用局部放大图来表示砂轮越程槽、螺纹退刀槽等细小结构，以利于标注尺寸，过长的轴可采用断开画法。实心的轴没有剖开的必要，对于空心的轴套类零件，则需要剖开表达它的内部结构。如图9-5所示的轴，用轴线水平放置的主视图，加上移出断面图、局部放大图和断开画法表达轴的结构形状。

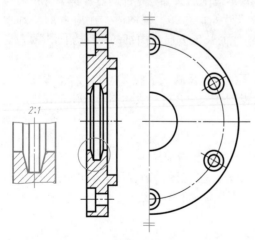

图 9-6　端盖的表达方案

（2）盘盖类零件

① 结构特征。盘盖类零件基本形状是扁平的盘状，如各种手轮、齿轮、法兰盘、端盖及压盖等。这类零件在机器或部件中主要起传动、支承或密封作用。根据设计及工艺上的要求，此类零件上面通常设计有沉孔、凸台、键槽、销孔、凸缘等结构。它们主要也是在车床上进行加工，如图9-6所示。

② 表达方法。盘盖类零件的毛坯有铸件或锻件，主要形体是回转体，通常在车床上加工，选择主视图时一般按加工位置将轴线水平放置，对于加工时并不以车削为主的箱盖，可按工作位置放置。

这类零件通常采用两个视图来表达。主视图常采用全剖视图或半剖视图表达孔、槽等内部结构。此外，还需用左视图或右视图来表达外形轮廓和孔、肋板、轮辐等结构的分布情况。必要时可采用局部视图、局部放大图、断面图和简化画法等表达其它的结构。如图9-6所示的端盖是铣刀头部件上的零件，在铣刀头上起连接、轴向定位和密封作用。端盖零件主要以车削为主，主视图按加工位置将轴线水平放置，全剖来表达端盖的主要结构，左视图只画一半（简化画法）反映零件的端面形状和沉孔的位置；局部放大图清楚地表示出密封槽的结构，同时也便于标注尺寸。

（3）叉架类零件

① 结构特征。叉架类零件包括各种用途的连杆、拨叉、支架等。这类零件的工作部分和安装部分常用不同截面形状的肋板或实心杆件支承连接，形状多样、结构复杂，常用铸造或模锻制成毛坯，经必要的机械加工而成，具有铸（锻）造圆角、拔模斜度、凸台、凹坑等结构。

如图9-7（a）所示支架的左上方圆筒部分为轴承，是其工作部分，用来支承轴；圆筒左边凸缘的中间开槽，并带有圆柱孔及螺孔，以便装入螺钉后可以将轴夹紧在轴承孔内；托架右下方的安装板是安装部分，板的右下方相互垂直的加工面为其安装面，垂直板上的两个孔为安装孔，左边锪平部分用来支承螺钉头部或螺母之用。由于轴承位于安装板的左上方，因此用倾斜的连接板连接，并加上一个与其垂直的肋板以增强连接部分的强度。

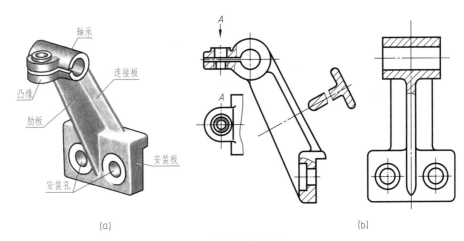

图 9-7 支架的表达方案

② 表达方法。这类零件结构形状比较复杂，加工位置变化较多，所以选择主视图时主要考虑零件的工作位置和结构特征。如图9-7（b）主视图方向为支架在装配体中的工作位置。

此类零件根据其具体结构形状，常选用两个或两个以上的基本视图表达主要结构形状，并在基本视图上做适当剖视表达内部结构；另外根据零件结构特征，可采用局部视图、斜视图或局部剖视图等方法表达一些局部结构的内外形状，用断面图来表示肋板、杆等结构的断面形状。

如图9-7所示的支架，主视图能反映支架三个组成部分的形状特征和相对位置，并用局部剖视图表达左上方的圆柱孔与螺孔以及下部安装孔的结构；左视图主要表达安装板的形状和安装孔的位置以及连接板、肋板和轴承的宽度，上部用局部剖视图表达轴承孔；用A向局部视图表达凸缘的外形；用移出断面表达连接板和肋板的断面形状。

（4）箱体类零件

① 结构特征。箱体类零件主要用来支承和包容其它零件，如各种阀体、泵体、箱体、机壳等。这类零件结构较为复杂，毛坯大多为铸件，往往需要经过刨、铣、镗、磨、钻、钳等多道工序，且加工位置往往不相同，如图9-8所示。

② 表达方法。箱体类零件多为铸件，形状比较复杂，一般要经多种工序加工而成，加

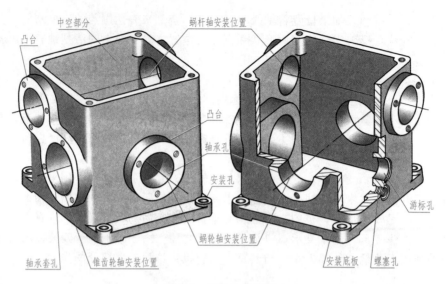

中空部分　　　　蜗杆轴安装位置

凸台

凸台

轴承孔

安装孔

游标孔

轴承套孔　　锥齿轮轴安装位置　　蜗轮轴安装位置　　安装底板　　螺塞孔

图 9-8　箱体的轴测图

工位置变化较多，通常按工作位置和结构特征来选择主视图，以最能反映形体特征、主要结构和各组成部分相互关系的方向作为主视图的投影方向。

根据结构的复杂程度，通常采用三个或三个以上的基本视图来表达，并选用适当的剖视图表达内外结构形状；而对于箱体上一些局部的内外结构，常采用局部剖视图、局部视图、斜视图、局部放大图和断面图等表达方式，每个视图都应有表达的重点内容。

图 9-9 所示为图 9-8 所示箱体的表达方案。主视图的投影方向为蜗轮的轴线方向，并采

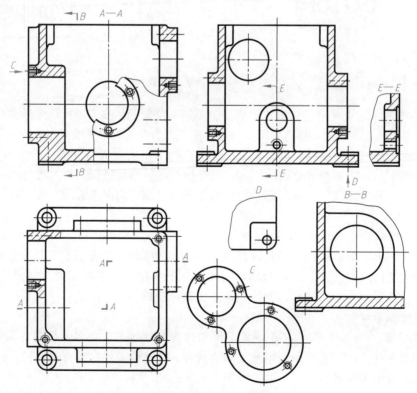

图 9-9　箱体的表达方案

用平行面剖切的 *A—A* 局部剖视图来表达锥齿轮轴轴孔和蜗杆轴右轴孔的大小以及蜗轮轴孔前后凸台上螺孔的分布情况；左视图采用全剖视图，主要表达蜗杆轴孔和蜗轮轴孔之间的相对位置及安装油标和螺塞的内凸台形状；俯视图主要表达箱体顶部和底板的形状，并采用局部剖表示蜗杆轴左轴孔的大小；用 *B—B* 局部剖视图表达锥齿轮轴孔内部凸台的形状；用 *E—E* 局部剖视图表示油标孔和螺塞孔的结构形状；*C* 向局部视图表达左面箱壁凸台的形状和螺孔位置，其它凸台和附着的螺孔可结合尺寸标注表达清晰；*D* 向局部视图表达底板底部凸台的形状。由于箱体顶部端面和箱盖连接螺孔及底板上的四个安装孔没有剖切到，可通过标注尺寸确定其深度。

9.3　零件图的尺寸标注

零件的加工和检验是根据零件图上标注的尺寸来进行的。尺寸标注正确与否会直接影响零件的加工工艺和质量。

零件图上的尺寸标注除了要符合组合体尺寸标注的要求，必须达到正确、完整、清晰以外，还需要做到合理。所谓合理，是指在零件图上所标注的尺寸既能符合设计要求（能保证零件在机器中的使用性能），又能符合工艺要求（便于零件的加工和测量）。要做到合理地标注零件的尺寸，需具有一定的设计、加工制造知识以及丰富的生产实践经验。

9.3.1　尺寸基准的选择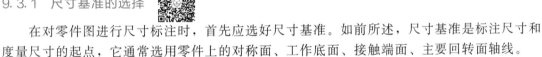

在对零件图进行尺寸标注时，首先应选好尺寸基准。如前所述，尺寸基准是标注尺寸和度量尺寸的起点，它通常选用零件上的对称面、工作底面、接触端面、主要回转面轴线。

尺寸基准通常分为设计基准和工艺基准两大类。

① 设计基准。根据设计要求确定零件结构位置的基准称为设计基准。

② 工艺基准。零件在加工和测量时使用的基准称为工艺基准。

选择尺寸基准时，尽量使设计基准与工艺基准重合。当两者不能做到统一时，应选择设计基准作为主要尺寸基准，工艺基准作为辅助尺寸基准。主要基准和辅助基准之间要有一个尺寸相联系。

图 9-10 所示为一轴，其直径方向的尺寸基准（也称径向基准）为轴线，它既是设计基准，又是工艺基准，长度方向尺寸基准一般根据零件的设计要求，选轴的左端面作为长度方向尺寸基准（也称为轴向基准），从图 9-10（b）该轴的加工状态可以看出，在车床上加工该轴时，车刀每一次车削的最终位置，都是以右端面为基准来定位的。因此，右端面即为轴向尺寸的工艺基准。

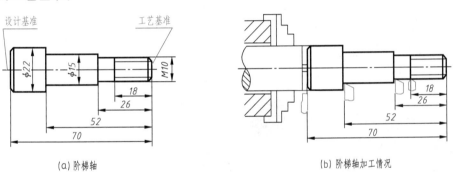

(a) 阶梯轴　　　　　　　　　　　　　　　　　(b) 阶梯轴加工情况

图 9-10　阶梯轴的设计基准与工艺基准

每个零件均有长、宽、高三个方向，因此在每个方向上至少有一个标注尺寸或度量尺寸的起点，称其为主要基准。有时，根据零件的结构需要，在某方向上还可增设若干个辅助基准，但在主要基准与辅助基准之间必须有尺寸直接联系。标注尺寸时，通常选择零件的对称面、主要孔的轴线、安装底面、装配定位面或重要端面等作为某个方向上的尺寸基准。

如图 9-11 所示的箱体。长度方向以蜗轮轴线为主要基准，以尺寸 72 确定箱体左端凸台的位置，然后以此为辅助基准，再以尺寸 134 来确定箱体右端凸台的位置；以尺寸 9 确定安装底板长度方向的位置。宽度方向选用前后基本对称面作为基准，以尺寸 104、142 确定箱体宽度和底板宽度，以尺寸 64 确定前凸台的端面位置，再以 125 确定后凸台端面。以尺寸 25 确定蜗杆轴孔在宽度方向的位置，并以此为辅助基准，以尺寸 42 确定锥齿轮轴孔的轴线位置。减速器箱体的底面是安装面，以此作为高度方向的设计基准。加工时亦以底面为基准来加工各轴孔和其它平面，因此底面又是工艺基准。由底面注出尺寸 92 确定蜗杆轴孔的位置；为了确保蜗杆和蜗轮的中心距，以蜗杆轴孔的轴线作为辅助基准来标注尺寸 $40^{+0.06}_{0}$，以确定蜗轮轴孔在高度方向的位置。

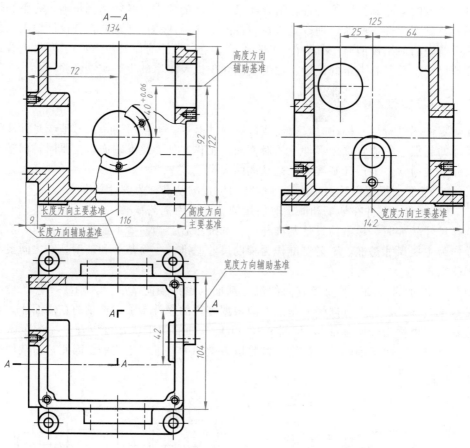

图 9-11　箱体的尺寸基准选择及尺寸标注

9.3.2　零件尺寸标注的注意事项

（1）重要尺寸直接标注

所谓重要尺寸，是指会影响零件工作性能的尺寸，如有配合关系表面的尺寸、零件中各结构间的重要相对位置尺寸及零件的安装位置尺寸等。零件的重要尺寸应从设计基准直接注出，使其在加工过程中优先得到保证，以达到其设计要求。如图 9-10 中蜗杆轴孔高度 92 和蜗杆与蜗轮的中心距 $40^{+0.06}_{0}$。重要尺寸若需经过换算而得出，它就会受到其它尺寸加工误差积累的影响，而难以达到设计要求。

（2）不要将尺寸注成封闭的尺寸链

在图 9-12（a）中，既注出了每段长度尺寸 A、B、C，又注出了总长 L，这样的尺寸首尾相接形成了封闭的尺寸链，此时尺寸链中任一环的尺寸误差等于其它各环尺寸的加工误差之和，无法同时满足各环的加工精度，将给加工造成困难。在标注尺寸时，常在 A、B、C、L 各段中把次要的一个尺寸空着不注，以便将加工误差集中到这个尺寸段中，如图 9-12（b）所示。

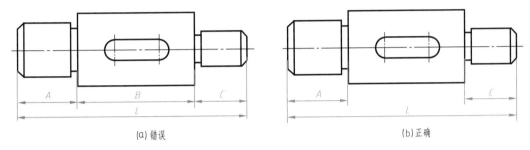

图 9-12　不要注成封闭的尺寸链

（3）尺寸标注要便于零件的加工和测量

标准尺寸时，在设计要求的前提下，应尽量考虑零件加工和测量的方便，避免或者减少专用量具的使用。如图 9-13（b）中所注长度方向尺寸 C，在加工和检验时测量困难，如果采用图 9-13（a）所示的形式标注测量较方便。

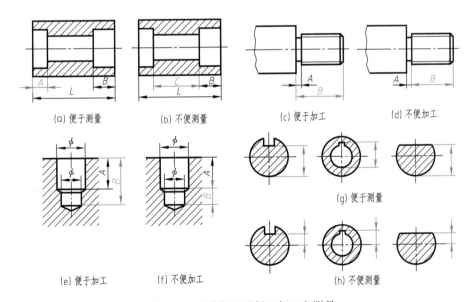

图 9-13　尺寸标注要便于加工和测量

除了有设计要求外，尽量不从轴线、对称线出发标注尺寸。如图 9-13（h）中所示键槽和截平面的尺寸标注形式，测量较困难且尺寸也不易控制，如果按照图 9-13（g）的形式标注就比较好，便于测量。

（4）零件上常见结构的尺寸标注

零件中常见各种孔的尺寸，可以采用表 9-1 所列的各种注法。如果是标准的结构要素，其尺寸应查阅有关标准手册来标注。

表 9-1　零件上常见孔的尺寸注法

类型		普通注法	旁注法		说明
螺孔	通孔	3×M6-7H	3×M6-7H	3×M6-7H	3 个公称直径为 6 的螺孔，可以旁注，也可以直接注出
	不通孔	3×M6-7H 深10	3×M6-7H ↓10	3×M6-7H ↓10	3 个公称直径为 6、深度为 10 的螺孔，钻孔深度没有要求
		3×M6-7H	3×M6-7H ↓10 孔↓12	3×M6-7H ↓10 孔↓12	3 个公称直径为 6、深度为 10 的螺孔，钻孔深度为 12
光孔	一般孔	4×ϕ5	4×ϕ5 ↓10	4×ϕ5 ↓10	4 个直径为 5，深度为 10 的光孔
	精加工孔	4×ϕ5$^{+0.012}_{0}$	4×ϕ5$^{+0.012}_{0}$ ↓10钻↓12	4×ϕ5$^{+0.012}_{0}$ ↓10钻↓12	4 个孔深为 12 的光孔，钻孔后须精加工至 ϕ5$^{+0.012}_{0}$，深度为 10
	锥销孔	该孔无普通注法	锥销孔ϕ5 配作	锥销孔ϕ5 配作	ϕ5 为与圆锥销相配的锥销孔小头直径。锥销孔通常是相邻两零件装配后一起加工的

类型		普通注法	旁注法	说明
沉孔	锥形沉孔	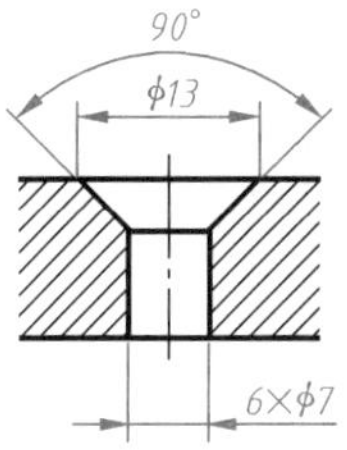	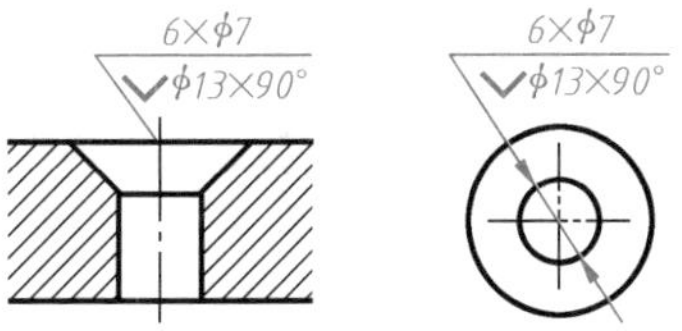	6 个直径为 7 的锥形沉孔
	柱形沉孔	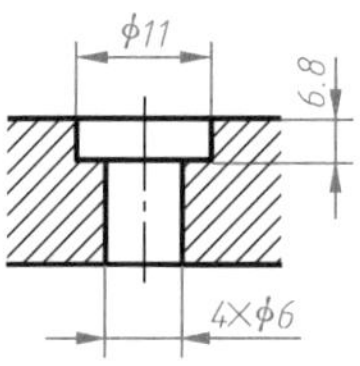	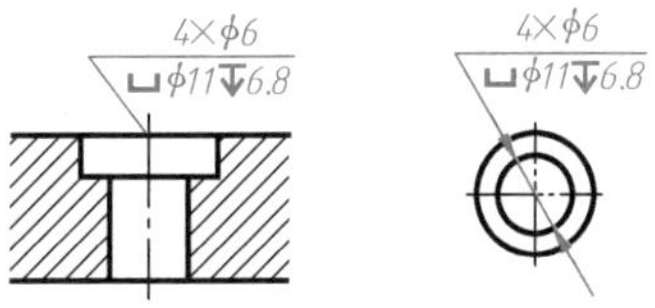	4 个小孔直径为 6、大孔直径为 11、深度为 6.8 的柱形沉孔
	锪平面	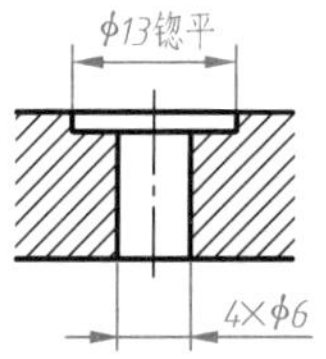	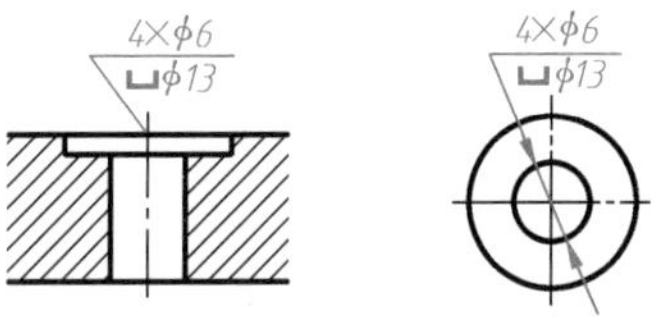	锪平面 φ13 的深度不需要标注，一般锪平到不出现毛面为止

零件上常见工艺结构的尺寸，可采用表 9-2 所列的各种注法。

表 9-2　零件上常见工艺结构的尺寸注法

零件结构类型		标注方法	说　明
键槽	平键键槽	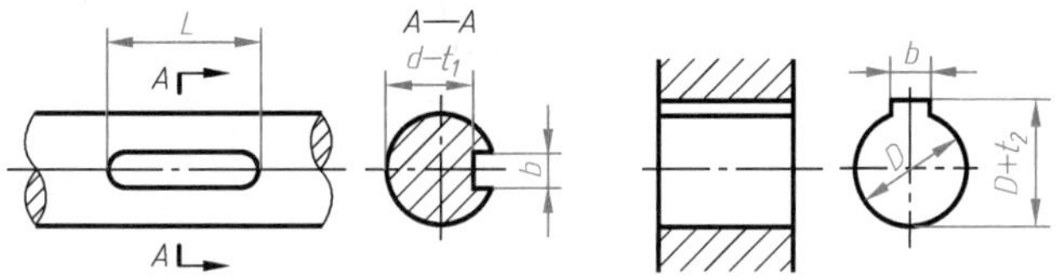	标注 $d-t_1$（或 $D+t_2$）便于测量，d 为轴径，D 为孔径，t_1（或 t_2）为键槽深度
	半圆键键槽	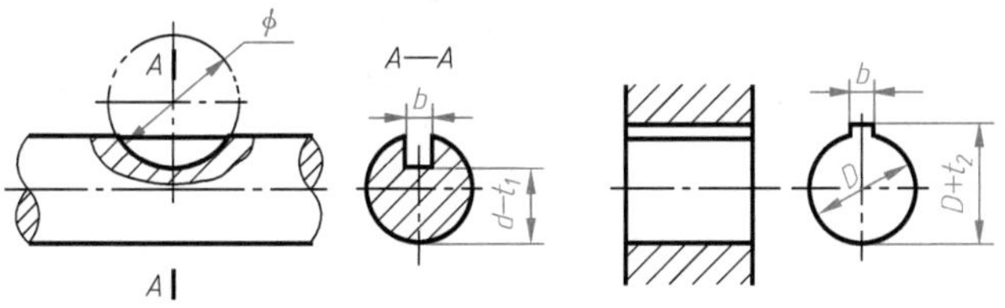	标注直径 ϕ，便于选择铣刀
	锥轴锥孔	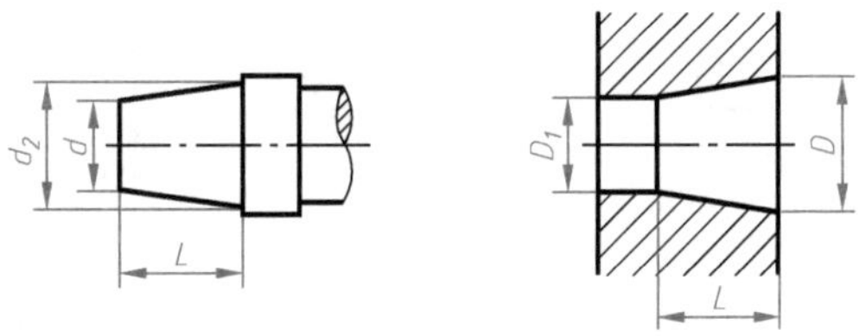	当锥度要求不高时，这样标注便于制造木模

续表

零件结构类型	标 注 方 法	说 明
锥轴锥孔		当锥度要求准确并要保证一端直径尺寸时的标注形式
退刀槽砂轮越程槽		为便于选择槽刀,退刀槽宽度应直接注出。直径 D 也可直接注出,也可注出切入深度 a
倒角		倒角为 45° 时,在倒角的轴向尺寸 L 前面加注符号"C";倒角不是 45° 时,要分开标注
滚花		滚花有直纹和网纹两种标注形式,滚花前的直径为 d,滚花后的直径为 $d+\Delta$,Δ 应按模数查相应的标准确定
平面		在没有表示正方形实形的图形上该正方形的尺寸为 $a\times a$(a 为正方形的边长)表示,否则要直接标注
中心孔	(a)　　　(b)　　　(c)	中心孔是标准结构,如需在图样上标明中心孔要求时,可用符号表示。图(a)为在完工零件上要求保留中心孔的标注示例;图(b)为在完工零件上不允许保留中心孔的标注示例;图(c)为在完工零件上是否保留中心孔都可以的标注示例

续表

零件 结构类型	标 注 方 法	说　明
中心孔	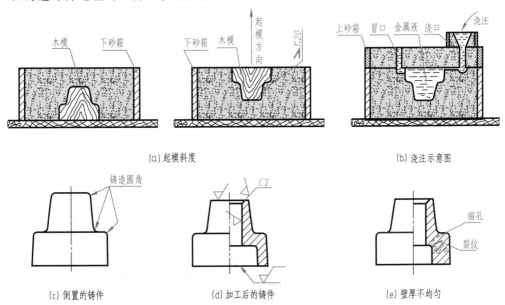	中心孔分 A 型、B 型、C 型、R 型四种。B 型、C 型为有保护锥面的中心孔，C 型为带螺纹的中心孔。标注示例中 A3.15/6.7 表示采用 A 型中心孔，$d=3.15$、$D=6.7$

9.4　零件上常见的工艺结构

零件的结构形状主要取决于零件在机器中所起的作用。设计零件时，首先必须满足零件的工作性能要求，同时还应考虑零件的制造工艺对零件结构的要求。如在铸造工艺中的起模斜度、铸造圆角、均匀壁厚等；在机械加工工艺中的倒角、倒圆、螺纹退刀槽、砂轮越程槽和钻孔结构等。

9.4.1　铸造工艺结构

(1) 起模斜度

在铸造零件毛坯时，为了便于从砂型中取出木模，一般沿着起模方向设计出起模斜度，

(a) 起模斜度　　　(b) 浇注示意图

(c) 倒置的铸件　　　(d) 加工后的铸件　　　(e) 壁厚不均匀

图 9-14　铸造工艺结构

通常为 1：20，如图 9-14（a）所示。起模斜度若无特殊要求时，在零件图上可不画出起模斜度，也不作标注，必要时可在技术要求中注明。

（2）铸造圆角

为便于起模和避免砂型转角在浇铸时发生落砂，防止铸件冷却收缩不均匀时在转角处产生裂纹，往往将铸件转角处做成圆角过渡，该圆角称为铸造圆角，如图 9-14（c）所示。铸造圆角半径大小必须与铸件壁厚相适应，一般为 $R3 \sim 5mm$，圆角半径可在技术要求中统一注明。若相交表面之一是加工面，则铸件经切削后圆角被切去，零件图上应画成尖角，如图 9-14（d）所示。

（3）铸件壁厚

为防止浇铸零件时，由于冷却速度不同而产生裂纹或缩孔［图 9-14（e）］，在设计铸件时，壁厚应尽量均匀一致，不同壁厚间应均匀过渡，如图 9-14（d）所示。

（4）过渡线

由于受铸造圆角的影响，使铸件表面的交线变得不够明显，若不画出这些交线，零件的结构则显得含糊不清，如图 9-15（a）、（c）所示。

为了便于看图及区分不同表面，图样中仍须按没有圆角时交线的位置画出这些不太明显的交线，此线称为过渡线，其投影用细实线表示，且不宜与轮廓线相连，如图 9-15（b）、（d）所示。

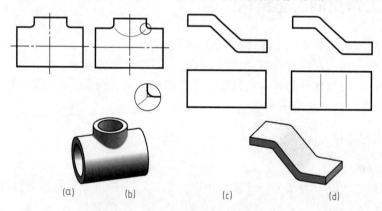

图 9-15 图形中画与不画交线的比较

在铸件的内、外表面上，过渡线随处可见，看图和画图时经常遇到，如图 9-16 所示。

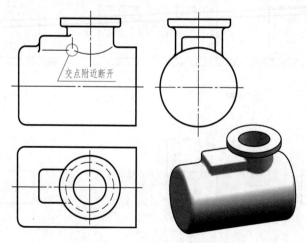

图 9-16 三条过渡线汇交时的画法

在画肋板与圆柱相交或相切的过渡线（实际上是相贯线的投影）时，其过渡线的形状与肋板的断面形状、肋板与圆柱的组合形式有关，如图 9-17 中的主、俯视图所示。

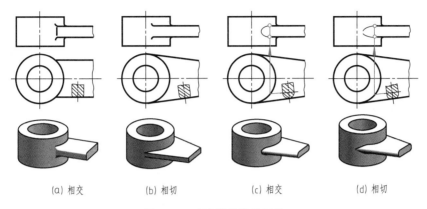

(a) 相交　　　(b) 相切　　　(c) 相交　　　(d) 相切

图 9-17　过渡线的简化画法

9.4.2　机械加工工艺结构

(1) 倒角和倒圆

为了便于安装和操作安全，常将轴、孔的端面加工成一个小锥面，称为倒角。另外，为避免应力集中而引起裂纹，将阶梯轴的轴肩处加工成圆角过渡，称为倒圆。倒角、倒圆的尺寸标注如图 9-18 所示，它们的大小可查阅附表 23。

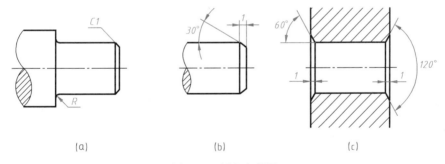

(a)　　　　　　(b)　　　　　　(c)

图 9-18　倒角和倒圆

(2) 螺纹退刀槽和砂轮越程槽

在车削或磨削加工时，为了便于退出刀具，或使砂轮可以稍微越过加工面，常在被加工面的末端预先车出一个槽，称为螺纹退刀槽或砂轮越程槽，如图 9-19 所示。其结构形式和

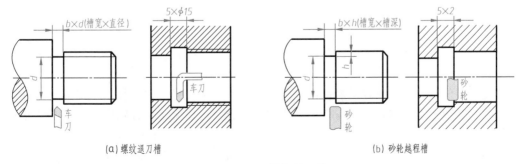

(a) 螺纹退刀槽　　　　　　　　　　　　(b) 砂轮越程槽

图 9-19　退刀槽与越程槽

尺寸可查阅附表 24 和附表 25，尺寸以"槽宽×直径"或"槽宽×槽深"形式标注。当槽的结构比较复杂时，可画出局部放大图标注尺寸。

    （3）凸台和凹坑

    零件与其它零件接触的表面都要进行加工。为降低成本，尽量减少加工面，适当减少接触面积还可以增加接触的稳定性，常在零件上设计出凸台和凹坑，如图 9-20 所示。

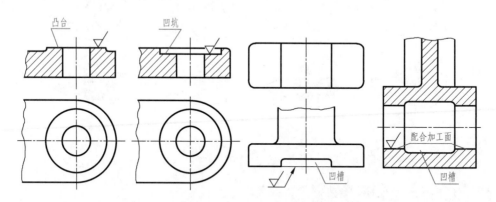

图 9-20　凸台和凹坑

    （4）钻孔结构

    钻孔时，钻头的轴线应与孔端表面相垂直，否则只是单边切削，钻头易歪斜、折断，如图 9-21（a）所示。若必须在斜面或曲面上钻孔时，则应先把该表面铣平或预先铸出凸台或凹坑，然后再钻孔，如图 9-21（b）、（c）所示。对于钻头钻透处的结构，也要设置凸台以使孔完整，如图 9-21（d）、（e）所示。

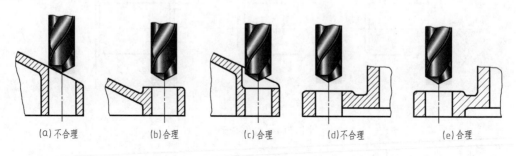

图 9-21　钻孔结构

9.5　零件图的技术要求

    零件图除了表达零件形状和标注尺寸外，还必须标注和说明制造零件时应达到的一些技术要求。零件图上的技术要求主要包括表面结构、极限与配合、几何公差、热处理和表面处理等内容。

    零件图上的技术要求应按国家标准规定的各种符号、代号、文字标注在图形上。对于一些无法标注在图形上的内容，或需要统一说明的内容，可以用文字分别注写在图纸下方的空白处。

    本节主要介绍表面粗糙度、极限与配合、几何公差，热处理和表面处理等可参考附录。

9.5.1 表面结构的表示法

(1) 表面结构的基本概念

表面结构是表面粗糙度、表面波纹度、表面缺陷、表面纹理和表面几何形状的总称。表面粗糙度、表面波纹度以及表面几何形状总是同时生成并存在于同一表面，如图 9-22 所示。

① 表面粗糙度。零件经过机械加工后的表面会留有许多高低不平的凸峰和凹谷，这种零件加工表面上具有较小间距和峰谷所组成的微观几何形状特性称为表面粗糙度。表面粗糙度与加工方法、切削刀具和工件材料等各种因素都有密切关系。表面粗糙度对于零件的配合、耐磨性、抗腐蚀性及密封性等都有显著影响。

② 表面波纹度。在机械加工过程中，由于机床、工件和刀具系统的振动，在工件表面所形成的间距比粗糙度大得多的表面不平度称为波纹度。零件表面的波纹度是影响零件使用寿命和引起振动的重要因素。

③ 表面几何形状。一般是由机器或工件的挠曲或导轨误差引起的。

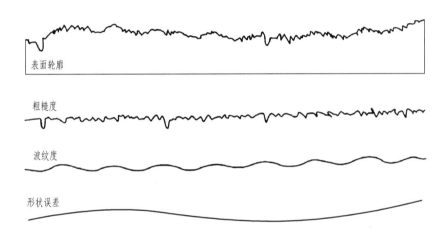

图 9-22　表面轮廓的构成

表面结构的特性直接影响机械零件的功能，如耐磨性、疲劳强度、接触刚度、密封性、振动和噪声、外观质量等。一般地，在工程图样上应该根据零件的功能全部或部分注出零件的表面结构要求。本节主要介绍常用的表面粗糙度的表示法。

(2) 评定表面结构常用的轮廓参数

对零件表面结构有要求的表示法涉及的参数有轮廓参数、图形参数和支撑率曲线参数。轮廓参数包括 R 轮廓（粗糙度参数）、W 轮廓（波纹度参数）和 P 轮廓（原始轮廓参数）。

评定表面粗糙度的主要参数有轮廓算术平均偏差 Ra 和轮廓的最大高度 Rz。

实际加工后的零件表面看起来似乎很光滑，但将其断面置于放大镜（或显微镜）下观察时，可发现实际表面具有许多微小的峰谷，如图 9-23 所示。

图 9-23　表面粗糙度的概念

① 轮廓算术平均偏差 Ra。如图 9-24 所示，在零件表面的一段取样长度 lr 内，轮廓偏距 z 是轮廓线上的点到中线的距离。Ra 是轮廓偏距绝对值的算术平均值。

可近似表示为：

$$Ra = \frac{1}{lr} \int_0^l \mid z(x) \mid dx$$

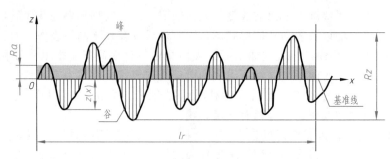

图 9-24　轮廓算术平均偏差 Ra

轮廓算术平均偏差 Ra 的数值见表 9-3。

表 9-3　第一系列轮廓算术平均偏差 Ra 的数值（GB/T 1031—2009）　　　　μm

	0.012	0.2	3.2	50
Ra	0.025	0.4	6.3	100
	0.05	0.8	12.5	
	0.1	1.6	25	

Ra 值越小，表示对该零件表面的质量要求越高，零件表面越光滑平整，则加工越复杂，反之亦然。所以，在不影响产品使用性能的前提下，应尽量选用较大的表面粗糙度参数值，以降低生产成本。表 9-4 给出了不同数值范围内的零件表面状况所对应的加工方法及应用举例。

表 9-4　Ra 数值与应用举例

Ra/μm	表面特征	主要加工方法	应　　用
50	明显可见刀痕	粗车、粗铣、粗刨、钻、粗纹锉刀和粗砂轮加工	表面质量低，一般很少应用
25	可见刀痕		不重要的加工部位，如油孔、穿螺栓用的光孔及不重要的底面和倒角等
12.5	微见刀痕	粗车、刨、立铣、平铣、钻	常用于尺寸精度要求不高且没有相对运动的表面，如不重要的端面、侧面和底面等
6.3	可见加工痕迹	精车、精铣、精刨、铰、镗、粗磨等	常用于不十分重要，但有相对运动的部位或较重要的接触面，如低速轴的表面、相对速度较高的侧面、重要的安装基面和齿轮、链轮的齿廓表面等
3.2	微见加工痕迹		常用于传动零件的轴、孔配合部分以及中低速轴承孔、齿轮的齿廓表面等
1.6	不可见加工痕迹		
0.8	可辨加工痕迹方向	精车、精铰、精拉、精镗、精磨等	常用于较重要的配合面，如安装滚动轴承的轴和孔，有导向要求的滑槽等
0.4	微辨加工痕迹方向		常用于重要的平衡面，如高速回转的轴和轴承孔等

② 轮廓最大高度 Rz。有时，评定零件表面质量的参数也采用轮廓最大高度 Rz，它是在取样长度 lr 内，最大轮廓峰高和最大轮廓谷深之和的高度。图 9-24 所示，它在评定某些不允许出现较大加工痕迹的零件表面时才有实用意义。

（3）表面结构的符号与代号

GB/T 131—2006 规定了表面结构代号、符号及其注法。图样上表示零件表面结构的符号详见表 9-5。

表 9-5　表面结构的符号

符号名称	符号	意义及说明
基本图形符号	√	基本图形符号,表示表面可用任何方法获得;当不加注粗糙度参数值或有关说明(如表面处理、局部热处理状况等)时,仅适用于简化代号标注
扩展图形符号	√	基本图形符号加一短画,表示表面是用去除材料的方法获得,例如:车、铣、钻、磨、剪切、抛光、腐蚀、电火花加工、气割等
扩展图形符号	∀	基本图形符号加一小圆,表示表面是用不去除材料的方法获得。例如:铸、锻、冲压变形、热轧、冷轧、粉末冶金等,或者是用于保持原供应状况的表面(包括保持上道工序的状况)
完整图形符号	√ √ √	在上述三个符号上均可加一横线,用于注写对表面结构的各种要求
完整图形符号	√ ∀ √	在上述三个符号上均可加一小圈,表示所有表面具有相同的表面结构要求

表面结构符号的画法及补充要求的注写位置如图 9-25 所示。

图中字母的意义如下:

a——注写表面粗糙度的单一要求或注写第一个表面粗糙度要求;

b——注写第二个表面粗糙度要求;

c——注写加工方法,如"车""磨""铣"等;

d——注写表面纹理方向符号,如"="
"×""M"等;

e——注写加工余量。

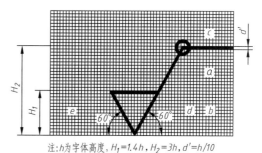

注:h为字体高度,$H_1=1.4h$, $H_2=3h$, $d'=h/10$

图 9-25　表面结构数值及其有关的规定在
符号中注写的位置

（4）表面结构在图样中的标注

图样上所给定的表面结构代号（符号）是指零件上该表面完工后的要求。表面结构参数单位为 μm（微米）,数值只能在相应的参数代号中注出。表面结构要求的标注如表 9-6所示。

表 9-6　表面结构要求的标注

代号	意义及说明	代号	意义及说明
√Ra 3.2	用任何方法获得的表面粗糙度,Ra 的单向上限值为 $3.2\mu m$	√Rz 3.2	用去除材料方法获得的表面粗糙度,Rz 的单向上限值为 $3.2\mu m$

代号	意义及说明	代号	意义及说明
√Ra 3.2	用去除材料方法获得的表面粗糙度，Ra 的单向上限值为 $3.2\mu m$	√Ra max 3.2	用去除材料方法获得的表面粗糙度，Ra 的最大值为 $3.2\mu m$
⊘√Ra 3.2	用不去除材料方法获得的表面粗糙度，Ra 的单向上限值为 $3.2\mu m$	√Ra max 3.2 / Rz max 12.5	用去除材料方法获得的表面粗糙度，Ra 的最大值为 $3.2\mu m$，Rz 的最大值为 $12.5\mu m$
√U Ra 3.2 / L Ra 1.6	用去除材料方法获得的表面粗糙度，Ra 的上限值为 $3.2\mu m$，下限值为 $1.6\mu m$。U 表示上限值；L 表示下限值（本例为双向极限要求）	√0.8~25/Wz3 10	用去除材料方法获得的表面粗糙度，单向上限值，传输带 $0.8\sim25mm$，W 轮廓，波纹度最大高度 $10\mu m$，评定长度包含 3 个取样长度

表面结构在图样中的标注方法如表 9-7 所示。

表 9-7　表面结构在图样中的标注方法

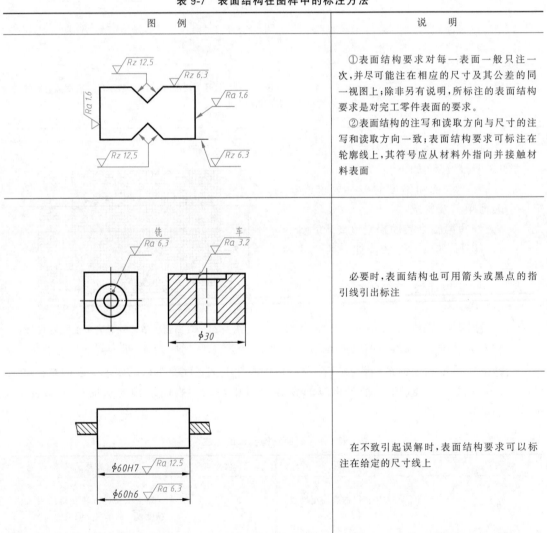

图　例	说　　明
	①表面结构要求对每一表面一般只注一次，并尽可能注在相应的尺寸及其公差的同一视图上；除非另有说明，所标注的表面结构要求是对完工零件表面的要求。②表面结构的注写和读取方向与尺寸的注写和读取方向一致；表面结构要求可标注在轮廓线上，其符号应从材料外指向并接触材料表面
	必要时，表面结构也可用箭头或黑点的指引线引出标注
	在不致引起误解时，表面结构要求可以标注在给定的尺寸线上

续表

图　　例	说　　明
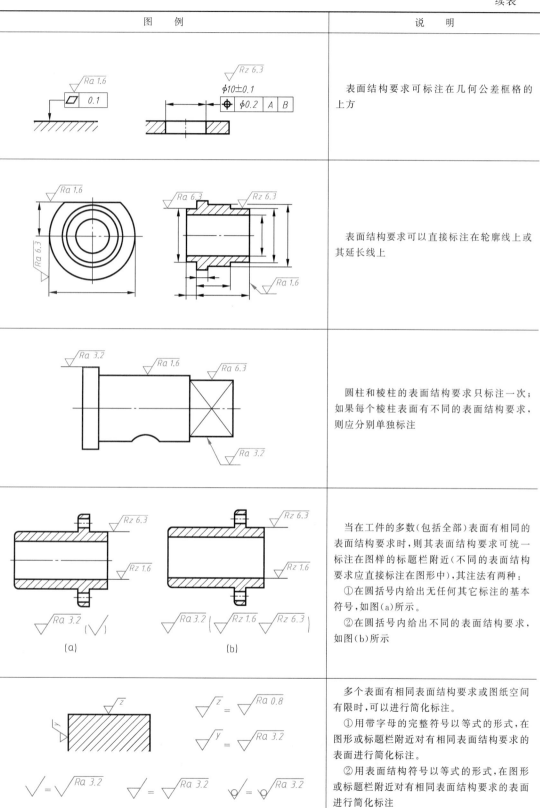	表面结构要求可标注在几何公差框格的上方
	表面结构要求可以直接标注在轮廓线上或其延长线上
	圆柱和棱柱的表面结构要求只标注一次；如果每个棱柱表面有不同的表面结构要求，则应分别单独标注
	当在工件的多数（包括全部）表面有相同的表面结构要求时，则其表面结构要求可统一标注在图样的标题栏附近（不同的表面结构要求应直接标注在图形中），其注法有两种： ①在圆括号内给出无任何其它标注的基本符号，如图(a)所示。 ②在圆括号内给出不同的表面结构要求，如图(b)所示
	多个表面有相同表面结构要求或图纸空间有限时，可以进行简化标注。 ①用带字母的完整符号以等式的形式，在图形或标题栏附近对有相同表面结构要求的表面进行简化标注。 ②用表面结构符号以等式的形式，在图形或标题栏附近对有相同表面结构要求的表面进行简化标注

续表

图　例	说　明
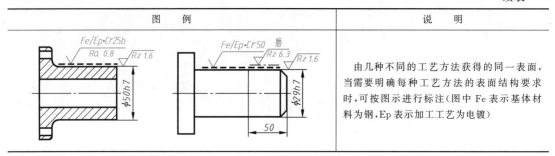	由几种不同的工艺方法获得的同一表面，当需要明确每种工艺方法的表面结构要求时，可按图示进行标注（图中 Fe 表示基体材料为钢，Ep 表示加工工艺为电镀）

9.5.2　极限与配合

在成批或大量生产的零件或部件中，为了便于装配和维修，要求按同一图样加工的零件，不经任何挑选和修配就能顺利地装配使用，并能达到规定的技术性能要求，零件所具有的这种性质称为互换性。零件具有互换性，不仅给机器的装配、维修带来方便，而且满足生产部门广泛的协作要求，为大批量和专门化生产创造条件，从而缩短生产周期，提高劳动效率和经济效益。机器或部件中的零件，无论是标准件还是非标准件要具有互换性，必须由极限制和配合制来保证。

极限反映的是零件的精度要求，配合反映的是零件之间相互结合的松紧程度。

（1）尺寸公差

由于设备、夹具及测量误差等因素的影响，零件不可能造得绝对精确。为了保证零件的互换性，就必须对零件的尺寸规定一个允许的变动范围，这个变动范围就是我们通常讲的尺寸公差。尺寸公差的有关术语如下。

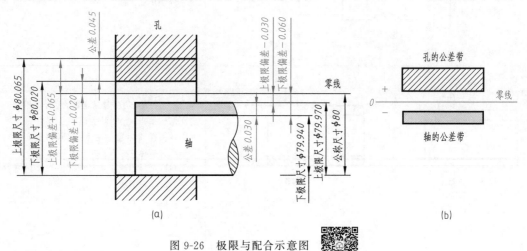

图 9-26　极限与配合示意图

① 公称尺寸。设计时给定的用于确定结构大小和相对位置的理想形状要素的尺寸，如图 9-26（a）中轴、孔的公称尺寸为 $\phi80$。

② 局部尺寸。零件上实际组成要素两对应点之间的距离，称为局部尺寸。

③ 极限尺寸。允许尺寸变化的两个极端，它以公称尺寸为基数来确定。两个极限尺寸中较大的称为上极限尺寸，较小的称为下极限尺寸。局部尺寸在两个极限尺寸区间则合格。

如图 9-26（a）中，孔、轴的极限尺寸分别如下。

孔：上极限尺寸为 $\phi 80.065$，下极限尺寸为 $\phi 80.020$；

轴：上极限尺寸为 $\phi 79.970$，下极限尺寸为 $\phi 79.940$。

④ 极限偏差。极限尺寸减去其公称尺寸所得的代数差，称为极限偏差（简称偏差）。上极限尺寸减去其公称尺寸所得的代数差，称为上极限偏差；下极限尺寸减去其公称尺寸所得的代数差，称为下极限偏差。极限偏差可以是正值、负值或零。

如图 9-26（a）中，孔、轴的极限偏差分别如下。

孔：上极限偏差（ES）$= 80.065 - 80 = +0.065$，下极限偏差（EI）$= 80.020 - 80 = +0.020$；

轴：上极限偏差（es）$= 79.970 - 80 = -0.030$，下极限偏差（ei）$= 79.940 - 80 = -0.060$。

⑤ 尺寸公差。允许尺寸的变动量称为尺寸公差（简称公差）。从数值上分析，公差等于上极限尺寸与下极限尺寸的代数差或上极限偏差与下极限偏差的代数差。

如图 9-26（a）中，孔、轴的尺寸公差分别如下。

孔：公差＝上极限尺寸－下极限尺寸$= 80.065 - 80.020 = 0.045$；

公差＝上极限偏差－下极限偏差$= +0.065 - (+0.020) = 0.045$。

轴：公差＝上极限尺寸－下极限尺寸$= 79.970 - 79.940 = 0.030$；

公差＝上极限偏差－下极限偏差$= -0.030 - (-0.060) = 0.030$。

同一公称尺寸，公差越小，尺寸精度越高，局部尺寸的允许变动量越小；反之，公差越大，尺寸的精度越低，局部尺寸的允许变动量越大。

⑥ 零线。在公差带图中，用来表示公称尺寸的基准线，称为零线。正的极限偏差值画在零线的上方，负的极限偏差值画在零线的下方，如图 9-26（b）所示。

⑦ 公差带。由代表上、下极限偏差的两条直线所限定的一个区域，称为公差带。为了便于区别，一般用斜线表示孔的公差带，用加点表示轴的公差带，如图 9-27 所示。

公差带由公差带大小和公差带位置这两个要素组成。公差带大小由标准公差确定，公差带位置由基本偏差确定，如图 9-28 所示。

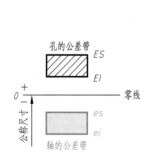

图 9-27　公差带示意图

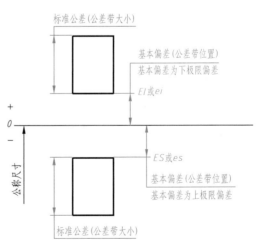

图 9-28　标准公差和基本偏差

（2）标准公差

标准公差是国家标准规定的用于确定公差带大小的任一公差，如表 9-8 所示。"IT" 是标准公差的代号，阿拉伯数字表示其公差等级。

国家标准将公差等级分为 18 级，即 IT1、IT2、IT3、…、IT18。从 IT1 至 IT18，尺寸的精度依此降低，而相应的标准公差数值依此增大。

表 9-8　标准公差数值（GB/T 1800.2—2009）

公称尺寸/mm		标准公差等级																	
大于	至	IT1	IT2	IT3	IT4	IT5	IT6	IT7	IT8	IT9	IT10	IT11	IT12	IT13	IT14	IT15	IT16	IT17	IT18
		μm											mm						
—	3	0.8	1.2	2	3	4	6	10	14	25	40	60	0.1	0.14	0.25	0.4	0.6	1	1.4
3	6	1	1.5	2.5	4	5	8	12	18	30	48	75	0.12	0.18	0.3	0.48	0.75	1.2	1.8
6	10	1	1.5	2.5	4	6	9	15	22	36	58	90	0.15	0.22	0.36	0.58	0.9	1.5	2.2
10	18	1.2	2	3	5	8	11	18	27	43	70	110	0.18	0.27	0.43	0.7	1.1	1.8	2.7
18	30	1.5	2.5	4	6	9	13	21	33	52	84	130	0.21	0.33	0.52	0.84	1.3	2.1	3.3
30	50	1.5	2.5	4	7	11	16	25	39	62	100	160	0.25	0.39	0.62	1	1.6	2.5	3.9
50	80	2	3	5	8	13	19	30	46	74	120	190	0.3	0.46	0.74	1.2	1.9	3	4.6
80	120	2.5	4	6	10	15	22	35	54	87	140	220	0.35	0.54	0.87	1.4	2.2	3.5	5.4
120	180	3.5	5	8	12	18	25	40	63	100	160	250	0.4	0.63	1	1.6	2.5	4	6.3
180	250	4.5	7	10	14	20	29	46	72	115	185	290	0.46	0.72	1.15	1.85	2.9	4.6	7.2
250	315	6	8	12	16	23	32	52	81	130	210	320	0.52	0.81	1.3	2.1	3.2	5.2	8.1
315	400	7	9	13	18	25	36	57	89	140	230	360	0.57	0.89	1.4	2.3	3.6	5.7	8.9
400	500	8	10	15	20	27	40	63	97	155	250	400	0.63	0.97	1.55	2.5	4	6.3	9.7

从表 9-8 中可以看出，同一公差等级（例如 IT7）对所有公称尺寸的一组公差值由小到大，这是因为随着尺寸的增大，零件的加工误差也随之增大。因此，它们都应被视为具有同等精确程度。

（3）基本偏差

国标规定的用于确定公差带相对于零线位置的上极限偏差或下极限偏差为基本偏差，一般指靠近零线的那个极限偏差，如图 9-28 所示。当公差带在零线上方时，基本偏差为下极限偏差；当公差带在零线下方时，基本偏差为上极限偏差。

在国家标准中，对孔和轴各设定了 28 个不同的基本偏差，并构成了孔和轴的基本偏差系列，如图 9-29 所示。基本偏差的代号用拉丁字母表示，大写字母表示孔，小写字母表示轴。其中 A～H（a～h）用于间隙配合；J～ZC（j～zc）用于过渡配合或过盈配合。

从图 9-29 中可以看出：

① 对于孔，A～H 的基本偏差为下极限偏差（EI），J～ZC 的基本偏差为上极限偏差（ES）；对于轴，a～h 的基本偏差为上极限偏差（es），j～zc 为下极限偏差（ei）。

② 孔 JS 和轴 js 的公差带对称地分布于零线两侧，其基本偏差为上极限偏差 $\left(+\dfrac{IT}{2}\right)$ 或下极限偏差 $\left(-\dfrac{IT}{2}\right)$。

基本偏差系列图只表示公差带的位置，不表示公差带的大小，因此，公差带只画出属于基本偏差的一端，另一端是开口的，即公差带的另一端由标准公差来限定。

（4）公差带代号

孔、轴的公差带代号由基本偏差代号与公差等级代号组成。书写时要两者同高，例如

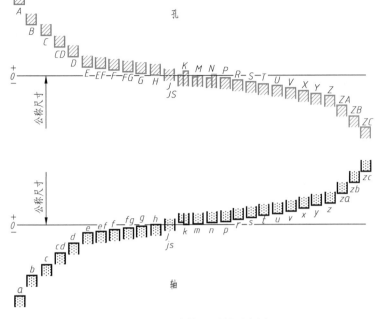

图 9-29　基本偏差系列示意图

$\phi 50H8$、$\phi 50f7$ 均表示公称尺寸为 $\phi 50$ 的孔、轴公差带代号，例如：

孔的基本偏差代号——$\phi 50$　H　8——孔的公差带代号／公差等级代号

轴的基本偏差代号——$\phi 50$　f　7——轴的公差带代号／公差等级代号

（5）配合种类

公称尺寸相同、相互结合的孔与轴公差带之间的关系称为配合。

配合代号用孔、轴公差带代号组成的分数式表示，分子表示孔的公差带代号，分母表示轴的公差带代号。例如 $\phi 50H8$ 的孔和 $\phi 50f7$ 的轴配合时，其配合代号可写成 $\phi 50\dfrac{H8}{f7}$ 或 $\phi 50H8/f7$。

根据使用的要求不同，孔和轴之间的配合有松有紧，国家标准规定配合分三类：

① 间隙配合。孔与轴装配在一起时具有间隙（包括最小间隙为零）的配合，如图 9-30（a）、（b）所示。此时孔的公差带完全在轴的公差带之上，如图 9-30（c）所示。孔的上极限尺寸减去轴的下极限尺寸的差为最大间隙，孔的下极限尺寸减去轴的上极限尺寸的差为最小间隙，实际间隙必须在二者之间才符合要求。间隙配合主要用于轴、孔间需产生相对运动的活动连接。

② 过盈配合。孔与轴装配在一起时具有过盈（包括最小过盈为零）的配合，如图 9-31（a）、（b）所示。此时孔的公差带完全在轴的公差带之下，如图 9-31（c）所示。孔的下极限尺寸减去轴的上极限尺寸的差为最大过盈，孔的上极限尺寸减去轴的下极限尺寸的差为最小过盈，实际过盈超过最小、最大过盈即为不合格。过盈配合主要用于轴、孔间不允许产生相对运动的紧固连接。

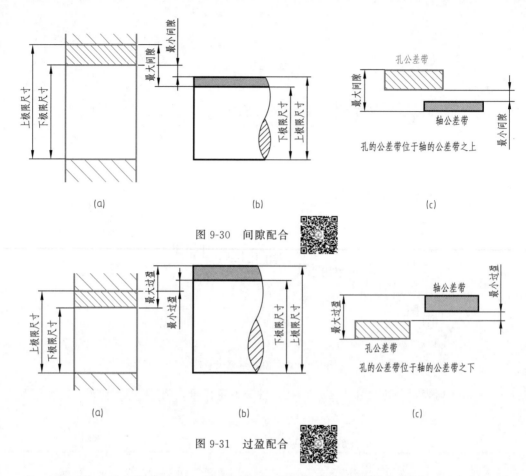

(a)　　　　　　　(b)　　　　　　　(c)

孔的公差带位于轴的公差带之上

图 9-30　间隙配合

(a)　　　　　　　(b)　　　　　　　(c)

孔的公差带位于轴的公差带之下

图 9-31　过盈配合

③ 过渡配合。孔与轴装配在一起时可能具有过盈，也可能具有间隙的配合，如图 9-32（a）、（b）所示。此时孔的公差带与轴的公差带相互交叠，如图 9-32（c）所示。在过渡配合中，间隙或过盈的极限为最大间隙和最大过盈。其配合究竟是出现间隙还是过盈，只有通过孔、轴局部尺寸的比较或试装才能知道。过渡配合主要用于孔、轴间的定位连接。

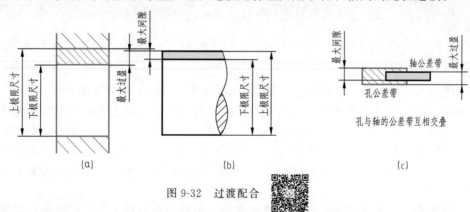

(a)　　　　　　　(b)　　　　　　　(c)

孔与轴的公差带互相交叠

图 9-32　过渡配合

(6) 配合制度

当公称尺寸确定后，为了得到孔与轴之间各种不同性质的配合，需要确定其公差带。如果孔和轴两者都可以任意变动，则配合情况变化极多，不便于零件的设计和制造。为此国家标准规定了两种制度——基孔制和基轴制。

① 基孔制配合。基本偏差为一定的孔的公差带，与不同基本偏差的轴的公差带形成各种配合的一种制度，如图 9-33 所示。基孔制配合中的孔称为基准孔，基准孔的基本偏差代号为 H，其下极限偏差为零。

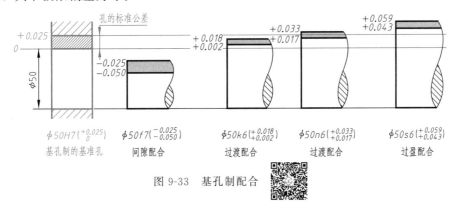

图 9-33　基孔制配合

② 基轴制配合。基本偏差为一定的轴的公差带，与不同基本偏差的孔的公差带形成各种配合的一种制度，如图 9-34 所示。基轴制配合中的轴称为基准轴，基准轴的基本偏差代号为 h，其上极限偏差为零。

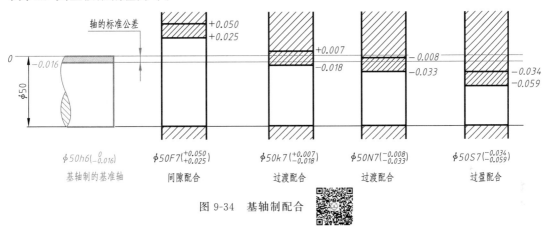

图 9-34　基轴制配合

(7) 优先常用配合

按照配合的定义，只要公称尺寸相同的孔和轴公差带结合起来，就可组成配合。由于标准公差有 18 个等级，基本偏差有 28 种，因此，可以组成大量的配合，即使采用基孔制和基轴制，配合的种类依然较多，且不能发挥标准化的作用，对生产极为不利。为此，国家标准《极限与配合　公差带和配合的选择》（GB/T 1801—2009）中规定了公称尺寸至 500mm 的优先和常用配合。基孔制的常用配合有 59 种，其中优先选用的有 13 种（表 9-9）；基轴制的常用配合有 47 种，其中优先选用的也是 13 种（表 9-10）。

(8) 极限与配合的注法

① 在装配图上的注法。在装配图中，配合代号由两个相互结合的孔和轴的公差带代号组成，用分数形式表示。分子为孔的公差带代号，分母为轴的公差带代号，在分数形式前注写公称尺寸，如图 9-35（a）、（b）所示。

标注标准件与零件（轴或孔）的配合代号时，仅标出与标准件相配合零件的公差带代号，如图 9-35（c）所示。

② 在零件图上的注法。在零件图上标注孔和轴的公差有三种形式，如图 9-36 所示。

a. 在公称尺寸后面标注公差带代号，如图 9-36（a）所示。主要用于大批量生产的零件图。

表 9-9　公称尺寸至 500mm 基孔制优先和常用配合（摘自 GB/T 1801—2009）

基准孔	轴																				
	a	b	c	d	e	f	g	h	js	k	m	n	p	r	s	t	u	v	x	y	z
	间隙配合								过渡配合				过盈配合								
H6						H6/f5	H6/g5	H6/h5	H6/js5	H6/k5	H6/m5	H6/n5	H6/p5	H6/r5	H6/s5	H6/t5					
H7						H7/f6	H7/g6	H7/h6	H7/js6	H7/k6	H7/m6	H7/n6	H7/p6	H7/r6	H7/s6	H7/t6	H7/u6	H7/v6	H7/x6	H7/y6	H7/z6
H8					H8/e7	H8/f7	H8/g7	H8/h7	H8/js7	H8/k7	H8/m7	H8/n7	H8/p7	H8/r7	H8/s7	H8/t7	H8/u7				
H8				H8/d8	H8/e8	H8/f8		H8/h8													
H9			H9/c9	H9/d9	H9/e9	H9/f9		H9/h9													
H10			H10/c10	H10/d10				H10/h10													
H11	H11/a11	H11/b11	H11/c11	H11/d11				H11/h11													
H12		H12/b12						H12/h12					彩色配合代号为优先配合								

注：$\dfrac{H6}{n5}$、$\dfrac{H7}{p6}$ 在公称尺寸小于或等于 3mm 和 $\dfrac{H8}{r7}$ 在小于或等于 100mm 时，为过渡配合。

表 9-10　公称尺寸至 500mm 基轴制优先和常用配合（摘自 GB/T 1801—2009）

基准轴	孔																				
	A	B	C	D	E	F	G	H	JS	K	M	N	P	R	S	T	U	V	X	Y	Z
	间隙配合								过渡配合				过盈配合								
h5						F6/h5	G6/h5	H6/h5	JS6/h5	K6/h5	M6/h5	N6/h5	P6/h5	R6/h5	S6/h5	T6/h5					
h6						F7/h6	G7/h6	H7/h6	JS7/h6	K7/h6	M7/h6	N7/h6	P7/h6	R7/h6	S7/h6	T7/h6	U7/h6				
h7					E8/h7	F8/h7		H8/h7	JS8/h7	K8/h7	M8/h7	N8/h7									
h8				D8/h8	E8/h8	F8/h8		H8/h8													
h9				D9/h9	E9/h9	F9/h9		H9/h9													
h10				D10/h10				H10/h10													
h11	A11/h11	B11/h11	C11/h11	D11/h11				H11/h11													
h12		B12/h12						H12/h12					彩色配合代号为优先配合								

b. 在公称尺寸后面标注极限偏差，如图 9-36（b）所示。主要用于小批量生产或单件生产的零件图，以便加工和检验时减少辅助时间。此时，极限偏差数值的数字比公称尺寸数字小一号，上极限偏差应注在公称尺寸的右上方，下极限偏差应与公称尺寸注在同一底线上，并保证上、下极限偏差的小数点必须对齐，小数点后的位数必须相同。当上、下两个极限偏

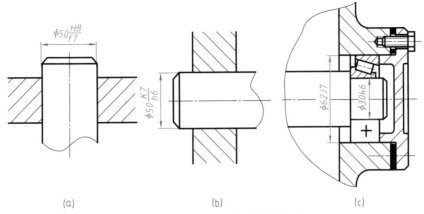

图 9-35　装配图上配合代号的注法

差相同时，极限偏差数值只注写一次，并应在极限偏差与公称尺寸之间注出符号"±"，极限偏差数值与公称尺寸数字高度相同，如 $\phi 50 \pm 0.012$。若一个极限偏差数值为零，仍应注出零，零前无正、负号，并与下极限偏差或上极限偏差小数点前的个位数对齐。

　　c. 在公称尺寸后面同时标注公差带代号和相应的极限偏差。此时后者应加上圆括号，如图 9-36（c）所示。主要用于产品不定型，试制产品阶段。

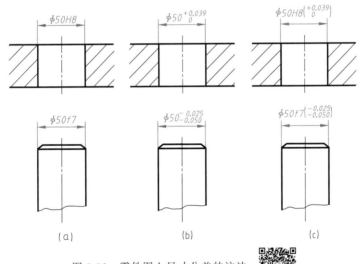

图 9-36　零件图上尺寸公差的注法

　　图 9-37（a）所示为轴、轴套和底座三个零件装配在一起的局部装配图，图中有两处配合代号。

　　轴与轴套内孔配合处注有尺寸 $\phi 18H7/g6$，它表示采用基孔制，孔的基本偏差代号为 H，公差等级为 7 级，轴的基本偏差代号为 g，公差等级为 6 级，这是一种间隙配合。轴的直径 $\phi 18g6$ 应查轴的极限偏差表（附表 27），在公称尺寸大于 14 至 18 行中查公差带 g6 为"$^{-6}_{-17}$"，此即为轴的极限偏差，在这里必须注意，附表 27、附表 28 中所列的极限偏差数值，单位均为微米（μm），标注时必须换算成毫米（mm），标注为 $\phi 18g6\left(^{-0.006}_{-0.017}\right)$，如图 9-37（b）所示。轴套内孔 $\phi 18H7$ 应查孔的极限偏差表（附表 28），在公称尺寸大于 14 至 18 行中查公差带 H7 为"$^{+18}_{0}$"，此即孔的极限偏差，标注为 $\phi 18H7\left(^{+0.018}_{0}\right)$，如图 9-37（c）所示。

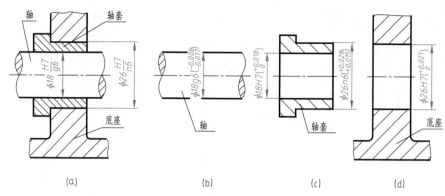

图 9-37 极限与配合标注示例

轴套外径与底座孔配合处注有尺寸 $\phi26H7/n6$，在此配合中，轴套的外径即相当于"轴"。该配合也是采用基孔制，底座中孔的基本偏差代号为 H，公差等级为 7 级，轴套外径的基本偏差代号为 n，公差等级为 6 级。与上述方法相同，孔 $\phi26H7$ 的极限偏差值从附表 28 中查得为 "$^{+21}_{0}$"，标注为 $\phi26H7$ ($^{+0.021}_{0}$)，如图 9-37（d）所示；轴套外径 $\phi26n6$ 的极限偏差值从附表 28 中查得为 "$^{+28}_{+15}$"，标注为 $\phi26n6$ ($^{+0.028}_{+0.015}$)，如图 9-37（c）所示。由该孔和轴尺寸的极限偏差值，可知该配合为过盈配合。

9.5.3 几何公差

（1）基本概念

在生产实际中，经过加工的零件，不但会产生尺寸误差，同时也会产生几何误差。

例如，图 9-38（a）所示为一理想形状的销轴，而加工后的实际轴线产生了弯曲变形，如图 9-38（b）所示，由此产生了形状误差。又如图 9-39（a）所示为一要求严格的四棱柱，加工后上表面的实际位置产生了倾斜，如图 9-39（b）所示，由此产生了位置误差。

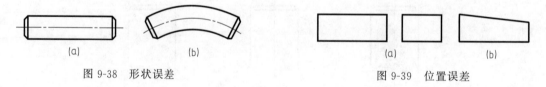

图 9-38 形状误差   图 9-39 位置误差

如果零件存在较大的几何误差，将会造成装配困难，影响机器的质量，因此，对于精度要求较高的零件，除给出尺寸公差外，还应根据设计要求，合理地确定出几何误差的最大允许值，如图 9-40（a）中的 $\phi0.08$［即销轴轴线必须位于直径为公差值 $\phi0.08$ 的圆柱面内，如图 9-40（b）所示］、图 9-41（a）中的 0.01［即上表面必须位于距离为公差值 0.01 且平行于基准表面 A 的两平行平面之间，如图 9-41（b）所示］。

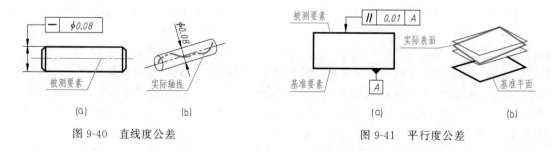

图 9-40 直线度公差   图 9-41 平行度公差

只有这样，才能将其误差控制在一个合理的范围之内。为此，国家标准规定了一项保证零件加工质量的技术指标——几何公差。

几何公差包括形状公差、方向公差、位置公差和跳动公差。

(2) 几何公差代号及标注

① 几何公差代号。在技术图样中，几何公差应采用代号标注。几何公差的代号包括带箭头的指引线、几何公差特征项目的符号、公差数值、表示基准要素或基准体系的字母及其它附加符号等。

几何公差特征项目符号的形式如表 9-11 所示。

表 9-11　几何公差项目、符号

公差类型	几何特征	符号	公差类型	几何特征	符号
形状公差	直线度	―	位置公差	位置度	⊕
	平面度	▱		同心度	◎
	圆度	○		同轴度	◎
	圆柱度	⌭		对称度	=
	线轮廓度	⌒		线轮廓度	⌒
	面轮廓度	⌓		面轮廓度	⌓
方向公差	平行度	∥	跳动公差	圆跳动	↗
	垂直度	⊥		全跳动	⌰
	倾斜度	∠			
	线轮廓度	⌒			
	面轮廓度	⌓			

注：特征项目符号的线宽为 $h/10$（h 为图样中所注尺寸数字的高度），符号高度一般为 h；圆柱度、平行度和跳动公差的符号倾斜约为 $75°$。

在图样中，几何公差应以公差框格的形式进行标注，其标注内容及框格等的绘图规定如图 9-42 所示。该框格由两格或多格组成，框格内的内容从左到右按下列次序填写：几何公差符号、公差数值（用线性值表示，其公差带为圆形或圆柱形时，则在公差值前加注"ϕ"）、表示基准符号的字母（一个或多个）。

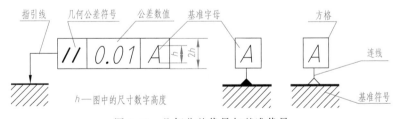

图 9-42　几何公差代号与基准代号

② 被测要素的标注。被测要素与公差框格之间用一带箭头的指引线相连。

当被测要素为轮廓线或表面时，箭头应指向该要素的轮廓线或轮廓线的延长线，并明显地与尺寸线错开，如图 9-43 (a)、(b) 所示。当被测要素为轴线、中心平面、球心时，箭头应与该要素的尺寸线对齐，如图 9-43 (c)、(d) 所示。

③ 基准要素的标注。基准要素用一个大写字母表示。字母标注在基准方格内，用一个涂黑或空心的三角形相连表示基准（图 9-42）；表示基准的字母还应标注在公差框格内。基准字母的高度应与图样中尺寸数字的高度相同，且一律水平书写。

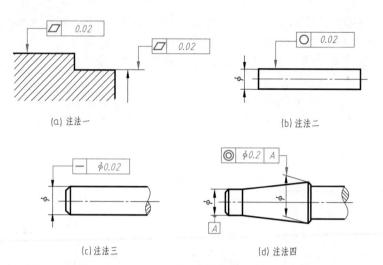

(a) 注法一   (b) 注法二

(c) 注法三   (d) 注法四

图 9-43　被测要素的标注方法

当基准要素为轮廓线或表面时，基准符号应靠近该要素的轮廓线或其延长线，并明显地与尺寸线错开，如图 9-44（a）所示。当基准要素为轴线、中心平面、球心时，基准符号应与该要素的尺寸线对齐，如图 9-44（b）、（c）所示。

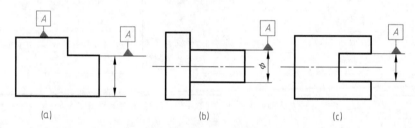

(a)   (b)   (c)

图 9-44　基准要素的标注方法

④ 几何公差的简化标注。为了减少绘图工作，在保证看图方便的条件下，可采用以下简化的标注方法。

a. 对于同一个被测要素有多项几何公差要求时，可以在一个指引线上画出多个公差框格，如图 9-45 所示。

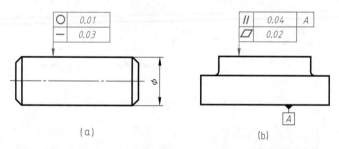

(a)   (b)

图 9-45　同一个被测要素有多项几何公差要求时的注法

b. 对于多个被测要素有相同几何公差要求时，可以从一个框格的同一端或两端引出多条指引线，如图 9-46 所示。

c. 重复出现的要素，几何公差要求相同时，只需在其中某个要素上进行标注，并在公差框格上附加文字说明，如图 9-47 所示。

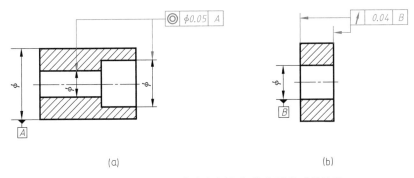

图 9-46　多个被测要素有相同几何公差要求时的注法

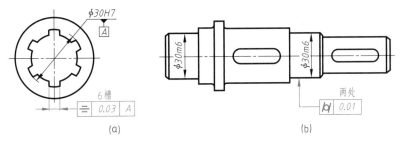

图 9-47　重复出现的要素，几何公差要求相同时的注法

d. 对于由两个或两个以上的要素组成的公共基准，其字母应用横线连接起来，写在公差框格的同一框格内，如图 9-48 所示的公共轴线和图 9-49 所示的公共中心平面。

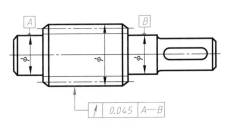

图 9-48　公共轴线为基准的注法

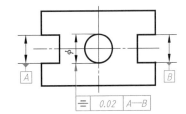

图 9-49　公共中心平面为基准的注法

e. 中心孔是标准结构，图样上常不画出它的投影，而用代号标注，此时若以中心孔轴线为基准时，基准代（符）号可按图 9-50 标注。

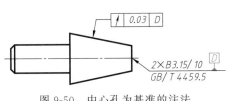

图 9-50　中心孔为基准的注法

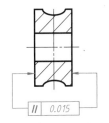

图 9-51　任选基准的注法

f. 零件上常会产生两面相同，不可辨认，使用中两面亦可替换的情况。例如某些滚动轴承内圈的两端面，它们的平行度要求就不能指定以哪一端作为基准，而这种任选其一为基准的面必须达到设计时确定的平行度要求，显然采用任选基准的要求更高。任选基准的标注方法只要将原来的基准符号改画箭头即可，如图 9-51 所示。

（3）零件图上标注几何公差的实例

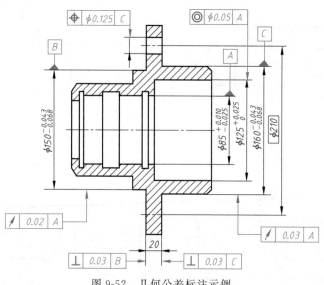

图 9-52　几何公差标注示例

图 9-52 为一轴套的零件图，从图上所标注的几何公差可知：

① $\boxed{/\ |\ 0.03\ |\ A}$ 表示 $\phi 160_{-0.068}^{-0.043}$ 圆柱表面对 $\phi 85_{-0.025}^{+0.010}$ 圆柱孔轴线径向的圆跳动公差为 0.03。

② $\boxed{/\ |\ 0.02\ |\ A}$ 表示 $\phi 150_{-0.068}^{-0.043}$ 圆柱表面对 $\phi 85_{-0.025}^{+0.010}$ 圆柱孔轴线径向的圆跳动公差为 0.02。

③ $\boxed{\perp\ |\ 0.03\ |\ B}$ 表示厚度为 20 的安装板左端面对 $\phi 150_{-0.068}^{-0.043}$ 圆柱面轴线的垂直度公差为 0.03。

④ $\boxed{\perp\ |\ 0.03\ |\ C}$ 表示厚度为 20 的安装板右端面对 $\phi 160_{-0.068}^{-0.043}$ 圆柱面轴线的垂直度公差为 0.03。

⑤ $\boxed{\odot\ |\ \phi 0.05\ |\ A}$ 表示 $\phi 125_{0}^{+0.025}$ 圆柱孔的轴线与 $\phi 85_{-0.025}^{+0.010}$ 圆柱孔轴线的同轴度公差为 $\phi 0.05$。

⑥ $\boxed{\oplus\ |\ \phi 0.125\ |\ C}$ 表示 $5 \times \phi 21$ 孔的轴线对理想位置轴线的位置度公差为 $\phi 0.125$，该理想位置轴线均匀分布在与 $\phi 160_{-0.068}^{-0.043}$ 圆柱面轴线同轴且直径为 $\phi 210$ 确定的圆周上。

9.5.4　其它技术要求

其它技术要求主要包括：

（1）零件毛坯的要求

有相当部分的零件是先通过铸、锻或焊接形成毛坯后再进行切削加工最后成形的，此时，对毛坯应有技术要求。常见的有铸造圆角的尺寸要求，对气孔、缩孔、裂纹等的限制，锻件去除氧化皮要求，焊缝的质量要求等。

（2）热处理要求

热处理是将金属零件毛坯或半成品加热到一定温度以后，保持一段时间，再以不同方式、不同速度冷却以改变金属材料内部组织，从而改善材料力学性能（强度、硬度、韧性等）和切削性能的方法。对热处理的技术要求主要是处理方法和指标（如硬度值）等内容。

（3）表面处理

表面处理一般是在零件表面加镀（涂）层，以提高零件表面抗腐蚀性、耐磨性或使表面美观。常用方法有涂漆、电镀（锌、铬、银等）和发黑（发蓝）等。

（4）对检测、试验条件与方法的要求

对零件的检测条件、检测方法、试验项目、要满足的参数等方面的要求。

以上技术要求注写在图样空白处（一般为标题栏上方）。顶行为"技术要求"字样，字号大于下边各行正文字号。注写文字要准确和简明扼要，所用代号和表示方法要符合国家标准规定。

附表 29～附表 31 列举了常用材料的名称、牌号及应用场合等。

附表 32 列举了常用的热处理与表面处理的名词解释及应用场合等。

9.6 读零件图

设计和制造零件时，都需要阅读零件图。所以，作为一名工程技术人员，必须具备较强的读图能力。通过读图，可以了解所读零件的结构形状、尺寸大小及加工时所需达到的各项技术要求，以便根据零件的特点在制造时采用适当的加工方法和检验手段来达到产品的质量要求；或进一步研究零件结构是否合理，求得改进和创新。现以图 9-53 所示的壳体为例，介绍读零件图的一般方法和步骤。

（1）读标题栏，概括了解

首先从标题栏中了解零件的名称、材料、比例等。从名称有时可判断出该零件属于哪一类零件，从材料可大致了解其加工方法。然后由装配图或其它资料了解该零件在机器部件上的作用，以及和其它零件的关系。

从图 9-53 的标题栏可以看出，零件的名称是壳体，属于箱体类零件，其作用是包容支承其它零件，该类零件结构较为复杂。由材料栏的 ZL102（参阅附表 31 常用有色金属牌号）可知，该零件的材料是铸造铝合金，这个零件是铸件。若有装配图，还可由零件图的图号参阅装配图，进一步了解该零件各结构的具体作用。

（2）分析视图，想象零件形状

该壳体较为复杂，采用了三个基本视图和一个局部视图表达它的内外形状。主视图为采用单一的正平面剖切后所得的 $A—A$ 全剖视图，主要表达内部形状；俯视图为采用了 $B—B$ 平行剖切平面剖切的全剖视图，同时表达了内部和底板的形状。局部剖的左视图以及 C 向局部视图主要表达外形及顶面形状。

分析形体可知，壳体主要由中上部的本体、下部的安装底板、左面的凸块、前方的圆筒和上部的顶板组成。顶部有 $\phi30H7$ 的通孔、$\phi12$ 的盲孔和 M6 的螺孔；底部有 $\phi48H7$ 与主体上 $\phi30H7$ 通孔相连接的阶梯孔，底板上还有锪平 $\phi16$ 的 4 个安装孔 $\phi6$。结合主、俯、左三视图看，左侧为带有凹槽的凸块，在凹槽的左端面上有 $\phi12$、$\phi8$ 的阶梯孔，与顶部 $\phi12$ 的圆柱孔相通；在这个台阶孔的上方和下方，分别有一个螺孔 M6。在凸块前方的圆筒（从外径 $\phi30$ 可以看出）上，有 $\phi20$、$\phi12$ 的阶梯孔，向后也与顶部 $\phi12$ 的圆柱孔相通。从采用局部剖视的左视图和 C 向视图可看出：顶部有六个 $\phi6$ 的安装孔，并在它们下端分别锪平成 $\phi12$ 的平面。

通过以上读图分析，就可以想象出壳体的内、外形状，如图 9-54 所示。

（3）分析尺寸和技术要求

通过形体分析和视图上所注尺寸可以看出，长度基准、宽度基准分别是通过壳体的主体轴线的侧平面和正平面；高度基准是底板的底面。从这三个尺寸基准出发，再进一步看懂各部分的定位尺寸和定形尺寸，就可以完全读懂这个壳体的形状和大小。

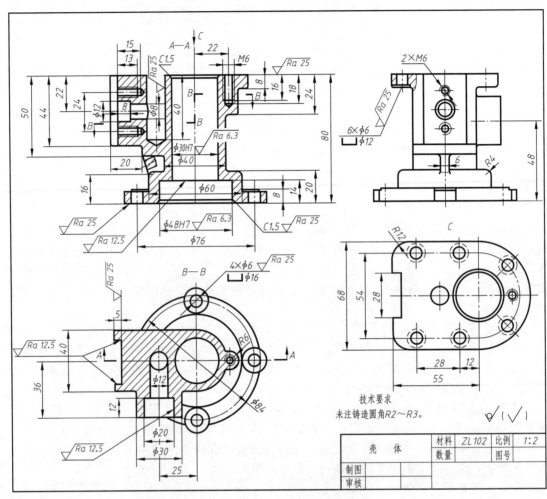

图 9-53 壳体零件图

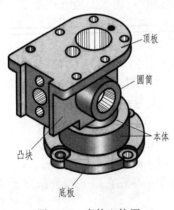

图 9-54 壳体立体图

从图中可以看出，壳体的顶板和底板中的台阶孔 $\phi48H7$、$\phi30H7$ 都有公差要求，其极限偏差数值可由公差带代号 H7 查附表 28 获得。

再看表面粗糙度，除主要圆柱孔 $\phi30H7$、$\phi48H7$ 为 Ra 6.3 外，加工面大部分为 Ra 25，少数是 Ra 12.5，其余仍为铸件表面（毛面）。由此可见：该零件对表面粗糙度要求不高。

图中未注尺寸的铸造圆角在技术要求中用文字 $R2\sim R3$ 进行说明。

（4）综合考虑

把上述各项内容综合起来，就对这个壳体零件有了一个全面的了解。

第10章

装配图

机器或部件是由若干零件按照一定的技术要求装配而成的。表示机器或部件及其连接、装配关系、工作原理的图样称为装配图。表示一台完整机器的装配图称为总装配图，表示机器中某个部件或组件的装配图称为部件装配图。

10.1 装配图的作用和内容

10.1.1 装配图的作用

机器或部件在设计、仿制或改装时，一般先画出装配图，再根据装配图拆画出零件图。制造时，先根据零件图生产零件，再根据装配图将零件装配成机器或部件。因此，装配图是进行零件设计的依据，也是装配、检验、安装与维修机器或部件的技术依据。装配图是表达设计思想、指导生产及进行技术交流的重要技术文件。

10.1.2 装配图的内容

专用铣床上的铣刀头由座体、轴、V带轮等十几种零部件组成。

如图 10-1 所示是铣刀头的装配图。从图中可看出，一张完整的装配图应包括下列内容。

（1）一组视图

用来表达机器或部件的工作原理，零件间的装配、连接关系及主要零件的结构形状等。

（2）必要的尺寸

表示机器或部件的性能（规格）尺寸、装配尺寸、安装尺寸、外形尺寸以及影响机器或部件性能的其它重要尺寸等。

（3）技术要求

用文字或符号来说明机器或部件在安装、调试、校验、使用和维修等方面的要求。

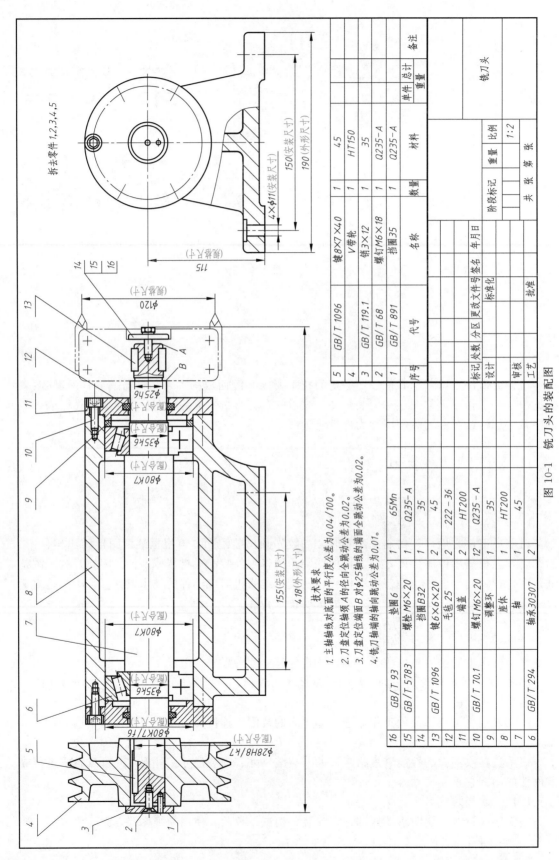

拆去零件1,2,3,4,5

技术要求

1. 主轴轴线对底面的平行度公差为0.04/100。
2. 刀盘定位轴颈A的径向全跳动公差为0.02。
3. 刀盘定位端面B对φ25轴线的端面全跳动公差为0.02。
4. 铣刀轴端的轴向跳动公差为0.01。

5	GB/T 1096	键 8×7×40	1	45		
4		V带轮	1	HT150		
3	GB/T 119.1	销3×12	1	35		
2	GB/T 68	螺钉M6×18	1	Q235-A		
1	GB/T 891	挡圈35	1	Q235-A		
序号	代号	名称	数量	材料	单件 总计	备注
					重量	

16	GB/T 93	垫圈6	1	65Mn	
15	GB/T 5783	螺栓M6×20	1	Q235-A	
14		挡圈B32	1	35	
13	GB/T 1096	键6×6×20	2	45	
12		毛毡25	2	222-36	
11		端盖	2	HT200	
10	GB/T 70.1	螺钉M6×20	12	Q235-A	
9		调整环	1	35	
8		座体	1	HT200	
7		轴	1	45	
6	GB/T 294	轴承30307	2		

铣刀头

比例 1:2

重量

共 张 第 张

标记	处数	分区	更改文件号	签名	年月日
设计			标准化		
审核					
工艺			批准		

图 10-1 铣刀头的装配图

150(安装尺寸)
190(外形尺寸)
4×φ11(安装尺寸)
115(外形尺寸)

φ120(外形尺寸)
φ25K6
φ35K6
φ80K7
155(安装尺寸)
418(外形尺寸)
φ80K7/f6
φ35K6
φ80K7
φ28H8/k7(配作尺寸)

（4）零件序号、明细栏和标题栏

在装配图中，需对每种零件编写序号，并在明细栏中依次对应列出每种零件的序号、名称、数量、材料等。标题栏中应填写机器或部件的名称、图号、绘图比例、有关人员的签名、日期等。

10.2　装配图的表达方法

由于装配图表达的内容与零件图不同，所以，表达装配图，除了零件图所用的表达方法（视图、剖视图、断面图等）外，还有一些规定画法和特殊的表达方法。

10.2.1　装配图的规定画法

① 相邻两零件的接触面和配合面，只画一条线；不接触面，不管间隙多小，也应画成两条线。如图 10-2 中的轴肩与齿轮的左端面为接触面，轴与齿轮的内孔为配合面，均画一条线；而键的上表面与齿轮上键槽的底面为非接触面，因此画成两条线。

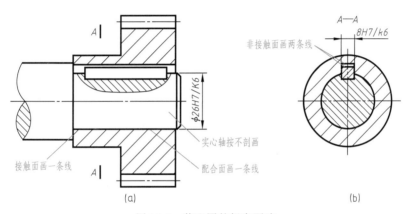

图 10-2　装配图的规定画法

② 为区分零件，在剖视图或断面图中，两个相邻零件剖面线的倾斜方向应相反，或方向一致间隔不同。如图 10-2（b）中的齿轮与轴的剖面线倾斜方向相反，而齿轮与键的剖面线方向相同，但间隔不同。同一零件在各个视图上剖面线的倾斜方向和间隔必须一致。当零件厚度小于 2mm 时，剖切后允许用涂黑代替剖面符号，如图 10-3 中的垫片较薄，剖切面以涂黑表示。

③ 当剖切平面通过标准件（如螺钉、螺母、垫圈等）和实心件（如轴、手柄、销等）的轴线时，这些零件都按不剖画出，如图 10-2 中的实心轴、图 10-3 中的螺钉所示。当剖切平面垂直于这些零件的轴线时，则应画出剖面线。

10.2.2　装配图的特殊表达方法

（1）拆卸画法

在装配图的某个视图中，当某些可拆零件遮挡了所需表达的结构时，可假想地先将这些零件拆去后再投影画图，该方法通常要在其视图的上方加注"拆去××"字样，如图 10-1 铣刀头的左视图所示。

（2）沿零件的结合面剖切法

为了能清楚地表达出机器或部件的内部情况，可采用假想沿某些零件的结合面进行剖切的画法。此时，在结合面上不必画出剖面线，但被剖切到的其它零件的剖切面上应画出剖面线，如图 10-3 (a) 所示的 $A—A$ 剖视图就是沿转子油泵的泵盖和泵体的结合面剖切后画出的。

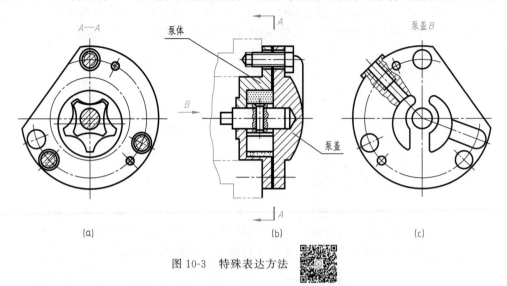

图 10-3 特殊表达方法

(3) 单独表达某个零件的画法

当某个零件的形状未表达清楚而影响对部件的工作情况、装配关系等问题的理解时，可单独画出某一零件的视图。但必须在该视图的上方注出该零件的名称，其它标注方法与局部视图相同，如图 10-3 (c) 所示。

(4) 假想画法

为了表达装配体中运动零件的极限位置或不属于本部件但与本部件有关系的相邻零件，可用双点画线假想地画出它们的轮廓，如图 10-3 (b)、图 10-4 所示。

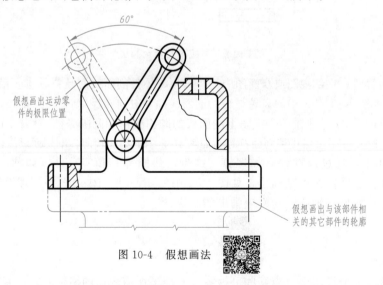

图 10-4 假想画法

(5) 夸大画法

在装配图中，为了清楚地表达薄的垫片或较小的间隙，允许将其夸大画出，如图 10-5 中的间隙采用了夸大画法。

(6) 简化画法

常用的简化画法主要有以下几种，如图 10-5 所示。

① 在装配图中，零件的工艺结构（如倒角、倒圆、退刀槽、越程槽等）允许不画；螺栓头部与螺母中因倒角产生的曲线允许简化。

② 对于装配图中结构相同、重复出现的零件组，如螺栓连接等，可详细地画出一组，其余只需用点画线标明其装配位置，但需在明细栏中注明数量。

在装配图中也可省略螺栓、螺母、销等紧固件的投影，而用点画线和指引线指明它们的位置。

③ 滚动轴承允许详细地画出一半，另一半采用通用画法。

(7) 展开画法

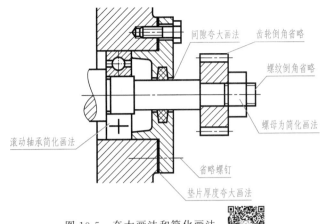

图 10-5　夸大画法和简化画法

为了清晰地表达出传动机构中的传动线路和装配关系，可假想地按传动顺序沿各轴线剖切后，将空间轴系依次展开在同一平面上，此时应在剖视图的上方加注"×—×展开"字样，如图 10-6 中的"A—A 展开"。

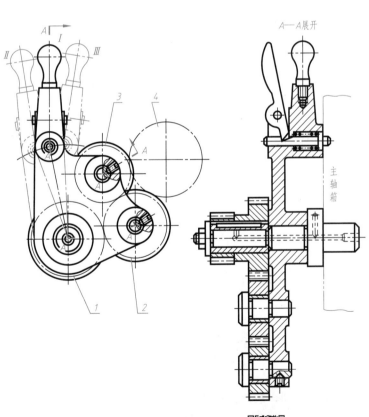

图 10-6　假想画法和展开画法

237

10.3 装配图的尺寸标注和技术要求

10.3.1 装配图的尺寸标注

装配图的尺寸标注要求与零件图不同。零件图是加工零件的重要依据，必须标注出决定零件结构的全部尺寸；而装配图是表达装配体的工作原理、装配关系及各零件间的相互位置的图样，所以没有必要标注每个零件的全部尺寸，只需标出一些必要的尺寸，这些尺寸按其作用的不同，可分为以下几类。

(1) 性能（规格）尺寸

表示机器（部件）的性能或规格的尺寸，它是设计和选用机器（部件）时的主要依据。如图 10-1 中 $\phi120$、115。

(2) 装配尺寸

保证机器中各零件装配关系的尺寸，称为装配尺寸。装配尺寸包括配合尺寸和主要零件之间的相对位置尺寸。如图 10-1 中的 $\phi80K7/f6$、$\phi28H8/k7$、$\phi80K7$、$\phi35k6$ 等。

(3) 安装尺寸

表示机器（部件）安装到基座或其它工作位置时所需的尺寸，如图 10-1 中的 $4\times\phi11$、155、150 等。

(4) 外形尺寸

表示机器（部件）的外形轮廓尺寸，即总长、总宽和总高尺寸，它是机器（部件）在包装、运输、安装和厂房设计时需参考的尺寸，如图 10-1 中的 418、190 等。

(5) 其它重要尺寸

指除了以上四类尺寸外，在设计或装配时需要保证的其它重要尺寸。它们在设计过程中会影响机器（部件）的性能或运动状态。

上述五类尺寸要根据具体情况分析，并不是所有装配图都具备这五类尺寸，也可能会呈现同一尺寸同时具有多种作用，可归入两类或两类以上的尺寸。

10.3.2 装配图的技术要求

机器或部件的性能、要求各不相同，其技术要求也不同。一般考虑以下几个方面。

① 装配要求。指装配时的说明，装配过程中的注意事项和所要达到的要求。

② 试验和检验要求。它包括对机器或部件的基本性能检验，试验的方法和技术指标等的说明。

③ 使用要求。它是对机器或部件的性能和维护、保养、包装、运输、安装及操作、使用注意事项的说明。

装配图的技术要求，通常用文字注写在明细栏的上方或图样下方的空白处。

10.3.3 零、部件序号及明细栏

(1) 零、部件序号的编写

为了便于看图和图样管理，装配图中所有的零、部件都必须编写序号。相同的零、部件编一个序号，一般只标注一次。序号应注写在视图外明显的位置上。序号的注写形式如图10-7 所示，其注写规则如下。

① 在所指零、部件的可见轮廓内画一圆点，然后从圆点开始画指引线（细实线），在指

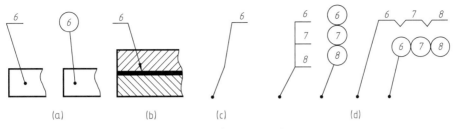

图 10-7 序号注写形式

引线的另一端画一水平线或圆（细实线），在水平线上或圆内注写序号，序号的字高比该装配图中所注尺寸数字的高度大一号或两号，如图 10-7（a）所示。

② 当所指部分（很薄的零件或涂黑的剖面）内不便画圆点时，可在指引线的末端画出箭头，并指向该部分的轮廓，如图 10-7（b）所示。

③ 在同一装配图中，编写序号的形式应一致。

④ 指引线相互不能交叉，当通过有剖面线的区域时，指引线不应与剖面线平行，必要时，指引线可以画成折线，但只可弯折一次，如图 10-7（c）所示。

⑤ 一组紧固件以及装配关系清楚的零件组，可以采用公共指引线，如图 10-7（d）所示。

⑥ 序号应按顺时针（或逆时针）方向整齐地顺次排列。如在整个图上无法连续时，可只在每个水平或垂直方向顺次排列。

（2）明细栏

装配图上应画出明细栏。明细栏绘制在标题栏上方，按零、部件序号由下向上填写。位置不够时，可紧靠在标题栏左边继续编写。

明细栏的填写内容包括零部件序号、代号、名称、数量、材料等。明细栏的格式、填写方法等应遵循 GB/T 10609.2—2009《技术制图 明细栏》中的规定，其格式如图 10-8 所示。

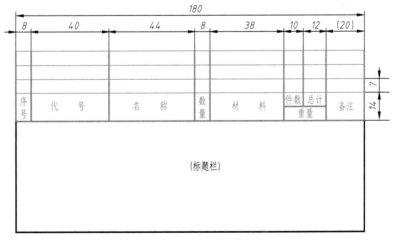

图 10-8 明细栏的格式

10.4 装配图结构的合理性

为了保证装配质量和装拆方便，达到机器或部件规定的性能精度要求，装配图要考虑装配工艺结构的合理性。常见装配工艺结构如下。

(1) 接触面的数量

两个零件在同一个方向上，只能有一个接触面或配合面，如图 10-9 所示。

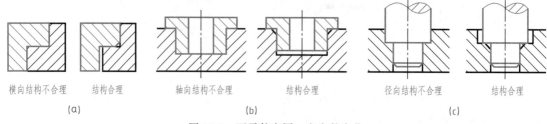

横向结构不合理　　结构合理　　　　轴向结构不合理　　　结构合理　　　　径向结构不合理　　结构合理

(a)　　　　　　　　　　　　　　　　(b)　　　　　　　　　　　　　　　　(c)

图 10-9　两零件在同一方向的定位

(2) 轴与孔的装配

为保证轴肩端面和孔端面接触，可在轴肩处加工出退刀槽，或在孔的端面加工出倒角，如图 10-10 所示。退刀槽和倒角的尺寸可查有关标准确定。

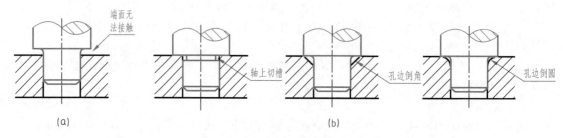

(a)　　　　　　　　　　　　　　　　(b)

图 10-10　轴肩和孔端面接触结构

(3) 螺纹紧固件的装拆空间

为了便于装拆，在设计螺栓和螺钉的位置时，要留下装拆螺栓所需要的扳手空间 ［图 10-11（b）］ 和安装螺钉所需要的空间 ［图 10-11（d）］。

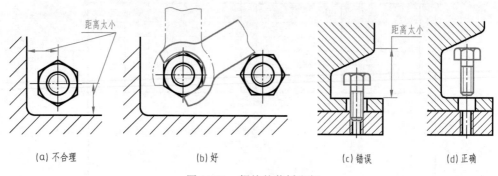

(a) 不合理　　　　　　(b) 好　　　　　　(c) 错误　　　　　(d) 正确

图 10-11　螺栓的装拆空间

(4) 滚动轴承的轴向固定结构

为了便于滚动轴承的拆卸，轴肩或孔肩的高度应小于轴承内圈或外圈的厚度，如图 10-12 所示。

(5) 销的装拆

为了保证两零件在装拆前后的装配精度，常用圆柱销、圆锥销定位。为加工和装拆方便，应尽量将销孔加工成通孔，如图 10-13（a）所示。

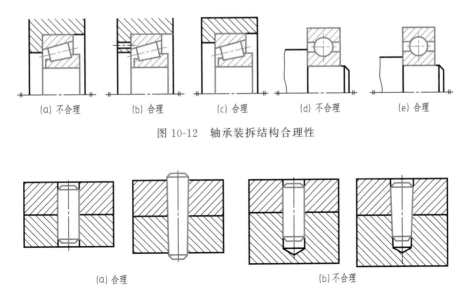

图 10-12　轴承装拆结构合理性

图 10-13　销装拆结构合理性

10.5　装配图的画法

在新产品的设计开发和产品仿制中，都要求画出装配图。下面以图 10-14 所示的旋塞为例，介绍画装配图的方法与步骤。

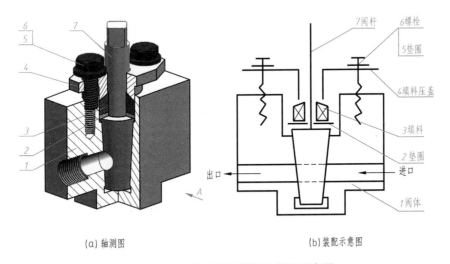

图 10-14　旋塞的轴测图和装配示意图

10.5.1　分析部件

画装配图前，应先读懂全部给出的零件图及有关的资料，弄清各零件的结构形状、尺寸及技术要求。根据装配示意图、立体图或装配体实物了解清楚装配体的功用、结构特点、工作原理、零件间的装配连接关系等。

图 10-14 所示旋塞是管道系统中用于启闭和调节流体流量的部件。它以螺纹连接于管道上，作为开关设备，其特点是开、关迅速。工作时，从外部转动阀杆，使阀杆中孔的轴线与阀体中孔的轴线对齐，此时阀门处于开通状态，如图 10-14 （b） 所示位置。当转动阀杆 90°以后，使其孔的轴线与阀体中孔的轴线垂直，该阀门关闭。为了防止泄漏，在阀杆和阀体之间充填填料（石棉绳），并用填料压盖压紧，压紧后要求实现密封可靠且阀杆转动灵活。

10.5.2　确定表达方案

画装配图和画零件图一样，应先确定表达方案，根据已学过的机件的各种表达方法（包括装配图的特殊表达方法），对部件有了充分的了解后，考虑选用哪一种表达方法能较好地反映出部件的装配关系、工作原理和主要零件的结构形状，实质上就是选择一组恰当的视图，把部件的工作原理、装配关系及结构形状完整、清晰、简洁地表达出来。

首先，根据部件的安放位置先确定主视图，然后再选择其它视图。

（1）主视图的选择

① 符合部件的工作位置，这样给设计和指导装配带来方便。如旋塞的工作位置情况多变，但一般是将其通路放成水平位置。

② 部件的工作位置确定后，选择部件的主视图方向。经过比较，应选用能清楚反映主要装配关系和工作原理的视图作为主视图，并采取适当的剖视，比较清晰地表达各个主要零件以及零件间的相互关系。

根据以上原则，选择如图 10-14 所示 A 方向为旋塞的主视图投射方向，并沿前后对称面作全剖视。

（2）其它视图的选择

根据确定的主视图，再选取能反映其它装配关系、外形及局部结构的视图。旋塞的主视图，虽然清楚地反映了各零件间的主要装配关系和旋塞工作原理，可是旋塞的外形结构还没有表达清楚。再选取俯视图，补充反映了它的外形结构。

10.5.3　拼画装配图

根据图 10-14 所示的旋塞轴测图、装配示意图和图 10-15 所示组成旋塞的零件图，可拼画出其装配图。具体画图步骤如下：

① 确定表达方案，定出画图比例和图幅，画图框、标题栏、明细栏，合理安排好各视图的位置，画好各视图的作图基准线和主要轴线等，如图 10-16 （a） 所示。

② 从主视图入手，配合其它视图画出底稿图。画底稿图时，可围绕各条装配干线（由装配关系较密切的一组零件组成）"由里向外画"或"由外向里画"。

所谓"由里向外画"，即从部件内部的主要装配干线出发，逐次向外扩展，这样，被挡住零件的不可见轮廓线可以不必画出。

所谓"由外向里画"，即从主要零件箱体开始画起，逐次向里画出各个零件，它的优点是便于考虑整体的合理布局。

这两种方法应根据部件或机器的不同结构灵活选用或结合运用，无论运用哪种方法，画图时仍要保持各视图间、各零件间的投影关系，并随时检查零件间有无干扰、定位等问题。如图 10-16 （b）～（d） 所示。

③ 校核底稿，擦去多余作图线，按规定线型加深图线、画剖面线、标注尺寸、编写零件序号、填写明细栏、标题栏和技术要求，最后完成装配图，如图 10-17 所示。

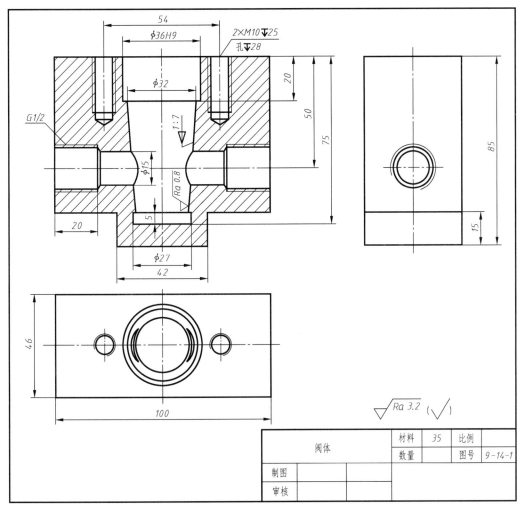

(a) 阀体

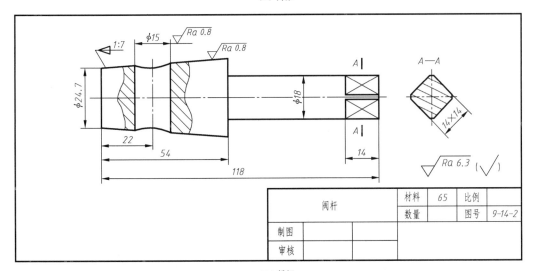

(b) 阀杆

图 10-15

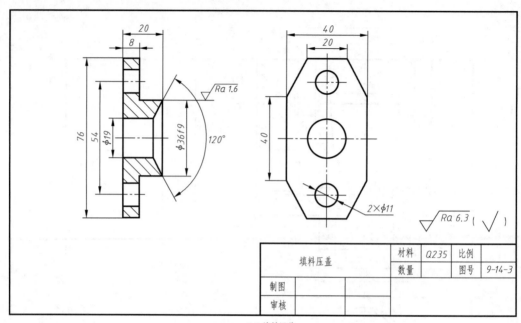

(c) 填料压盖

图 10-15　旋塞零件图

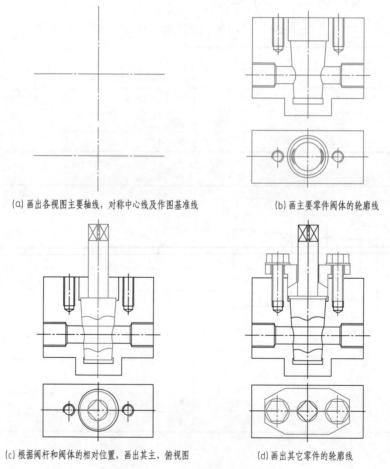

(a) 画出各视图主要轴线，对称中心线及作图基准线　　　　(b) 画主要零件阀体的轮廓线

(c) 根据阀杆和阀体的相对位置，画出其主、俯视图　　　　(d) 画出其它零件的轮廓线

图 10-16　拼画旋塞装配图的步骤

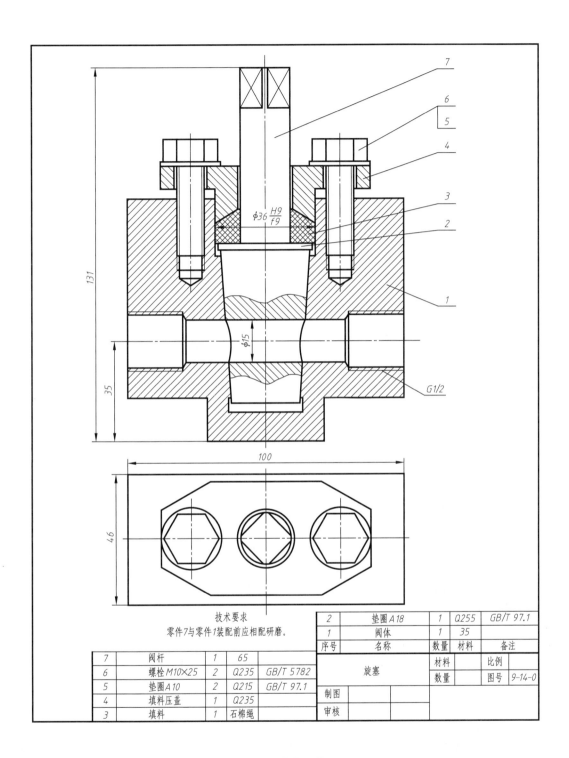

图 10-17 旋塞的装配图

技术要求
零件7与零件1装配前应相配研磨。

2	垫圈 A 18	1	Q255	GB/T 97.1
1	阀体	1	35	
序号	名称	数量	材料	备注

			材料		比例	
	旋塞		数量		图号	9-14-0
制图						
审核						

7	阀杆	1	65	
6	螺栓 M10×25	2	Q235	GB/T 5782
5	垫圈 A 10	2	Q215	GB/T 97.1
4	填料压盖	1	Q235	
3	填料	1	石棉绳	

10.6 读装配图和拆画零件图

在机器或部件设计、装配、检验、维修和技术交流的过程中，都需要装配图。因此，熟练地阅读装配图，正确地由装配图拆画零件图，是每个工程技术人员必须具备的基本技能之一。

10.6.1 读装配图

(1) 读装配图的基本要求

读装配图应达到下列基本要求。

① 明确机器或部件的名称、用途、性能和工作原理。

② 明确各零件的相互位置、装拆顺序及装配连接关系。

③ 明确各零件的作用和主要结构。

需要说明的是：要想达到以上要求，必须读懂装配图，必要时还需阅读零件图和其它技术文件。读懂一张装配图还需要具备一定的专业知识和生产实践经验，这需要专业课程的学习和实际工作经验的积累。

(2) 读装配图的方法和步骤

下面以图 10-18 所示的机用虎钳为例，说明读装配图的方法和步骤。

① 概括了解。读装配图时，首先要看标题栏、明细栏，从中了解该机器或部件的名称、组成该机器或部件各零件的名称、数量、材料，以及标准件的规格等。根据视图的大小、画图的比例和装配体的外形尺寸等，对装配体有一个初步印象。

图 10-18 所示为机用虎钳装配图。由标题栏可知该部件名称为机用虎钳，对照图上的序号和明细栏，可知它由十一种零件组成，其中垫圈 5、圆锥销 7、螺钉 10 是标准件（明细栏中有标准编号），其它为非标准件。根据实践知识或查阅说明书及有关资料，大致可知：机用虎钳是安装在机床工作台上，用于夹紧工件，以便进行切削加工的一种通用工具。

② 分析视图。首先找到主视图，再根据投影关系识读其它视图，明确各视图表达的意图和重点，为下一步深入看图做准备。

机用虎钳装配图采用六个图形来表达，包括主、俯、左三个基本视图、单独表达某个零件的画法、局部放大图、移出断面图等。各视图及表达方法的分析如下。

a. 主视图。采用了全剖视图，主要反映机用虎钳的工作原理和各零件的装配关系。

b. 俯视图。主要表达机用虎钳的外形，并通过局部剖视表达护口片 2 与固定钳身 1 连接的局部结构。

c. 左视图。采用 $B—B$ 半剖视图，表达机用虎钳的外形及固定钳身 1、活动钳身 4 和螺母 8 三个零件之间的装配关系。

d. 单独表达某个零件的画法。件 2 的 A 向视图，用来表达护口片 2 的形状。

e. 局部放大图。用以表达螺杆 9 上矩形螺纹的结构和尺寸。

f. 移出断面图。用以表达螺杆右端的断面形状。

③ 分析工作原理和零件的装配关系。对于比较简单的装配体，可以直接对装配图进行分析。对于比较复杂的装配体，需要借助说明书等技术资料来阅读图样。读图时，可先从反映工作原理、装配关系较明显的视图入手，抓主要装配干线或传动路线，分析各相关零件间的连接方式和装配关系，判明固定件与运动件，弄清工作原理。

a. 工作原理。机用虎钳的主视图基本反映出其工作原理：旋转螺杆 9，使螺母 8 带动活动钳身 4 在水平方向向右、向左移动，进而夹紧或松开工件。机用虎钳的最大夹持厚度为 70。

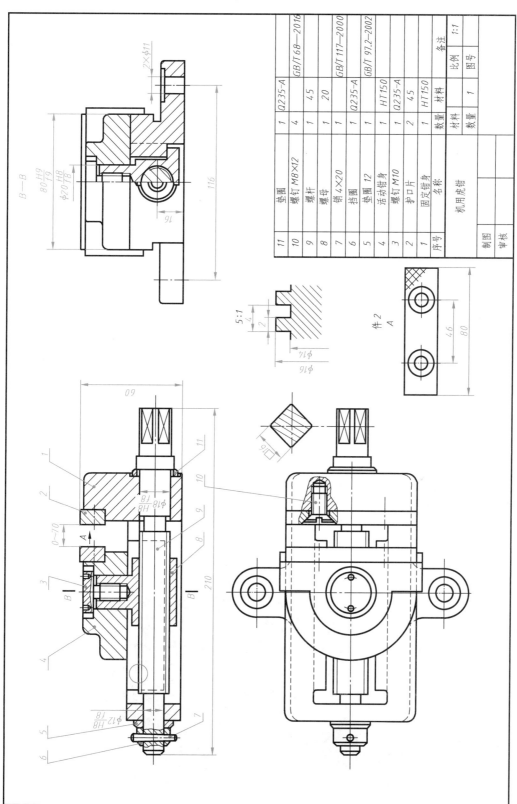

图 10-18 机用虎钳装配图

序号	名称	数量	材料	备注
11	垫圈	1	Q235-A	
10	螺钉 M8×12	4		GB/T 68—2016
9	螺杆	1	45	
8	螺母	1	20	
7	销 4×20	1		GB/T 117—2000
6	挡圈	1		
5	垫圈 12	1	Q235-A	GB/T 97.2—2002
4	活动钳身	1	HT150	
3	螺钉 M10	1	Q235-A	
2	护口片	2	45	
1	固定钳身	1	HT150	

机用虎钳		数量		比例	1:1
		1		图号	
制图					
审核					

247

b. 装配关系。主视图反映了机用虎钳主要零件间的装配关系：螺母 8 从固定钳身 1 下方的空腔装入工字形槽内，再装入垫圈 11 和螺杆 9，用垫圈 5、挡圈 6 和圆锥销 7 将螺杆轴向固定；螺钉 3 用于连接活动钳身 4 与螺母 8，最后用螺钉 10 将两块护口片 2 分别与固定钳身 1、活动钳身 4 连接。

④ 分析零件的结构形状。在弄清上述内容的基础上，还要看懂每一个零件的结构形状。读图时，借助序号指引的零件上的剖面线，利用同一零件在不同视图上的剖面线方向与间隔一致的规定，对照投影关系以及与相邻零件的装配情况，逐步想象出各零件的主要结构形状。

分析时，一般先从主要零件着手，然后是次要零件。有些零件的具体形状可能表达得不够清楚，这时需要根据该零件的作用及与相邻零件的装配关系进行推想，完整构思出零件的结构形状，为拆画零件图作准备。

固定钳身、活动钳身、螺杆、螺母是机用虎钳的主要零件，它们在结构和尺寸上都有非常密切的联系，要读懂装配图，必须看懂它们的结构形状。

a. 固定钳身。根据主、俯、左视图，可知其结构左低右高，下部有一空腔，且有一工字形槽。空腔的作用是放置螺杆和螺母，螺杆带动螺母使活动钳身沿水平方向左右移动。

b. 活动钳身。由三个基本视图可知其主体左侧为阶梯半圆柱，右侧为长方体，前后向下探出的部分包住固定钳身，二者的结合面采用基孔制、间隙配合（80H9/f9）。中部的阶梯孔与螺母的结合面采用基孔制、间隙配合（ϕ20H8/f8）。

c. 螺杆。由主视图、俯视图、断面图和局部放大图可知，螺杆的中部为矩形螺纹，两端轴径与固定钳身两端的圆孔采用基孔制、间隙配合（ϕ12H8/f8、ϕ18H8/f8）。螺杆左端加工出锥销孔，右端加工出矩形平面。

d. 螺母。由主、左视图可知，其结构为上圆下方，上部圆柱与活动钳身相配合，并通过螺钉调节松紧度；下部方形内的螺纹孔可旋入螺杆，将螺杆的旋转运动转变为螺母的左右水平移动，带动活动钳身沿螺杆轴线移动，达到夹紧或松开的目的；底部凸台的上表面与固定钳身工字形槽的下导面相接触，故而应有较高的表面结构要求。

把机用虎钳中每个零件的结构形状都看清楚之后，将各个零件联系起来，便可想象出机用虎钳的完整形状，如图 10-19 所示。

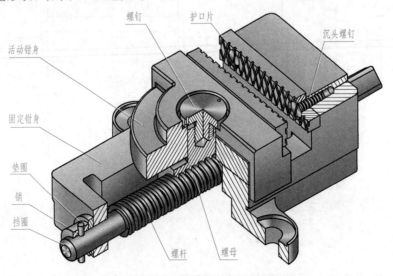

图 10-19　机用虎钳轴测剖视图

⑤ 归纳总结。在以上分析的基础上，还要对技术要求、尺寸等进行研究，并综合分析总体结构，从而对装配体有一个全面了解。

10.6.2　由装配图拆画零件图

由装配图拆画零件图简称拆图。它是在看懂装配图的基础上进行的。由于在装配图上很难完整、清晰地表达出每个零件的结构形状，所以，在拆图时，需对零件的结构进行分析和设计，并认真处理好以下几个问题。

(1) 分离零件的方法

看懂装配图后，根据画装配图的三条基本规定，将需要拆画的零件从装配图中分离出来。分离零件的方法是：

① 先从明细栏中找到要拆画零件的序号和名称。

② 根据该序号的指引线找到它在装配图中所在的位置。

③ 根据投影关系、剖面线的方向和间隔，将该零件从装配图中分离出来。

(2) 对零件结构形状的处理

经过看装配图后，对大部分零件的结构形状已有所了解，但仍需对部分复杂零件的结构作进一步地分析或对某些结构进行改进设计。如表达不完整时，可根据功用和装配关系，对其结构形状加以构思、补充和完善；对装配图中被省略的工艺结构，如倒角、退刀槽、越程槽等，在零件图中应补充画出，保证装配工艺结构的合理。

(3) 对零件表达方案的处理

装配图与零件图表达零件的侧重点是不同的，前者注重于装配关系，后者注重于结构形状。所以，在拆画零件图时，不能简单地照搬装配图的表达方案，而应根据零件的类型和整体结构形状重新选择视图。

(4) 对零件图上尺寸的处理

① 抄：在装配图上已标注的与该零件有关的尺寸可直接移注到零件图上，如配合尺寸、某些相对位置尺寸等，并注意与其它相关零件尺寸之间的协调性。

② 量：在装配图上未注出的尺寸，可按比例在装配图上量取，并注意圆整。

③ 查：一些标准结构的尺寸，应从有关标准手册中查取。

④ 算：某些零件的参数在明细栏中已给出，如弹簧尺寸、齿轮齿数和模数等，应经过计算后注写。

(5) 技术要求的处理

根据零件在部件中的功用及与其它零件的相互关系，并结合结构与工艺方面的知识来确定表面质量、几何公差、尺寸极限、热处理等技术要求，必要时也可参考同类产品的图纸。

下面以图 10-18 所示的机用虎钳装配图为例，通过拆画固定钳身 1，说明拆画零件图的方法与步骤。

① 看懂装配图。通过 10.6.1 节的分析，我们了解了图 10-18 所示的机用虎钳的用途、性能，并弄清了各视图的表达内容和表达意图，明确了机用虎钳的工作原理和装配关系。

② 分离固定钳身的视图，构思该零件的结构形状。在装配图图 10-20 中，分离出固定钳身所对应的视图如图 10-21 所示。固定钳身是机用虎钳的主要零件，它对其它零件起到支承作用。固定钳身下方前、后两个突出部分为机用虎钳的固定、安装部分。底部有空腔，作用是放置螺杆和螺母。空腔左右两边有孔，对螺杆起到支承作用。中间有一个工字形槽，作用是让螺母从中间穿出，以连接活动钳身，同时空腔下导面也对螺母的运动起到导向作用。固定钳身上部左低右高，右边是固定钳口，为机用虎钳的主要工作部分。根据各部分的功用

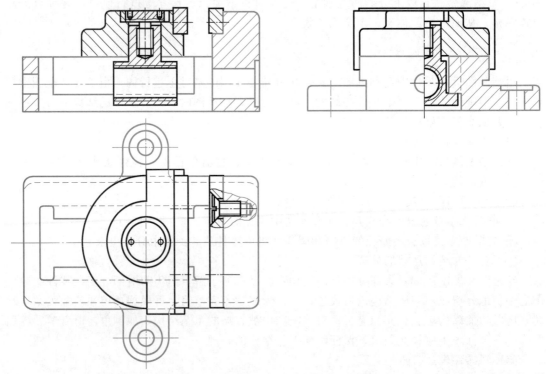

图 10-20　从装配图分离出固定钳身的投影轮廓

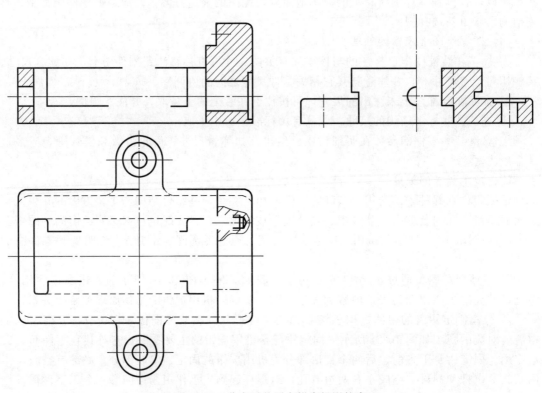

图 10-21　分离后的固定钳身投影轮廓

和装配关系，就可以构思出固定钳身的结构。

　　根据零件的功用及与相邻零件的装配连接关系，用零件结构和装配结构等知识设计确定并补画出来。同时，装配图中被省略的工艺结构，在拆画的零件图中应全部补齐，如图 10-22 所示。

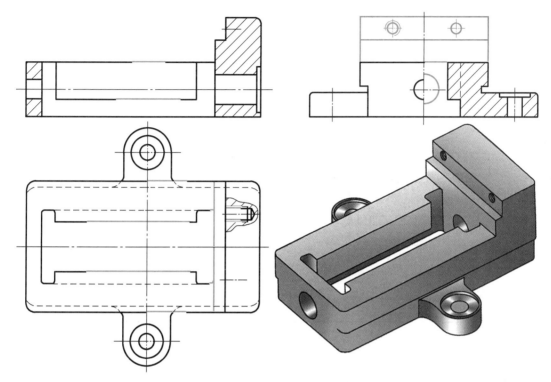

图 10-22　补充完整的固定钳身

　　③ 确定固定钳身表达方案。固定钳身的主视图应按工作位置原则进行选取，与装配图一致。为了表达内部结构，采用全剖视图。左视图采用半剖视图，既表达了固定钳身左边的外形及孔的大小，又表达了工字形槽内部的形状。俯视图中采用局部剖，表达螺纹孔的形状和大小。虽然在拆画零件时，不能简单地照搬装配图的表达方案，而应根据零件的类型和整体结构形状重新确定表达方案，但对于固定钳身来说，图 10-23 所示表达方案恰好和装配图图 10-18 中固定钳身的表达方案是一致的。

　　④ 标注尺寸。运用形体分析或结构分析，对于图 10-23 中固定钳身底部安装孔的尺寸 $2\times\phi11$、安装孔定位尺寸 116、左右孔的直径 $\phi12$、$\phi18$ 等装配图上已标注的尺寸，可以直接移注。图 10-23 中的沉孔尺寸及螺纹孔尺寸，可查阅标准后确定。钳身的总长 154 和总高 58 等尺寸可以从装配图中按照比例直接量取。

　　⑤ 标注技术要求。根据固定钳身的工作情况及各表面的作用要求，拟定出它的表面粗糙度、尺寸极限、几何公差等技术要求。例如图 10-23 中，为了使活动钳身、螺母在水平方向运动自如，固定钳身上、下导面必须提高表面结构要求，选择 Ra 值为 $1.6\mu m$。$\phi12$、$\phi18$ 孔和螺杆为间隙配合，因此需要查表确定尺寸极限。其它技术要求可以根据具体情况确定。

　　⑥ 填写标题栏。根据装配图中的明细栏，在零件图的标题栏中填写零件的名称、材料、数量等，并填写绘图比例和姓名等。

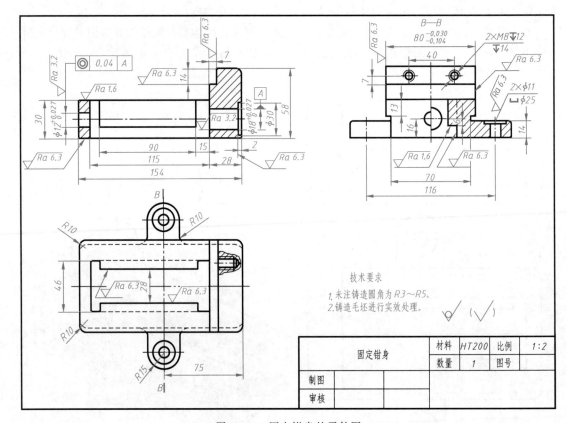

图 10-23　固定钳身的零件图

第11章

零部件测绘

根据现有的部件或机器，通过测量绘制出全部非标准件的草图，经修改与整理后绘制成装配图和零件图的过程，称为零部件测绘。零部件测绘一方面是为设计新产品提供参考图样，另一方面是为现有产品的维修、改造补充图样，以便加工和制造，它是工程技术人员必须掌握的基本技能。

11.1 部件测绘

11.1.1 测绘前准备工作

测绘部件时，应根据其复杂程度编制测绘计划，准备必要的拆卸工具（扳手、手钳、螺丝刀等）、测量工具（钢板尺、外卡钳、内卡钳、游标卡尺、千分尺、螺纹规等），还应准备好标签、绘图用品和参考资料等。

11.1.2 分析测绘对象

测绘前，要对被测绘的部件进行必要的分析。通过分析该装配体的结构和工作情况，查阅有关该装配体的说明书及资料，搞清该装配体的用途、性能、工作原理、结构及零件间的装配关系等。现以图11-1（a）所示的齿轮油泵为例，说明部件测绘的方法和步骤。

齿轮油泵是机器中用来输入润滑油的一个部件。由泵体、泵盖、齿轮、轴、密封零件以及标准件等主要零件组成。

在泵体的内腔装有一对相互啮合的圆柱齿轮，两侧各有一个泵盖，支承这一对齿轮的转动；用圆柱销将泵盖与泵体定位，用螺钉连接成整体；传动齿轮轴伸出泵体外，以连接动力；为了防止泵体与泵盖结合面处以及齿轮传动轴伸出端漏油，分别用垫片、填料、压紧套、压紧螺母进行密封。

齿轮油泵的工作原理如图11-1（b）所示。当传动齿轮逆时针转动时，通过键联接，将

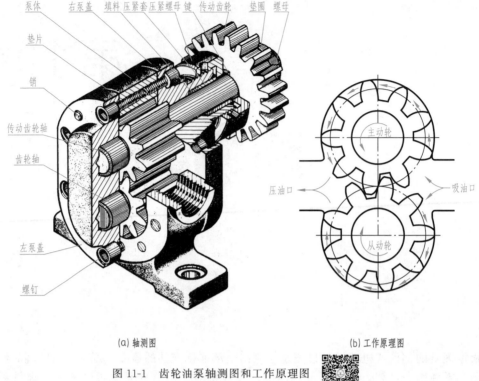

泵体　右泵盖　填料　压紧套　压紧螺母　键　传动齿轮　垫圈　螺母

垫片

销

传动齿轮轴

齿轮轴

左泵盖

螺钉

主动轮

压油口

吸油口

从动轮

(a) 轴测图　　　　　　　　　　　　　　(b) 工作原理图

图 11-1　齿轮油泵轴测图和工作原理图

扭矩传递给传动齿轮轴（主动轮），使其逆时针转动，带动齿轮轴（从动轮）顺时针转动。当一对齿轮在泵体内做啮合传动时，啮合区右侧压力降低，产生局部真空，油池内的油在大气压力作用下被压入油泵的吸油口，随着齿轮的转动，齿槽中的油不断地沿箭头方向被带到啮合区左侧，通过压油口传送至机器各润滑管路中。

11.1.3　画装配示意图和拆卸零件

在了解和分析部件的基础上，为了便于部件被拆后仍能顺利装配复原，通常要绘制出装配示意图，用以记录各种零件的名称、数量及其在装配体中的相对位置、工作原理及装配连接关系，同时也为绘制正式的装配图作好准备。

装配示意图是将装配体看作透明体来画的，在画出外形轮廓的同时，又画出其内部结构。采用简单线条或采用 GB/T 4460—2013 中所规定的机构运动简图符号徒手画出零件的大致轮廓、相对位置和装配关系，并将各零件编写序号或写出名称，然后拆卸零件，画出非标准件的零件草图。如图 11-2 所示为齿轮油泵的装配示意图。

拆卸零件时，要把拆卸顺序搞清楚，并选用适当的工具。拆卸时注意不要破坏零件间原有的配合精度，严禁乱敲乱打，对不可拆连接或过盈配合的零件尽量不拆，以免损坏零件。为了避免被拆下的零件丢失，应事先对它们进行编号，并系上标签，标签上注明与示意图相对应的序号及名称，并妥为保管。

拆卸顺序是：

① 拧下传动齿轮的定位螺母和垫圈，拆下传动齿轮；

② 拧下压紧螺母，拆下压紧套和填料；

③ 用螺丝刀拆下 12 个螺钉，分离泵体与两侧泵盖，圆柱销可留在泵体上，不必拆；

④ 取出垫片，然后依次取出齿轮轴、传动齿轮轴，此时齿轮油泵已拆卸完毕。

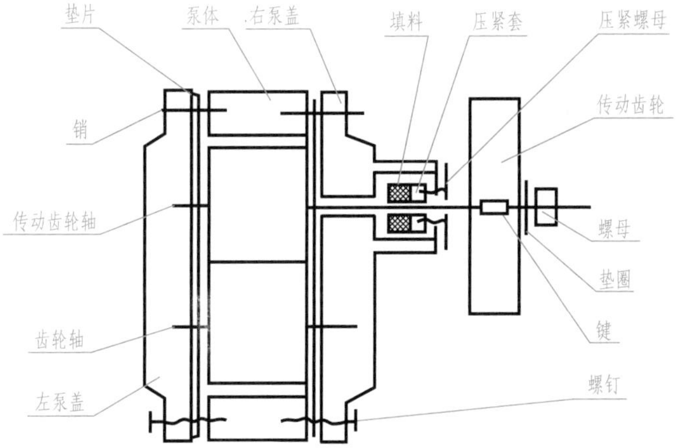

图 11-2　齿轮油泵装配示意图

（标注：垫片　泵体　右泵盖　填料　压紧套　压紧螺母　销　传动齿轮　传动齿轮轴　螺母　垫圈　键　齿轮轴　螺钉　左泵盖）

11.2　零件测绘

根据现有的零件，目测并徒手画出零件的视图，测量并注上尺寸及技术要求，得到零件草图，然后参考有关资料整理绘制出供生产使用的零件工作图，这个过程称为零件测绘。它对推广先进技术、改造现有设备、进行技术革新、修配零件等都有重要作用。

11.2.1　零件测绘的方法和步骤

组成装配体的零件，除去标准件，其余非标准件均应画出零件草图及工作图。

（1）分析零件

为了把被测零件准确完整地表达出来，应先对被测零件进行认真的分析，了解零件的类型、在机器中的作用、所使用的材料及大致的加工方法。

齿轮油泵中的泵体属于箱体类零件，材料为铸铁，故应具有铸造圆角和起模斜度等结构。泵体的主体是长圆形结构，内部有两个轴线平行的孔系，两侧壁上有凸台，内部加工有螺纹孔，两端面上有与泵盖连接的销孔和螺纹孔；与之相连的长方形底座底面中部有一长方形凹槽，两侧有两个安装孔，如图 11-3 所示。

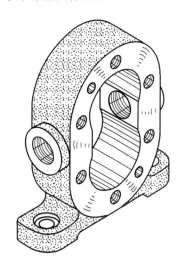

图 11-3　泵体的轴测图

（2）确定零件的视图表达方案

根据泵体的特征，可参考装配图表达方案，结合箱体类零件的表达特点，确定其表达方案，如图 11-4 所示。

关于零件的表达方案，前面零件图章节已经讨论过。需要重申的是，一个零件，其表达方案并非是唯一的，可多考虑几种方案，选择最佳方案。

（3）画零件草图

零件的表达方案确定后，凭目测或利用手边的工具粗略测量，得出零件各部分的比例关系；再根据这个比例，徒手在白纸或方格纸上画出草图。尺寸的真实大小是在画完尺寸线

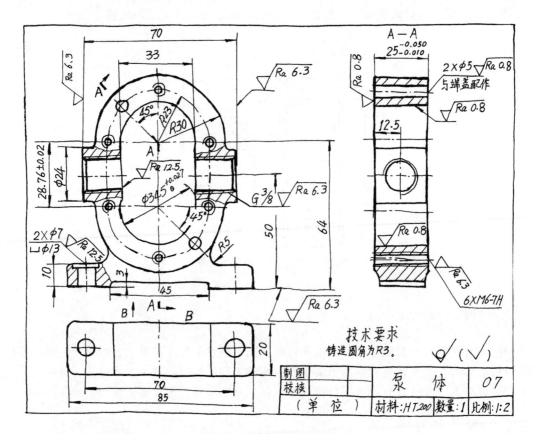

图 11-4 泵体的零件草图

后，用工具测量，得出数据，填到草图上去的。具体画零件草图的步骤如下。

① 确定绘图图幅和比例。根据零件大小、视图数量、确定图纸大小和适当的比例。

② 定位布局。根据所选比例，粗略地确定各视图应占的图纸面积，在图纸上画出主要视图的作图基准线，中心线。注意留出标注尺寸和画其它补充视图的地方。

③ 详细画出零件的内外结构和形状。先画主要结构，再画次要结构及细节。注意各部分结构之间的比例应协调。

④ 检查、加深相关图线。

⑤ 根据零件工作情况及加工情况，合理地选择尺寸基准，将应该标注尺寸的尺寸界线、尺寸线全部画出。

⑥ 集中进行尺寸测量和标注，对有配合要求的尺寸，应进行精确测量并查阅有关手册，拟订合理的极限配合级别。

⑦ 零件的各项技术要求（包括尺寸公差、几何公差、表面粗糙度、材料、热处理及硬度要求等）应根据零件在装配体中的位置、作用等因素来确定。也可参考同类产品的图纸，用类比的方法来确定。

⑧ 最后检查、修改全图并填写标题栏，完成草图，如图 11-4 所示。

零件草图不是潦草的图，必须有图框、标题栏等，视图和尺寸同样要求正确、清晰，线型分明，图面整洁，技术要求完整。

(4) 画零件图

零件草图完成后，应经校核、整理，并进行必要的修改补充，最后根据草图绘制出零件图。

11.2.2　零件尺寸的测量方法

测量尺寸是零件测绘过程中的一个重要步骤，零件上全部尺寸的测量应集中进行，这样可以提高效率，避免错误和遗漏。

(1) 测量线性尺寸

线性尺寸一般可直接用钢板尺或游标卡尺测量，如图 11-5（a）、（b）所示。必要时也可以用三角板配合测量，如图 11-5（c）中的 L_1、L_2。

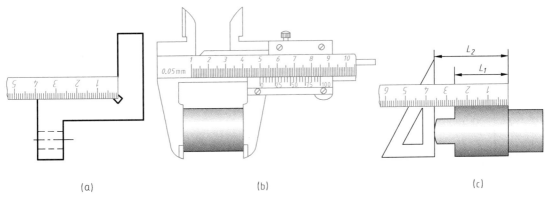

(a)　　　　　　　　　　　　(b)　　　　　　　　　　　　(c)

图 11-5　测量线性尺寸

(2) 测量壁厚

壁厚可用钢板尺或游标卡尺直接测量。当无法直接测量壁厚时，可将外卡钳和钢板尺配合使用，分两次完成测量，如图 11-6 中的 $X=A-B$；或用钢板尺测量两次，如图 11-6 中的 $Y=C-D$。

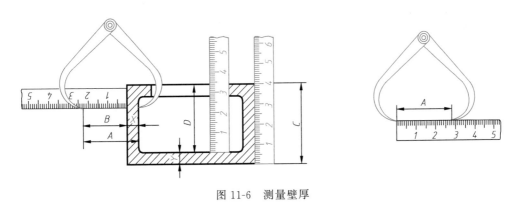

图 11-6　测量壁厚

(3) 测量内、外直径

零件的内外直径可用内、外卡钳和钢板尺配合间接测量，如图 11-7（a）所示；较精确的直径尺寸可用游标卡尺或内、外千分尺直接测量，如图 11-7（b）所示。

(4) 测量中心距

测量中心高时，一般可用内卡钳配合钢板尺测量，如图 11-8（a）中孔的中心高 $H=A+d/2$；测量孔间距时，可用外（内）卡钳配合钢板尺测量。如图 11-8（b）所示，当两孔的直径相等时，其中心距 $L=K+d$；当两孔的孔径不等时，其中心距 $L=K-(D+d)/2$。

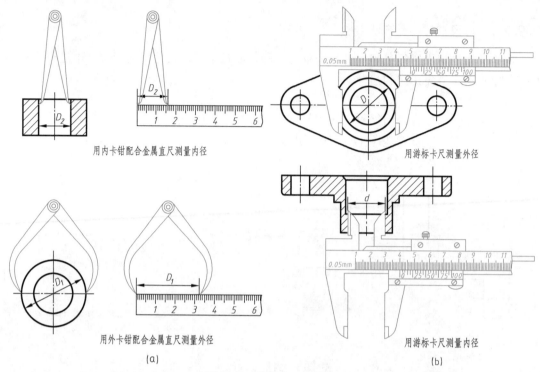

用内卡钳配合金属直尺测量内径　　　　　　　　用游标卡尺测量外径

用外卡钳配合金属直尺测量外径　　　　　　　　用游标卡尺测量内径

(a)　　　　　　　　　　　　　　　　　　　　(b)

图 11-7　测量内、外直径

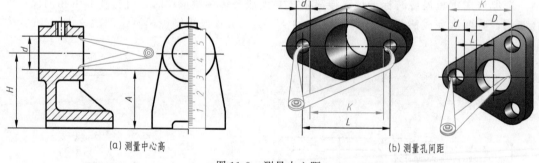

(a) 测量中心高　　　　　　　　　　　　　　(b)测量孔间距

图 11-8　测量中心距

(5) 测量圆角和螺纹

可直接用圆角规测量圆角半径。在圆角规中找到与被测部分完全吻合的一片，读出该片的数值即可知圆角半径的大小，如图 11-9 所示。

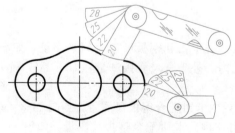

图 11-9　测量圆角半径

测量螺纹时，用游标卡尺测量大径，用螺纹规测量螺距（图 11-10）。也可用钢板尺量取几个螺距后，取其平均值，再查表核对螺纹标准值，确定螺纹的具体规格。

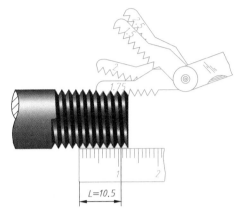

图 11-10　测量螺纹

11.2.3　测绘注意事项

① 零件制造的缺陷和长期使用所造成的磨损都不应画出。如铸造缩孔、砂眼、加工的疵点、磨损等。

② 零件因制造装配的需要而形成的工艺结构都必须全部画出，不得遗漏。如倒角、圆角、凹坑、凸台和退刀槽等。

③ 有配合关系的尺寸，一般只要测出它的公称尺寸，而配合性质和相应的公差值应经过分析考虑后，再查阅有关手册，按照手册推荐的优化值来最后确定。

④ 没有配合关系的尺寸或不重要的尺寸，允许将测量所得的尺寸进行适当的圆整。

⑤ 螺纹、键槽、齿轮的轮齿等标准结构的尺寸，应该把测量的结果与标准值核对后，采用标准结构尺寸，以利于制造。

⑥ 严格检查尺寸是否遗漏或重复，相关零件尺寸是否协调一致，以保证零件图、装配图的顺利绘制。

11.3　由装配示意图和零件图绘制装配图

根据装配示意图和零件图绘制装配图的过程，是一次检验、校对零件形状、尺寸的过程。零件图（或零件草图）中的形状和尺寸如有错误或不妥之处，应及时协调改正，以保证零件之间的装配关系能在装配图上正确地反映出来。

下面以图 11-1 所示齿轮油泵为例介绍拼画装配图的方法和步骤。

(1) 准备工作

对已有资料进行整理、分析，进一步弄清装配体的性能及结构特点，对装配体的完整结构形状做到心中有数。

(2) 确定表达方案

确定部件的装配图表达方案参考装配图章节的相关内容进行。齿轮油泵可采用两个视图来表达，安装底板的底面水平放置，即传动齿轮轴的轴线处于水平位置为主视图位置，以垂直于传动齿轮轴的轴线方向为主视图的投影方向，主视图采用全剖视图，反映齿轮油泵的内外结构及零件间的装配关系、连接情况等；左视图可采用沿左端盖与泵体结合面剖切后移去垫片的半剖视图，反映齿轮油泵的外部形状、泵盖上螺钉和销的分布、齿轮的啮合情况以及吸、压油的工作原理。

（3）确定比例和图幅

根据装配体的大小及复杂程度选定绘制装配图的合适比例。一般情况下，应尽量选用 1∶1 的比例画图，以便于看图。比例确定后，再根据选好的视图，并考虑标注必要的尺寸、零件序号、标题栏、明细栏和技术要求等所需的图面位置，确定出图幅的大小。

（4）画装配图的步骤

画装配图的步骤如图 11-11 所示。

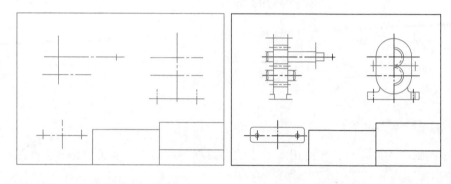

（a）画基准线、标题栏和明细表外框　　　　（b）齿轮轴和泵体

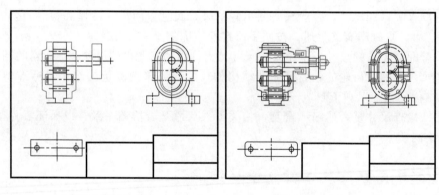

（c）画左右泵盖和传动齿轮　　　　（d）画压紧套、螺钉等其余零件

图 11-11　画齿轮油泵装配图的步骤

① 选比例，定图幅，画边框和图框线、画标题栏和明细表。

② 依据表达方案布置图面，画出各主要视图的作图基准线。

③ 画底稿。从主要装配干线入手，逐渐向外扩展，一般先画主视图，准确找出定位面；运动件一般按其工作位置绘制，螺纹连接件一般按其拧紧的位置绘制，如图 11-11（b）～（d）所示。

④ 画剖面线，标尺寸，编序号，检查加深。

⑤ 填写技术要求、明细表和标题栏。

完成后的齿轮油泵装配图如图 11-12 所示。

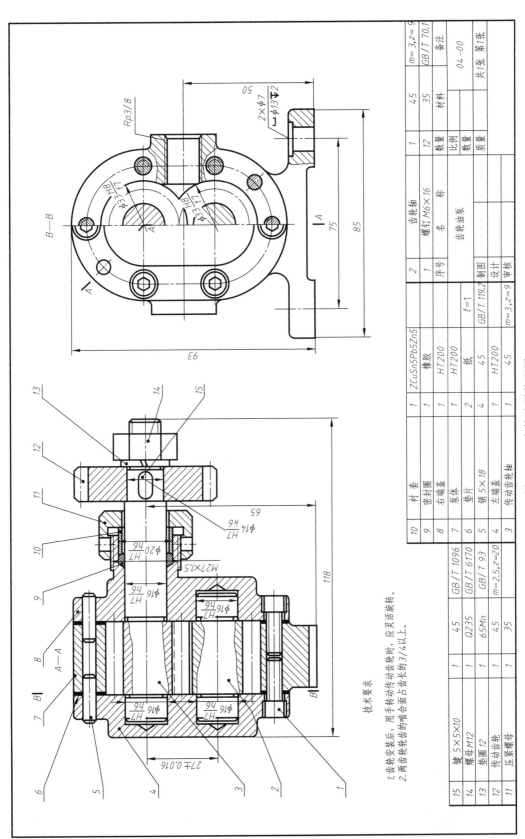

图 11-12 齿轮油泵装配图

技术要求

1.齿轮安装后,用手转动传动齿轮时,应灵活旋转。
2.两齿轮轮齿的啮合面占齿长的3/4以上。

15	镶 5×5×10	1	45	GB/T 1096		齿轮轴			45		m=3,z=9
14	螺母 M12	1	Q235	GB/T 6170					35		GB/T 70.1
13	垫圈 12	1	65Mn	GB/T 93							
12	传动齿轮	1	45	m=2.5,z=20	2	齿轮轴	1	45	材料		备注
11	压紧螺母	1	35		1	螺钉 M6×16	12	35			04-00
10	衬套	1	ZCuSn5Pb5Zn5			序号	数量		比例		共1张 第1张
9	密封圈	1	橡胶				数量		齿轮油泵	质量	
8	右端盖	1	HT200		制图						
7	泵体	1	HT200	t=1	设计						
6	垫片	2	纸		审核						
5	销 5×18	4	45	GB/T 119.2							
4	左端盖	1	HT200								
3	传动齿轮轴	1	45	m=3,z=9							

附录

(1) 螺纹

附表 1 普通螺纹直径与螺距系列（GB/T 193—2003、GB/T 196—2003）

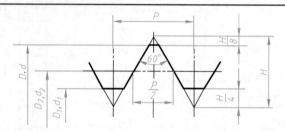

$$H = \frac{\sqrt{3}}{2} P$$

标 记 示 例

公称直径为 24mm，螺距为 3mm 的粗牙右旋普通螺纹　M24

公称直径为 24mm，螺距为 1.5mm 的细牙左旋普通螺纹　M24×1.5-LH

直径与螺距系列、基本尺寸　　　　　　　　　　　　　　mm

公称直径(D,d)		螺距 P		粗牙小径 D_1,d_1	公称直径(D,d)		螺距 P		粗牙小径 D_1,d_1
第一系列	第二系列	粗牙	细牙		第一系列	第二系列	粗牙	细牙	
3		0.5	0.35	2.459		22	2.5	2,1.5,1,(0.75),(0.5)	19.294
	3.5	(0.6)		2.850	24		3	2,1.5,1,(0.75)	20.752
4		0.7	0.5	3.242		27	3	2,1.5,1,(0.75)	23.752
	4.5	(0.75)		3.688	30		3.5	(3),2,1.5,1,(0.75)	26.211
5		0.8		4.134		33	3.5	(3),2,1.5,(1),(0.75)	29.211
6		1	0.75,(0.5)	4.917	36		4	(3),2,1.5,(1)	31.670
8		1.25	1,0.75,(0.5)	6.647		39	4		34.670
10		1.5	1.25,1,0.75,(0.5)	8.376	42		4.5	(4),3,2,1.5,(1)	37.129
12		1.75	1.5,1.25,1,(0.75),(0.5)	10.106		45	4.5		40.129
	14	2	1.5,(1.25),1,(0.75),(0.5)	11.835	48		5		42.587
16		2	2,1.5,1,(0.75),(0.5)	13.835		52	5		46.587
	18	2.5	2,1.5,1,(0.75),(0.5)	15.294		56	5.5		50.046
20		2.5		17.294					

注：1. 优先选用第一系列，括号内尺寸尽可能不用，第三系列未列入。

　　2. 中径 D_2、d_2 未列入。

附表 2　55°非螺纹密封的管螺纹（GB/T 7307—2001）

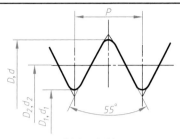

标 记 示 例

管子尺寸代号为 3/4 左旋螺纹　G3/4-LH(右旋不注)

管子尺寸代号为 1/2A 级右旋外螺纹　G1/2A

管子尺寸代号为 1/2B 级右旋外螺纹　G1/2B

mm

尺寸代号	每25.4mm内的牙数	螺距 P	基本直径			外螺纹				内螺纹			
			大径 $d=D$	中径 $d_2=D_2$	小径 $d_1=D_1$	大径公差 T_d		中径公差 T_{d2}		中径公差 T_{d2}		小径公差 T_{d1}	
						下极限偏差	上极限偏差	下极限偏差		上极限偏差	下极限偏差	上极限偏差	下极限偏差
								A级	B级				
1/16	28	0.907	7.723	7.142	6.561	−0.214	0	−0.107	−0.214	0	0	+0.107	0	+0.282
1/8	28	0.907	9.928	9.147	8.566	−0.214	0	−0.107	−0.214	0	0	+0.107	0	+0.282
1/4	19	1.337	13.157	12.301	11.445	−0.250	0	−0.125	−0.250	0	0	+0.125	0	+0.445
3/8	19	1.337	16.662	15.806	14.950	−0.250	0	−0.125	−0.250	0	0	+0.125	0	+0.445
1/2	14	1.814	20.995	19.793	18.631	−0.284	0	−0.142	−0.284	0	0	+0.142	0	+0.541
5/8	14	1.814	22.911	21.749	20.587	−0.284	0	−0.142	−0.284	0	0	+0.142	0	+0.541
3/4	14	1.814	26.441	25.279	24.117	−0.284	0	−0.142	−0.284	0	0	+0.142	0	+0.541
7/8	14	1.814	30.201	29.039	27.877	−0.284	0	−0.142	−0.284	0	0	+0.142	0	+0.541
1	11	2.309	33.249	31.770	30.291	−0.360	0	−0.180	−0.360	0	0	+0.180	0	+0.640
1⅛	11	2.309	37.897	36.418	34.939	−0.360	0	−0.180	−0.360	0	0	+0.180	0	+0.640
1½	11	2.309	41.910	40.431	38.952	−0.360	0	−0.180	−0.360	0	0	+0.180	0	+0.640
1⅝	11	2.309	47.803	46.324	44.845	−0.360	0	−0.180	−0.360	0	0	+0.180	0	+0.640
1¾	11	2.309	53.746	52.267	50.788	−0.360	0	−0.180	−0.360	0	0	+0.180	0	+0.640
2	11	2.309	59.614	58.135	56.656	−0.360	0	−0.180	−0.360	0	0	+0.180	0	+0.640
2¼	11	2.309	65.710	64.231	62.752	−0.434	0	−0.217	−0.434	0	0	+0.217	0	+0.640
2½	11	2.309	75.184	73.705	72.226	−0.434	0	−0.217	−0.434	0	0	+0.217	0	+0.640
2¾	11	2.309	81.534	80.055	78.576	−0.434	0	−0.217	−0.434	0	0	+0.217	0	+0.640
3	11	2.309	87.884	86.405	84.926	−0.434	0	−0.217	−0.434	0	0	+0.217	0	+0.640
3½	11	2.309	100.330	98.851	97.372	−0.434	0	−0.217	−0.434	0	0	+0.217	0	+0.640
4	11	2.309	113.030	111.551	110.072	−0.434	0	−0.217	−0.434	0	0	+0.217	0	+0.640
4½	11	2.309	125.730	124.251	122.772	−0.434	0	−0.217	−0.434	0	0	+0.217	0	+0.640
5	11	2.309	138.430	136.951	135.472	−0.434	0	−0.217	−0.434	0	0	+0.217	0	+0.640
5½	11	2.309	151.130	149.651	148.172	−0.434	0	−0.217	−0.434	0	0	+0.217	0	+0.640
6	11	2.309	163.830	162.351	160.872	−0.434	0	−0.217	−0.434	0	0	+0.217	0	+0.640

注：1. 对薄壁管件，此公差适用于平均中径，该中径是测量两个互相垂直直径的算术平均值。

2. 本标准适用于管接头、旋塞、阀门及其附件。

附表 3　60°圆锥管螺纹基本尺寸（GB/T 12716—2011）

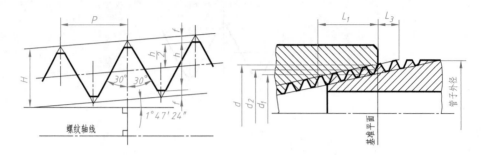

$P=25.4/n$　$H=0.866P$　$h=0.8P$　$f=0.033P$　$\varphi=1°47'$　锥度 $2\tan\varphi=1:16$

标记示例：NPT3/8-LH：60°圆锥管螺纹，尺寸代号为 3/8，左旋（如螺纹为右旋，则不标）

mm

尺寸代号	每 25.4mm 内的牙数 n	螺距 P	基面上的基本直径			基准距离 L_1	L_1 对应的牙数	装配余量 L_3	L_3 对应的牙数
			大径 D、d	中径 D_2、d_2	小径 D_1、d_1				
1/16	27	0.941	7.895	7.142	6.389	4.064	4.32	2.822	3
1/8			10.242	9.489	8.736	4.102	4.36		
1/4	18	1.411	13.616	12.487	11.358	5.786	4.10	4.234	3
3/8			17.055	15.926	14.797	6.096	4.32		
1/2	14	1.814	21.223	19.772	18.321	8.128	4.48	5.443	3
3/4			26.568	25.117	23.666	8.611	4.75		
1	11.5	2.209	33.228	31.461	29.694	10.160	4.60	6.627	3
1¼			41.985	40.218	38.451	10.668	4.83		
1½			48.054	46.287	44.520	10.668	4.83		
2			60.092	58.325	56.558	11.074	5.01		
2½	8	3.175	72.699	70.159	67.619	17.323	5.46	6.350	2
3			88.608	86.068	83.528	19.456	6.13		
3½			101.316	98.776	96.236	20.853	6.57		
4			113.973	111.433	108.893	21.438	6.75		

附表 4　梯形螺纹直径与螺距系列（摘自 GB/T 5796.2—2005 和 GB/T 5796.3—2005）

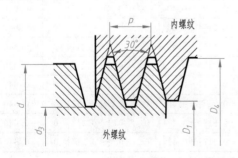

标 记 示 例

公称直径 28mm，螺距 5mm，中径公差带代号为 7H 的单线右旋梯形内螺纹，其标记为：Tr28×5—7H，

公称直径 28mm，导程 10mm，螺距 5mm，中径公差带代号为 8e 的双线左旋梯形外螺纹，其标记为：Tr28×10(P5)LH—8e

内外螺纹旋合所组成的螺纹副的标记为：Tr28×5—7H/8e

mm

续表

公称直径 d 第一系列	第二系列	螺距 P	大径 D4	小径 d3	小径 D1	公称直径 d 第一系列	第二系列	螺距 P	大径 D4	小径 d3	小径 D1
16		2	16.50	13.50	14.00	24		3	24.50	20.50	21.00
16		4	16.50	11.50	12.00	24		5	24.50	18.50	19.00
	18	2	18.50	15.50	16.00	24		8	25.00	15.00	16.00
	18	4	18.50	13.50	14.00		26	3	26.50	22.50	23.00
20		2	20.50	17.50	18.00		26	5	26.50	20.50	21.00
20		4	20.50	15.50	16.00		26	8	27.00	17.00	18.00
	22	3	22.50	18.50	19.00	28		3	28.50	24.50	25.00
	22	5	22.50	16.50	17.00	28		5	28.50	22.50	23.00
	22	8	23.00	13.00	14.00	28		8	29.00	19.00	20.00
	30	3	30.50	26.50	29.00	36		3	36.50	32.50	33.00
	30	6	31.00	23.00	24.00	36		6	37.00	29.00	30.00
	30	10	31.00	19.00	20.50	36		10	37.00	25.00	26.00
32		3	32.50	28.50	29.00		38	3	38.50	34.50	35.00
32		6	33.00	25.00	26.00		38	7	39.00	30.00	31.00
32		10	33.00	21.00	22.00		38	10	39.00	27.00	28.00
	34	3	34.50	30.50	31.00	40		3	40.50	36.50	37.00
	34	6	35.00	27.00	28.00	40		7	41.00	32.00	33.00
	34	10	35.00	23.00	24.00	40		10	41.00	29.00	30.00

(2) 常用件

附表 5　六角头螺栓

六角头螺栓 C 级(GB/T 5780—2016)　　　　　六角头螺栓 A 级和 B 级(GB/T 5780—2016)

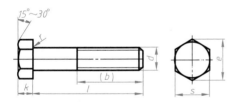 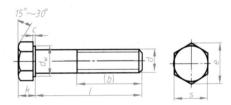

标 记 示 例

螺纹规格 d＝M12,公称长度 l＝80mm,性能等级为 8.8 级,表面氧化,A 级的六角头螺栓:
螺栓 GB/T 5782　M12×80

mm

螺纹规格 d			M3	M4	M5	M6	M8	M10	M12	M16	M20	M24	M30	M36	M42
b 参考	l≤125		12	14	16	18	22	26	30	38	46	54	66	—	—
	125<l≤200		18	20	22	24	28	32	36	44	52	60	72	84	96
	l>200		31	33	35	37	41	45	49	57	65	73	85	97	109
c_{max}			0.4	0.4	0.5	0.5	0.6	0.6	0.6	0.8	0.8	0.8	0.8	0.8	1
d_w	产品等级	A	4.6	5.9	6.9	8.9	11.6	14.6	16.6	22.5	28.2	33.6	—	—	—
		B	4.6	5.7	6.7	8.7	11.5	14.5	16.5	22	27.7	33.2	42.7	51.1	60
e	产品等级	A	6.01	7.66	8.79	11.1	14.4	17.8	20.0	26.8	33.5	40.0	—	—	—
		B,C	5.9	7.50	8.63	10.9	14.2	17.6	19.9	26.2	33.0	39.6	50.9	60.8	72.0

螺纹规格 d	M3	M4	M5	M6	M8	M10	M12	M16	M20	M24	M30	M36	M42
k 公称	2	2.8	3.5	4	5.3	6.4	7.5	10	12.5	15	18.7	22.5	26
r_{min}	0.1	0.2	0.2	0.25	0.4	0.4	0.6	0.6	0.8	0.8	1	1	1.2
s 公称(=max)	5.5	7	8	10	13	16	18	24	30	36	46	55	65
l(商品规格范围)	20~30	25~40	25~50	30~60	40~80	45~100	50~120	65~160	80~200	90~240	110~300	140~360	160~400
l 系列	12,16,20,25,30,35,40,45,50,55,60,65,70,80,90,100,110,120,130,140,150,160,180, 200,220,240,260,280,300,320,340,360,380,400												

注:1. A级用于 $d \leqslant 24mm$ 和 $l \leqslant 10d$ 或 $\leqslant 150mm$ 的螺栓;B级用于 $d > 24mm$ 和 $l > 10d$ 或 $> 150mm$ 的螺栓。

2. 材料为钢的螺栓性能等级有 5.6、8.8、9.8、10.9 级,其中 8.8 级为常用。

附表 6　双头螺柱

$b_m = 1d$(GB/T 897—1988)、$b_m = 1.25d$(GB/T 898—1988)、$b_m = 1.5d$(GB/T 899—1988)、$b_m = 2d$(GB/T 900—1988)

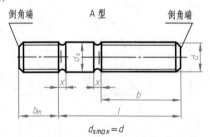 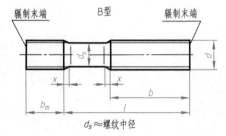

标记示例

两端均为粗牙普通螺纹,$d = 10mm$,$l = 50mm$,性能等级为 4.8 级,不经表面处理,$b_m = 1.25d$ 的双头螺柱。

若 A 型,则标记为:螺柱 GB/T 898　AM10×50

若 B 型,则标记为:螺柱 GB/T 898　M10×50

旋入机体一端为粗牙普通螺纹,旋螺母一端为螺距 $P = 1mm$ 的细牙普通螺纹,$d = 10mm$,$l = 50mm$,性能等级为 4.8 级,不经表面处理,A 型,$b_m = 1d$ 的双头螺柱:

螺柱　GB/T 897　AM10-M10×1×50

mm

	螺纹规格	M5	M6	M8	M10	M12	M16	M20	M24	M30
b_m	GB/T 897	5	6	8	10	12	16	20	24	30
	GB/T 898	6	8	10	12	15	20	25	30	38
	GB/T 899	8	10	12	15	18	24	30	36	45
	GB/T 900	10	12	16	20	24	32	40	48	60
d_s	max	5	6	8	10	12	16	20	24	30
	min	4.7	5.7	7.64	9.64	11.57	15.57	19.48	23.48	29.48
X	max	2.5P								
$\dfrac{l}{b}$		$\dfrac{16\sim22}{10}$	$\dfrac{20\sim22}{10}$	$\dfrac{20\sim22}{12}$	$\dfrac{25\sim28}{14}$	$\dfrac{25\sim30}{16}$	$\dfrac{30\sim38}{20}$	$\dfrac{35\sim40}{25}$	$\dfrac{45\sim50}{30}$	$\dfrac{60\sim65}{40}$
		$\dfrac{25\sim50}{16}$	$\dfrac{25\sim30}{14}$	$\dfrac{25\sim30}{16}$	$\dfrac{30\sim38}{16}$	$\dfrac{32\sim40}{20}$	$\dfrac{40\sim55}{30}$	$\dfrac{45\sim65}{35}$	$\dfrac{55\sim75}{45}$	$\dfrac{70\sim90}{50}$
			$\dfrac{32\sim75}{18}$	$\dfrac{32\sim90}{22}$	$\dfrac{40\sim120}{26}$	$\dfrac{45\sim120}{30}$	$\dfrac{60\sim120}{38}$	$\dfrac{70\sim120}{46}$	$\dfrac{80\sim120}{54}$	$\dfrac{95\sim120}{60}$
					$\dfrac{130}{32}$	$\dfrac{130\sim180}{36}$	$\dfrac{130\sim200}{44}$	$\dfrac{130\sim200}{52}$	$\dfrac{130\sim200}{60}$	$\dfrac{130\sim200}{72}$
l 系列		16,(18),20,(22),25,(28),30,(32),35,(38),40,45,50,(55),60,(65),70,(75),80,(85),90, (95),100,110,120,130,140,150,160,170,180,190,200,210,220,230,240,250,260,280,300								

注:P 为粗牙螺纹的螺距;尽可能不采用括号内的规格。

附表 7 圆柱头开槽螺钉（摘自 GB/T 65—2016）

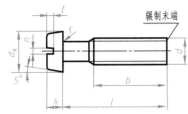

标记示例

螺纹规格 $d=$ M5，公称长度 $l=20$mm，性能等级为 4.8 级，不经表面处理的开槽圆柱头螺钉：

螺钉 GB/T 65 M5×20

mm

螺纹规格 d	M4	M5	M6	M8	M10
P（螺距）	0.7	0.8	1	1.25	1.5
b			38		
d_k	7	8.5	10	13	16
k	2.6	3.3	3.9	5	6
n	1.2	1.2	1.6	2	2.5
r	0.2	0.2	0.25	0.4	0.4
t	1.1	1.3	1.6	2	2.4
l（公称长度）	5～40	6～50	8～60	10～80	12～80
l 系列	5,6,8,10,12,(14),16,20,25,30,35,40,45,50,(55),60,(65),70,(75),80				

注：1. 公称长度 $l \leqslant 40$mm 的螺钉，制出全螺纹。

2. 括号内的规格尽可能不采用。

附表 8 开槽沉头螺钉（摘自 GB/T 68—2016）

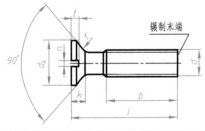

标记示例

螺纹规格 $d=$ M5，公称长度 $l=20$mm，性能等级为 4.8 级，不经表面处理的开槽沉头螺钉：

螺钉 GB/T 68 M5×20

mm

螺纹规格 d	M1.6	M2	M2.5	M3	M4	M5	M6	M8	M10
P（螺距）	0.35	0.4	0.45	0.5	0.7	0.8	1	1.25	1.5
b		25					38		
d_k	3.6	4.4	5.5	6.3	9.4	10.4	12.6	17.3	20
k	1	1.2	1.5	1.65	2.7	2.7	3.3	4.65	5
n	0.4	0.5	0.6	0.8	1.2	1.2	1.6	2	2.5
r	0.4	0.5	0.6	0.8	1	1.3	1.5	2	2.5
t	0.5	0.6	0.75	0.85	1.3	1.4	1.6	2.3	2.6
公称长度 l	2.5～16	3～20	4～25	5～30	6～40	8～50	8～60	10～80	12～80
l 系列	2.5,3,4,5,6,8,10,12,(14),16,20,25,30,35,40,45,50,(55),60,(65),70,(75),80								

注：1. 括号内的规格尽可能不采用。

2. M1.6～M3、公称长度 $l \leqslant 30$mm 的螺钉，制出全螺纹；M4～M10、公称长度 $l \leqslant 45$mm 的螺钉，制出全螺纹。

附表 9 圆柱头内六角螺钉（摘自 GB/T 70.1—2008）

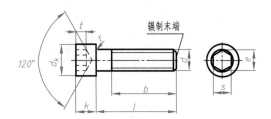

标记示例

螺纹规格 $d=$ M5，公称长度 $l=20$mm，性能等级为 8.8 级，表面氧化的内六角圆柱头螺钉：

螺钉 GB/T 70.1 M5×20

mm

螺纹规格 d	M3	M4	M5	M6	M8	M10	M12	M16	M20
P 螺距	0.5	0.7	0.8	1	1.25	1.5	1.75	2	2.5
b 参考	18	20	22	24	28	32	36	44	52
d_k	5.5	7	8.5	10	13	16	18	24	30
k	3	4	5	6	8	10	12	16	20
t	1.3	2	2.5	3	4	5	6	8	10
s	2.5	3	4	5	6	8	10	14	17
e	2.87	3.44	4.58	5.72	6.86	9.15	11.43	16	19.44
r	0.1	0.2	0.2	0.25	0.4	0.4	0.6	0.6	0.8
公称长度 l	5～30	6～40	8～50	10～60	12～80	16～100	20～120	25～160	30～200
$l\leqslant$表中数值时，制出全螺纹	20	25	25	30	35	40	45	55	65
l 系列	2.5,3,4,5,6,8,10,12,16,20,25,30,35,40,45,50,55,60,65,70,80,90,100,120,130,140,150,160,180,200,220,240,260,280,300								

附表 10 紧定螺钉

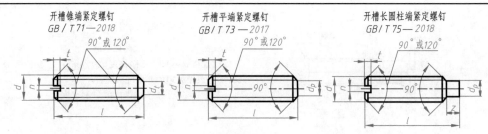

标记示例

螺纹规格 $d=$ M5，公称长度 $l=12$mm，性能等级为 14H 级，表面氧化的开槽平端紧定螺钉：

螺钉 GB/T 73 M5×12

mm

螺纹规格 d		M2	M2.5	M3	M4	M5	M6	M8	M10	M12
螺距 P		0.4	0.45	0.5	0.7	0.8	1	1.25	1.5	1.75
n		0.25	0.4	0.4	0.6	0.8	1	1.2	1.6	2
t		0.84	0.95	1.05	1.42	1.63	2	2.5	3	3.6
d_t		0.2	0.25	0.3	0.4	0.5	1.5	2	2.5	3
d_p		1	1.5	2	2.5	3.5	4	5.5	7	8.5
z		1.25	1.5	1.75	2.25	2.75	3.25	4.3	5.3	6.3
公称长度 l	GB/T 71	3～10	3～12	4～16	6～20	8～25	8～30	10～40	12～50	14～60
	GB/T 73	2～10	2.5～12	3～16	4～20	5～25	6～30	8～40	10～50	12～60
	GB/T 75	3～10	4～12	5～16	6～20	8～25	10～30	10～40	12～50	14～60
l 系列		2,2.5,3,4,5,6,8,10,12,(14),16,20,25,30,35,40,45,50,(55),60								

注：括号内的规格尽可能不采用。

附表 11　Ⅰ型六角螺母 A 和 B 级（摘自 GB/T 6170—2015）

Ⅰ型六角螺母 C 级（摘自 GB/T 41—2016）

标注示例

螺纹规格 D＝M12、性能等级为 8 级、不经表面处理、A 级的 1 型六角螺母：

螺母　GB/T 6170　M12

mm

螺纹规格 D		M3	M4	M5	M6	M8	M10	M12	M16	M20	M24	M30	M36	M42
e	GB/T 41	—	—	8.63	10.89	14.20	17.59	19.85	26.17	32.95	39.55	50.85	60.79	72.02
	GB/T 6170	6.01	7.66	8.79	11.05	14.38	17.77	20.03	26.75	32.95	39.55	50.85	60.79	72.02
s	GB/T 41	—	—	8	10	13	16	18	24	30	36	46	55	65
	GB/T 6170	5.5	7	8	10	13	16	18	24	30	36	46	55	65
m	GB/T 41	—	—	5.6	6.1	7.9	9.5	12.2	15.9	18.7	22.3	26.4	31.5	34.9
	GB/T 6170	2.4	3.2	4.7	5.2	6.8	8.4	10.8	14.8	18	21.5	25.6	31	34

注：A 级用于 $D{\leqslant}16$；B 级用于 $D{>}16$。产品等级 A、B 由公差取值决定，A 级公差数值小。材料为钢的螺母：GB/T 6170 的性能等级有 6、8、10 级，8 级为常用；GB/T 41 的性能等级为 4 和 5 级。这两类螺母的螺纹规格为 M5～M64。

附表 12　Ⅰ型六角开槽螺母—A 级和 B 级（摘自 GB/T 6178—1986）

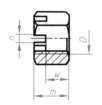

标记示例

螺纹规格 D＝M5、性能等级为 8 级、不经表面处理、A 级的 1 型六角开槽螺母：

螺母　GB/T 6178　M5

mm

螺纹规格 D	M4	M5	M6	M8	M10	M12	(M14)	M16	M20	M24	M30
e	7.7	8.8	11	14	17.8	20	23	26.8	33	39.6	50.9
m	6	6.7	7.7	9.8	12.4	15.8	17.8	20.8	24	29.5	34.6
n	1.2	1.4	2	2.5	2.8	3.5	3.5	4.5	4.5	5.5	7
s	7	8	10	13	16	18	21	24	30	36	46
w	3.2	4.7	5.2	6.8	8.4	10.8	12.8	14.8	18	21.5	25.6
开口销	1×10	1.2×12	1.6×14	2×16	2.5×20	3.2×22	3.2×25	4×28	4×36	5×40	6.3×50

注：1. 尽可能不采用括号内的规格。

2. A 级用于 $D{\leqslant}16$ 的螺母；B 级用于 $D{>}16$ 的螺母。

附表 13　平垫圈

平垫圈 A 级（GB/T 97.1—2002）　　平垫圈—倒角型 A 级

小垫圈 A 级（GB/T 848—2002）　　GB/T 97.2—2002

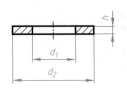 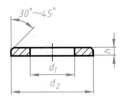

标记示例

标准系列，公称规格 8mm，性能等级为 140HV 级，不经表面处理的 A 级平垫圈：垫圈 GB/T 97.1　8

mm

公称规格 （螺纹大径）d		1.6	2	2.5	3	4	5	6	8	10	12	16	20	24	30	36
d_1	GB/T 848	1.7	2.2	2.7	3.2	4.3	5.3	6.4	8.4	10.5	13	17	21	25	31	37
	GB/T 97.1	1.7	2.2	2.7	3.2	4.3	5.3	6.4	8.4	10.5	13	17	21	25	31	37
	GB/T 97.2	—	—	—	—	—	5.3	6.4	8.4	10.5	13	17	21	25	31	37
d_2	GB/T 848	3.5	4.5	5	6	8	9	11	15	18	20	28	34	39	50	60
	GB/T 97.1	4	5	6	7	9	10	12	16	20	24	30	37	44	56	66
	GB/T 97.2	—	—	—	—	—	10	12	16	20	24	30	37	44	56	66
h	GB/T 848	0.3	0.3	0.5	0.5	0.5	1	1.6	1.6	1.6	2	2.5	3	4	4	5
	GB/T 97.1	0.3	0.3	0.5	0.5	0.8	1	1.6	1.6	2	2.5	3	3	4	4	5
	GB/T 97.2	—	—	—	—	—	1	1.6	1.6	2	2.5	3	3	4	4	5

附表 14　标准型弹簧垫圈（摘自 GB/T 93—1987）、轻型弹簧垫圈（摘自 GB/T 859—1987）

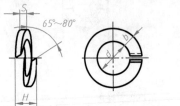 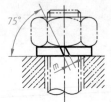

标记示例

规格 16mm，材料为 65Mn，表面氧化的标准型弹簧垫圈：垫圈 GB/T 93　16

mm

规格（螺纹大径）		3	4	5	6	8	10	12	16	20	24	30
d		3.1	4.1	5.1	6.1	8.1	10.2	12.2	16.2	20.2	24.5	30.5
H	GB/T 93	1.6	2.2	2.6	3.2	4.2	5.2	6.2	8.2	10	12	15
	GB/T 859	1.2	1.6	2.2	2.6	3.2	4	5	6.4	8	10	12
$s(b)$	GB/T 93	0.8	1.1	1.3	1.6	2.1	2.6	3.1	4.1	5	6	7.5
s	GB/T 859	0.6	0.8	1.1	1.3	1.6	2	2.5	3.2	4	5	6
$m\leqslant$	GB/T 93	0.4	0.55	0.65	0.8	1.05	1.3	1.55	2.05	2.5	3	3.75
	GB/T 859	0.3	0.4	0.55	0.65	0.8	1	1.25	1.6	2	2.5	3
b	GB/T 859	1	1.2	1.5	2	2.5	3	3.5	4.5	5.5	7	9

注：m 应大于零。

附表 15　普通平键的型式尺寸（摘自 GB/T 1096—2003）

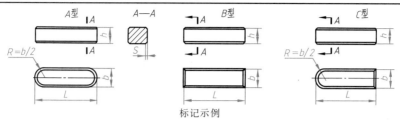

标记示例

普通 A 型平键，宽度 $b=16\text{mm}$，高度 $h=10\text{mm}$，长度 $L=100\text{mm}$；GB/T 1096 键 $16\times10\times100$
普通 B 型平键，宽度 $b=16\text{mm}$，高度 $h=10\text{mm}$，长度 $L=100\text{mm}$；GB/T 1096 键 B$16\times10\times100$
普通 C 型平键，宽度 $b=16\text{mm}$，高度 $h=10\text{mm}$，长度 $L=100\text{mm}$；GB/T 1096 键 C$16\times10\times100$
注：A 型平键可省略"A"。

mm

宽度 b	2	3	4	5	6	8	10	12	14	16	18	20	22
高度 h	2	3	4	5	6	7	8	8	9	10	11	12	14
倒角或倒圆 s	0.10～0.25			0.25～0.40			0.40～0.60					0.60～0.80	
长度范围 L	6～20	6～36	8～45	10～56	14～70	18～90	22～110	28～140	36～160	45～180	50～200	56～220	63～250
L 系列	6,8,10,12,14,16,18,20,22,25,28,32,36,40,45,50,56,63,70,80,90,100,110,125,140,160,180, 200,220,250,280,320,360,400,450,500												

附表 16　普通平键键槽的尺寸与公差（摘自 GB/T 1095—2003）

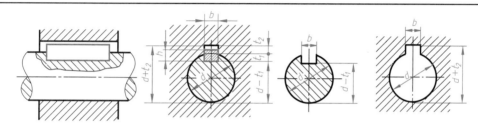

注：在工作图中，轴槽深用 t_1 或 $(d-t_1)$ 标注，轮毂槽深用 $(d+t_2)$ 标注。

mm

键尺寸 $b\times h$	键槽										
	宽度 b						深度				半径 r
	基本尺寸	极限偏差					轴 t_1		毂 t_2		
		正常连接		紧密连接	松连接		基本尺寸	极限偏差	基本尺寸	极限偏差	
		轴 N9	毂 JS9	轴和毂 P9	轴 H9	毂 D10					min	max
2×2	2	−0.004 −0.029	±0.0125	−0.006 −0.031	+0.025 0	+0.060 +0.020	1.2	+0.1 0	1	+0.1 0	0.08	0.16
3×3	3						1.8		1.4			
4×4	4	0 −0.030	±0.015	−0.012 −0.042	+0.030 0	+0.078 +0.030	2.5		1.8			
5×5	5						3.0		2.3			
6×6	6						3.5		2.8		0.16	0.25
8×7	8	0 −0.036	±0.018	−0.015 −0.051	+0.036 0	+0.098 +0.040	4.0		3.3			
10×8	10						5.0		3.3			
12×8	12	0 −0.043	±0.026	+0.018 −0.061	+0.043 0	+0.120 +0.050	5.0		3.3			
14×9	14						5.5		3.8		0.25	0.40
16×10	16						6.0	+0.2 0	4.3	+0.2 0		
18×11	18						7.0		4.4			
20×12	20	0 −0.052	±0.031	+0.022 −0.074	+0.052 0	+0.149 +0.065	7.5		4.9			
22×14	22						9.0		5.4			
25×14	25						9.0		5.4		0.40	0.60
28×16	28						10.0		6.4			
32×18	32						11.0		7.4			
36×20	36	0 −0.062	±0.037	−0.026 −0.088	+0.062 0	+0.180 +0.080	12.0	+0.3 0	8.4	+0.3 0	0.70	1.0
40×22	40						13.0		9.4			
45×25	45						15.0		10.4			

注：1. $(d-t_1)$ 和 $(d+t_2)$ 两组合尺寸的极限偏差按相应的 t_1 和 t_2 的极限偏差选取，但 $(d-t_1)$ 极限偏差应取负号（−）。
2. 轴的直径不在本标准所列，仅供参考。

附表 17　圆柱销（GB/T 119.1—2000）

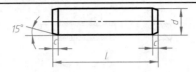

标记示例：

销 GB/T 119.1 10m6×90(公称直径 $d=10$、公差为 m6、公称长度 $l=90$、材料为钢、不经淬火、不经表面处理的圆柱销)

销 GB/T 119.1 10m6×90-A1(公称直径 $d=10$、公差为 m6、公称长度 $l=90$、材料为 A1 组奥氏体不锈钢、表面简单处理的圆柱销)

mm

$d_{公称}$	2	2.5	3	4	5	6	8	10	12	16	20	25
$c\approx$	0.35	0.4	0.5	0.63	0.8	1.2	1.6	2.0	2.5	3.0	3.5	4.0
$l_{范围}$	6~20	6~24	8~30	8~40	10~50	12~60	14~80	18~95	22~140	26~180	35~200	50~200
$l_{公称}$	2、3、4、5、6~32(2 进位)、35~100(5 进位)、120~200(20 进位)(公称长度大于 200，按 20 递增)											

附表 18　圆锥销（GB/T 117—2000）

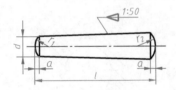

A 型（磨削）：锥面表面粗糙度 $Ra=0.8\mu m$

B 型（切削或冷镦）：锥面表面粗糙度 $Ra=3.2\mu m$

$$r_1\approx d \qquad r_2\approx\frac{a}{2}+d+\frac{(0.02l)^2}{8a}$$

标记示例：

销　GB/T 117 6×30(公称直径 $d=6$、公称长度 $l=30$、材料为 35 钢、热处理硬度 28~38HRC、表面氧化处理的 A 型圆锥销)

mm

$d_{公称}$	2	2.5	3	4	5	6	8	10	12	16	20	25
$a\approx$	0.25	0.3	0.4	0.5	0.63	0.8	1.0	1.2	1.6	2.0	2.5	3.0
$l_{范围}$	10~35	10~35	12~45	14~55	18~60	22~90	22~120	26~160	32~180	40~200	45~200	50~200
$l_{公称}$	2、3、4、5、6~32(2 进位)、35~100(5 进位)、120~200(20 进位)(公称长度大于 200，按 20 递增)											

附表 19　开口销（摘自 GB/T 91—2000）

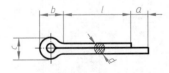

标记示例：

销　GB/T 91　5×50

(公称直径 $d=5mm$、长度 $l=50mm$、材料为 Q215 或 Q235，不经表面处理的开口销)

mm

d		1	1.2	1.6	2	2.5	3.2	4	5	6.3	8	10	13
c	max	1.8	2	2.8	3.6	4.6	5.8	7.4	9.2	11.8	15	19	24.8
	min	1.6	1.7	2.4	3.2	4	5.1	6.5	8	10.3	13.1	16.6	21.7
$b\approx$		3	3	3.2	4	5	6.4	8	10	12.6	16	20	26
a max		1.6		2.5			3.2		4			6.3	
l 系列		4,5,6,8,10,12,14,16,18,20,22,24,25,28,32,36,40,45,50,56,63,71,80,90,110,112,125,140,160,180,200,224,250											

附表 20　深沟球轴承（GB/T 276—2013）

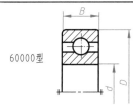

60000型

标记示例：

内径 $d=50\text{mm}$ 的 60000 型深沟球轴承，尺寸系列为(0)2：

滚动轴承　6210　GB/T 276

轴承代号	尺寸/mm			轴承代号	尺寸/mm		
	d	D	B		d	D	B
(0)2 系列				6309	45	100	25
6200	10	30	9	6310	50	110	27
6201	12	32	10	6311	55	120	29
6202	15	35	11	6312	60	130	31
6203	17	40	12	6313	65	140	33
6204	20	47	14	6314	70	150	35
6205	25	52	15	6315	75	160	37
6206	30	62	16	6316	80	170	39
6207	35	72	17	6317	85	180	41
6208	40	80	18	6318	90	190	43
6209	45	85	19	6319	95	200	45
6210	50	90	20	6320	100	215	47
6211	55	100	21	(0)4 系列			
6212	60	110	22	6403	17	62	17
6213	65	120	23	6404	20	72	19
6214	70	125	24	6405	25	80	21
6215	75	130	25	6406	30	90	23
6216	80	140	26	6407	35	100	25
6217	85	150	28	6408	40	110	27
6218	90	160	30	6409	45	120	29
6219	95	170	32	6410	50	130	21
6220	100	180	34	6411	55	140	33
(0)3 系列				6412	60	150	35
6300	10	35	11	6413	65	160	37
6301	12	37	12	6414	70	180	42
6302	15	42	13	6415	75	190	45
6303	17	47	14	6416	80	200	48
6304	20	52	15	6417	85	210	52
6305	25	62	17	6418	90	225	54
6306	30	72	19	6420	100	250	58
6307	35	80	21				
6308	40	90	23				

附表 21　圆锥滚子轴承（GB/T 297—2015）

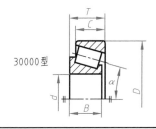

30000型

标记示例：

内径 $d=70\text{mm}$ 的 30000 型圆锥滚子轴承，尺寸系列为 22：

滚动轴承 32214　GB/T 297—2015

轴承代号	尺寸/mm						轴承代号	尺寸/mm					
	d	D	T	B	C	α		d	D	T	B	C	α
02 系列							**03 系列**						
30203	17	40	13.25	12	11	12°57′10″	30310	50	110	29.25	27	23	12°57′10″
30204	20	47	15.25	14	12	12°57′10″	30311	55	120	31.50	29	25	12°57′10″
30205	25	52	16.25	15	13	14°02′10″	30312	60	130	33.50	31	26	12°57′10″
30206	30	62	17.25	16	14	14°02′10″	30313	65	140	36.00	33	28	12°57′10″
30207	35	72	18.25	17	15	14°02′10″	30314	70	150	38.00	35	30	12°57′10″
30208	40	80	19.75	18	16	14°02′10″	30315	75	160	40.00	37	31	12°57′10″
30209	45	85	20.75	19	16	15°06′34″	30316	80	170	42.50	39	33	12°57′10″
30210	50	90	21.75	20	17	15°38′32″	30317	85	180	44.50	41	34	12°57′10″
30211	55	100	22.75	21	18	15°06′34″	30318	90	190	46.50	43	36	12°57′10″
30212	60	110	23.75	22	19	15°06′34″	30319	95	200	49.50	45	38	12°57′10″
30213	65	120	24.75	23	20	15°06′34″	30320	100	215	51.50	47	39	12°57′10″
30214	70	125	26.25	24	21	15°38′32″	**22 系列**						
30215	75	130	27.25	25	22	16°10′20″	32204	20	47	19.25	18	15	12°28′
30216	80	140	28.25	26	22	15°38′32″	32205	25	52	19.25	18	16	13°30′
30217	85	150	30.50	28	24	15°38′32″	32206	30	62	21.25	20	17	14°02′10″
30218	90	160	32.50	30	26	15°38′32″	32207	35	72	24.25	23	19	14°02′10″
30219	95	170	34.50	32	27	15°38′32″	32208	40	80	24.75	23	19	14°02′10″
30220	100	180	37.00	34	29	15°38′32″	32209	45	85	24.75	23	19	15°06′34″
03 系列							32210	50	90	24.75	23	19	15°38′32″
30302	15	42	14.25	13	11	10°45′29″	32211	55	100	26.75	25	21	15°06′34″
30303	17	47	15.25	14	12	10°45′29″	32212	60	110	29.75	28	24	15°06′34″
30304	20	52	16.25	15	13	11°18′36″	32213	65	120	32.75	31	27	15°06′34″
30305	25	62	18.25	17	15	11°18′36″	32214	70	125	33.25	31	27	15°38′32″
30306	30	72	20.75	19	16	11°51′35″	32215	75	130	33.25	31	27	16°10′20″
30307	35	80	22.75	21	18	11°51′35″	32216	80	140	35.25	33	28	15°38′32″
30308	40	90	25.25	23	20	12°57′10″	32217	85	150	38.5	36	30	15°38′32″
30309	45	100	27.25	25	22	12°57′10″	32218	90	160	42.5	40	34	15°38′32″
							32219	95	170	45.5	43	37	15°38′32″
							32220	100	180	49	46	39	15°38′32″

附表 22　推力球轴承（GB/T 301—2015）

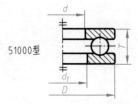

51000型

标记示例：
内径 $d=17$mm 的 51000 型推力球轴承,尺寸系列为 12；
滚动轴承　51203　GB/T 301—2015

轴承代号	尺寸/mm				轴承代号	尺寸/mm			
	d	d_1 min	D	T		d	d_1 min	D	T
12 系 列					51309	45	47	85	28
51200	10	12	26	11	51310	50	52	95	31
51201	12	14	28	11	51311	55	57	105	35
51202	15	17	32	12	51312	60	62	110	35
51203	17	19	35	12	51313	65	67	115	36
51204	20	22	40	14	51314	70	72	125	40
51205	25	27	47	15	51315	75	77	135	44
51206	30	32	52	16	51316	80	82	140	44
51207	35	37	62	18	51317	85	88	150	49
51208	40	42	68	19	51318	90	93	155	50
51209	45	47	73	20	51320	100	103	170	55
51210	50	52	78	22	14 系 列				
51211	55	57	90	25	51405	25	27	60	24
51212	60	62	95	26	51406	30	32	70	28
51213	65	67	100	27	51407	35	37	80	32
51214	70	72	105	27	51408	40	42	90	36
51215	75	77	110	27	51409	45	47	100	39
51216	80	82	115	28	51410	50	52	110	43
51217	85	88	125	31	51411	55	57	120	48
51218	90	93	135	35	51412	60	62	130	51
51220	100	103	150	38	51413	65	68	140	56
13 系 列					51414	70	73	150	60
51305	25	27	52	18	51415	75	78	160	65
51306	30	32	60	21	51417	85	88	180	72
51307	35	37	68	24	51418	90	93	190	77
51308	40	42	78	26					

（3）常见零件工艺结构

附表 23　零件倒圆与倒角（摘自 GB/T 6403.4—2008）

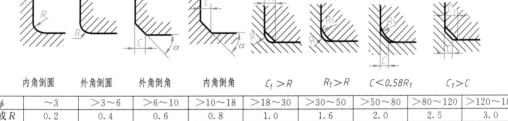

	内角倒圆	外角倒圆	外角倒角	内角倒角	$C_1>R$	$R_1>R$	$C<0.58R_1$	$C_1>C$	
ϕ	～3	>3～6	>6～10	>10～18	>18～30	>30～50	>50～80	>80～120	>120～180
C 或 R	0.2	0.4	0.6	0.8	1.0	1.6	2.0	2.5	3.0
ϕ	>180～250	>250～320	>320～400	>400～500	>500～630	>630～800	>800～1000	>1000～1250	>1250～1600
C 或 R	4.0	5.0	6.0	8.0	10	12	16	20	25

注：α 一般采用 45°，也可采用 30°或 60°。

附表 24　砂轮越程槽（摘自 GB/T 6403.5—2008）

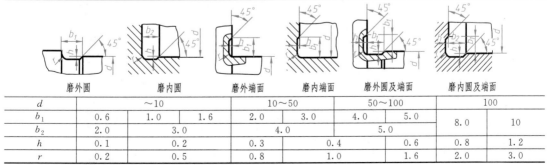

	磨外圆	磨内圆		磨外端面	磨内端面	磨外圆及端面		磨内圆及端面	
d	～10			10～50		50～100		100	
b_1	0.6	1.0	1.6	2.0	3.0	4.0	5.0	8.0	10
b_2	2.0	3.0		4.0		5.0			
h	0.1	0.2		0.3	0.4		0.6	0.8	1.2
r	0.2	0.5		0.8	1.0		1.6	2.0	3.0

注：1. 越程槽内与直线相交处，不允许产生尖角。

2. 越程槽深度 h 与圆弧半径 r，要满足 $r \leqslant 3h$。

附表 25　普通螺纹退刀槽和倒角（摘自 GB/T 3—1997）

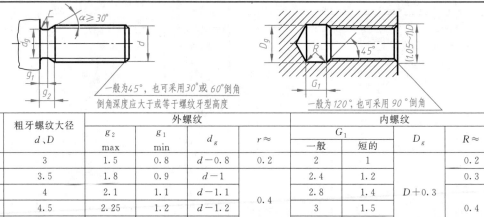

一般为45°，也可采用30°或 60°倒角
倒角深度应大于或等于螺纹牙型高度

一般为120°，也可采用90°倒角

螺距 P	粗牙螺纹大径 d、D	外螺纹				内螺纹			
		g_2 max	g_1 min	d_g	$r \approx$	G_1 一般	G_1 短的	D_g	$R \approx$
0.5	3	1.5	0.8	$d-0.8$	0.2	2	1		0.2
0.6	3.5	1.8	0.9	$d-1$		2.4	1.2		0.3
0.7	4	2.1	1.1	$d-1.1$	0.4	2.8	1.4	$D+0.3$	0.4
0.75	4.5	2.25	1.2	$d-1.2$		3	1.5		0.4
0.8	5	2.4	1.3	$d-1.3$		3.2	1.6		
1	6;7	3	1.6	$d-1.6$	0.6	4	2		0.5
1.25	8;9	3.75	2	$d-2$		5	2.5		0.6
1.5	10;11	4.5	2.5	$d-2.3$	0.8	6	3		0.8
1.75	12	5.25	3	$d-2.6$	1	7	3.5		0.9
2	14;16	6	3.4	$d-3$		8	4		1
2.5	18;20	7.5	4.4	$d-3.6$	1.2	10	5		1.2
3	24;27	9	5.2	$d-4.4$	1.6	12	6	$D+0.5$	1.5
3.5	30;33	10.5	6.2	$d-5$		14	7		1.8
4	36;39	12	7	$d-5.7$	2	16	8		2
4.5	42;45	13.5	8	$d-6.4$	2.5	18	9		2.2
5	48;52	15	9	$d-7$		20	10		2.5
5.5	56;60	17.5	11	$d-7.7$	3.2	22	11		2.8
6	64;68	18	11	$d-8.3$		24	12		3
参考值	—	$\approx 3P$	—	—		$=4P$	$=2P$	—	$\approx 0.5P$

注：1. d、D 为螺纹公称直径代号。"短"退刀槽仅在结构受限制时采用。
　　2. d_g 公差：$d>3$mm 时，为 h13；$d \leqslant 3$mm 时，为 h12。D_g 公差为 H13。

附表 26　紧固件通孔及沉孔尺寸（摘自 GB/T 152.2—2014、GB/T 152.3～152.4—2014）

螺纹规格 d			M4	M5	M6	M8	M10	M12	M16	M18	M20	M24	M30	M36
通孔尺寸 d_1			4.5	5.5	6.6	9.0	11.0	13.5	17.5	20.0	22.0	26	33	39
GB/T 152.2—1988	用于沉头及半沉头螺钉	d_2	9.6	10.6	12.8	17.6	20.3	24.4	32.4	—	40.4	—	—	—
		$t \approx$	2.7	2.7	3.3	4.6	5.0	6.0	8.0	—	10			
		α	$90°{}^{-2°}_{-4°}$											
GB/T 152.3—1988	用于 GB/T 70 圆柱头螺钉	d_2	8.0	10.0	11.0	15.0	18.0	20.0	26.0	—	33.0	40.0	48.0	57.0
		t	4.6	5.7	6.8	9.0	11.0	13.0	17.5	—	21.5	25.5	32.0	38.0
		d_3	—	—	—	—	—	16	20	—	24	28	36	42
	用于 GB/T 65、GB/T 6190、GB/T 6191 圆柱头螺钉	d_2	8	10	11.7	15	18	20	26	—	33	—	—	—
		t	3.2	4	4.7	6.0	7.0	8.0	10.5	—	12.5	—	—	—
		d_3	—	—	—	—	—	16	20	—	24	—	—	—
GB/T 152.4—1988	用于六角头螺栓及六角螺母	d_2	10	11	13	18	22	26	33	36	40	48	61	71
		d_3	—	—	—	—	—	16	20	22	24	28	36	42
		t	只要能制出与通孔 d_1 的轴线垂直的圆平面即可											

（4）极限与配合

附表27　公称尺寸至 500mm 优先

代号	c	d	d	e	e	f	f	g	g	h	h	h	h	h	h	h	js
公称尺寸/mm（等）	11	8	9	7	8	7	8	6	7	5	6	7	8	9	10	11	6
≤3	−60/−120	−20/−34	−20/−45	−14/−24	−14/−28	−6/−16	−6/−20	−2/−8	−2/−12	0/−4	0/−6	0/−10	0/−14	0/−25	0/−40	0/−60	±3
>3～6	−70/−145	−30/−48	−30/−60	−20/−32	−20/−28	−10/−22	−10/−28	−4/−12	−4/−16	0/−5	0/−8	0/−12	0/−18	0/−30	0/−48	0/−75	±4
>6～10	−80/−170	−40/−62	−40/−76	−25/−40	−25/−47	−13/−28	−13/−35	−5/−14	−5/−20	0/−6	0/−9	0/−15	0/−22	0/−36	0/−58	0/−90	±4.5
>10～14	−95	−50	−50	−32	−32	−16	−16	−6	−6	0	0	0	0	0	0	0	±5.5
>14～18	−205	−77	−93	−50	−59	−34	−43	−17	−24	−8	−11	−18	−27	−43	−70	−110	
>18～24	−110	−65	−65	−40	−40	−20	−20	−7	−7	0	0	0	0	0	0	0	±6.5
>24～30	−240	−98	−117	−61	−73	−41	−53	−20	−28	−9	−13	−21	−33	−52	−84	−130	
>30～40	−120/−280	−80	−80	−50	−50	−25	−25	−9	−9	0	0	0	0	0	0	0	±8
>40～50	−130/−290	−119	−142	−75	−89	−50	−64	−25	−34	−11	−16	−25	−39	−62	−100	−160	
>50～65	−140/−330	−100	−100	−60	−60	−30	−30	−10	−10	0	0	0	0	0	0	0	±9.5
>65～80	−150/−340	−146	−174	−90	−106	−60	−76	−29	−40	−13	−19	−30	46	−74	−120	−190	
>80～100	−170/−390	−120	−120	−72	−72	−36	−36	−12	−12	0	0	0	0	0	0	0	±11
>100～120	−180/−400	−174	−207	−107	−126	−71	−90	−34	−47	−15	−22	−35	−54	−87	−140	−220	
>120～140	−200/−450	−145	−145	−85	−85	−43	−43	−14	−14	0	0	0	0	0	0	0	±12.5
>140～160	−210/−460																
>160～180	−230/−480	−208	−245	−125	−148	−83	−106	−39	−54	−18	−25	−40	−63	−100	−160	−250	
>180～200	−240/−530	−170	−170	−100	−100	−50	−50	−15	−15	0	0	0	0	0	0	0	±14.5
>200～225	−260/−550																
>225～250	−280/−570	−242	−285	−146	−172	−96	−122	−44	−61	−20	−29	−46	−72	−115	−185	−290	
>250～280	−300/−620	−190	−190	−110	−110	−56	−56	−17	−17	0	0	0	0	0	0	0	±16
>280～315	−330/−650	−271	−320	−162	−191	−108	−137	−49	−69	−23	−32	−52	−81	−130	−210	−320	
>315～355	−360/−720	−210	−210	−125	−125	−62	−62	−18	−18	0	0	0	0	0	0	0	±18
>355～400	−400/−760	−299	−350	−182	−214	−119	−151	−54	−75	−25	−36	−57	−89	−140	−230	−360	
>400～450	−440/−840	−230	−230	−135	−135	−68	−68	−20	−20	0	0	0	0	0	0	0	±20
>450～500	−480/−880	−327	−385	−198	−232	−131	−165	−60	−83	−27	−40	−63	−97	−155	−250	−400	

常用配合轴的极限偏差表（摘自 GB/T 1800.2—2020）　　　　　　　　　　μm

公差带 / 级（各列格式为 上偏差 / 下偏差，单位 μm）

k6	k7	m6	m7	n5	n6	p6	p7	r6	r7	s5	s6	t6	t7	u6	v6	x6	y6	z6
+6/0	+10/0	+8/+2	+12/+2	+8/+4	+10/+4	+12/+6	+12/+6	+16/+10	+20/+10	+18/+14	+20/+14	—	—	+24/+18	—	+26/+20	—	+32/+26
+9/+1	+13/+1	+12/+4	+16/+4	+13/+8	+16/+8	+20/+12	+24/+12	+23/+15	+27/+15	+24/+19	+27/+19	—	—	+31/+23	—	+36/+28	—	+43/+35
+10/+1	+16/+1	+15/+6	+21/+6	+16/+10	+19/+10	+24/+15	+30/+15	+28/+19	+34/+19	+29/+23	+32/+23	—	—	+37/+28	—	+43/+34	—	+51/+42
+12/+1	+19/+1	+18/+7	+25/+7	+20/+12	+23/+12	+29/+18	+36/+18	+34/+23	+41/+23	+36/+28	+39/+28	—	—	+44/+33	—	+51/+40	—	+61/+50
															+50/+39	+56/+45	—	+71/+60
+15/+2	+23/+2	+21/+8	+29/+8	+24/+15	+28/+15	+35/+22	+43/+22	+41/+28	+49/+28	+44/+35	+48/+35	—	—	+54/+41	+60/+47	+67/+54	+76/+63	+86/+73
												+54/+41	+62/+41	+61/+48	+68/+55	+77/+64	+88/+75	+101/+88
+18/+2	+27/+2	+25/+9	+34/+9	+28/+17	+33/+17	+42/+26	+51/+26	+50/+34	+59/+34	+54/+43	+59/+43	+64/+48	+73/+48	+76/+60	+84/+68	+96/+80	+110/+94	+128/+112
												+70/+54	+79/+54	+86/+70	+97/+81	+113/+97	+130/+114	+152/+136
+21/+2	+32/+2	+30/+11	+41/+11	+33/+20	+39/+20	+51/+32	+62/+32	+60/+41	+71/+41	+66/+53	+72/+53	+85/+66	+96/+66	+106/+87	+121/+102	+141/+122	+163/+144	+191/+172
								+62/+43	+73/+43	+72/+59	+78/+59	+94/+75	+105/+75	+121/+102	+139/+120	+165/+146	+193/+174	+229/+210
+25/+3	+38/+3	+35/+13	+48/+13	+38/+23	+45/+23	+59/+37	+72/+37	+73/+51	+86/+51	+86/+71	+93/+71	+113/+91	+126/+91	+146/+124	+168/+146	+200/+178	+236/+214	+280/+258
								+76/+54	+89/+54	+94/+79	+101/+79	+126/+104	+139/+104	+166/+144	+194/+172	+232/+210	+276/+254	+332/+310
+28/+3	+43/+3	+40/+15	+55/+15	+45/+27	+52/+27	+68/+43	+83/+43	+88/+63	+103/+63	+110/+92	+117/+92	+147/+122	+162/+122	+195/+170	+227/+202	+273/+248	+325/+300	+390/+365
								+90/+65	+105/+65	+118/+100	+125/+100	+159/+134	+174/+134	+215/+190	+253/+228	+305/+280	+365/+340	+440/+415
								+93/+68	+108/+68	+126/+108	+133/+108	+171/+146	+186/+146	+235/+210	+277/+252	+335/+310	+405/+380	+490/+465
+33/+4	+50/+4	+46/+17	+63/+17	+51/+31	+60/+31	+79/+50	+96/+50	+106/+77	+123/+77	+142/+122	+151/+122	+195/+166	+212/+166	+265/+236	+313/+284	+379/+350	+454/+425	+549/+520
								+109/+80	+126/+80	+150/+130	+159/+130	+209/+180	+226/+180	+287/+258	+339/+310	+414/+385	+499/+470	+604/+575
								+113/+84	+130/+84	+160/+140	+169/+140	+225/+196	+242/+196	+313/+284	+369/+340	+454/+425	+549/+520	+669/+640
+36/+4	+56/+4	+52/+20	+72/+20	+57/+34	+66/+34	+88/+56	+108/+56	+126/+94	+146/+94	+181/+158	+190/+158	+250/+218	+270/+218	+347/+315	+417/+385	+507/+475	+612/+580	+742/+710
								+130/+98	+150/+98	+193/+170	+202/+170	+272/+240	+292/+240	+382/+350	+457/+425	+557/+525	+682/+650	+822/+790
+40/+4	+61/+4	+57/+21	+78/+21	+62/+37	+73/+37	+98/+62	+119/+62	+144/+108	+165/+108	+215/+190	+226/+190	+304/+268	+325/+268	+426/+390	+511/+475	+626/+590	+766/+730	+936/+900
								+150/+114	+171/+114	+233/+208	+244/+208	+330/+294	+351/+294	+471/+435	+566/+530	+696/+660	+856/+820	+1036/+1000
+45/+5	+68/+5	+63/+23	+86/+23	+67/+40	+80/+40	+108/+68	+131/+68	+166/+126	+189/+126	+259/+232	+272/+232	+370/+330	+393/+330	+530/+490	+635/+595	+780/+740	+960/+920	+1240/+1200
								+172/+132	+195/+132	+279/+252	+292/+252	+400/+360	+423/+360	+580/+540	+700/+660	+860/+820	+1040/+1000	+1290/+1250

附表 28　公称尺寸至 500mm 优先

代号	C	D		E		F		G		H						
公称尺寸/mm	等															
	11	9	10	8	9	8	9	6	7	6	7	8	9	10	11	12
≤3	+126 +60	+45 +20	+60 +20	+28 +14	+39 +14	+20 +6	+31 +6	+8 +2	+12 +2	+6 +0	+10 0	+14 0	+25 0	+40 0	+60 0	+100 0
>3~6	+145 +70	+60 +30	+78 +30	+38 +20	+50 +20	+28 +10	+40 +10	+12 +4	+16 +4	+8 0	+12 0	+18 0	+30 0	+48 0	+75 0	+120 0
>6~10	+170 +80	+76 +40	+98 +40	+47 +25	+61 +25	+35 +13	+49 +13	+14 +5	+20 +5	+9 +0	+15 +0	+22 +0	+36 0	+58 0	+90 0	+150 0
>10~14	+205	+93	+120	+59	+75	+43	+59	+17	+24	+11	+18	+27	+43	+70	+110	+180
>14~18	+95	+50	+50	+32	+32	+16	+16	+6	+6	0	0	0	0	0	0	0
>18~24	+240	+117	+149	+73	+92	+53	+72	+20	+28	+13	+21	+33	+52	+84	+130	+210
>24~30	+110	+65	+65	+40	+40	+20	+20	+7	+7	0	0	0	0	0	0	0
>30~40	+280 +120	+142	+180	+89	+112	+64	+87	+25	+34	+16	+25	39	+62	+100	+160	+250
>40~50	+290 +130	+80	+80	+50	+50	+25	+25	+9	+9	0	0	0	0	0	0	0
>50~65	+330 +140	+174	+220	+106	+134	+76	+104	+29	+40	+19	+30	+46	+74	+120	+190	+300
>65~80	+340 +150	+100	+100	+60	+60	+30	+30	+10	+10	0	0	0	0	0	0	0
>80~100	+390 +170	+207	+260	+126	+159	+90	+123	+34	+47	+22	+35	+54	+87	+140	+220	+350
>100~120	+400 +180	+120	+120	+72	+72	+36	+36	+12	+12	0	0	0	0	0	0	0
>120~140	+450 +200	+245	305	+148	+185	+106	+143	+39	+45	+25	+40	+160	+100	+160	+250	+400
>140~160	+460 +210															
>160~180	+480 +230	+145	+145	+85	+85	+43	+43	+14	+14	0	0	0	0	0	0	0
>180~200	+530 +240	+285	+355	+172	+215	+122	+165	+44	+61	+29	+46	+72	+115	+185	+290	+460
>200~225	+550 +260															
>225~250	+570 +280	+170	+170	+100	+100	+50	+50	+15	+15	0	0	0	0	0	0	0
>250~280	+620 +300	+320	+400	+191	+240	+137	+186	+49	+69	+32	+52	+81	+130	+210	+320	+520
>280~315	+650 +330	+190	+190	+110	+110	+56	+56	+17	+17	0	0	0	0	0	0	0
>315~355	+720 +360	+350	+440	+214	+265	+151	+202	+54	+75	+36	+57	+89	+140	+230	+360	+570
>355~400	+760 +400	+210	+210	+125	+125	+62	+62	+18	+18	0	0	0	0	0	0	0
>400~450	+840 +440	+385	+480	+232	+290	+165	+223	+60	+83	+40	+63	+97	+155	+250	+400	+630
>450~500	+880 +480	+230	+230	+135	+135	+68	+68	+20	+20	0	0	0	0	0	0	0

常用配合孔的极限偏差表（摘自 GB/T 1800.2—2020）　　　　　　　　　μm

级

Js		K		M		N		P		R		S		T		U
7	8	6	7	7	8	6	7	6	7	6	7	6	7	6	7	6
±5	±7	0/−6	0/−10	−2/−12	−2/−16	−4/−10	−4/−14	−6/−12	−6/−16	−10/−16	−10/−20	−14/−20	−14/−24	—	—	−18/−24
±6	±9	+2/−6	+3/−9	0/−12	+2/−16	−5/−13	−4/−16	−9/−17	−8/−20	−12/−20	−11/−23	−16/−24	−15/−27	—	—	−20/−28
±7	±11	+2/−7	+5/−10	0/−15	+1/−21	−7/−16	−4/−19	−12/−21	−9/−24	−16/−25	−13/−28	−20/−29	−17/−32	—	—	−25/−34
±9	±13	+2/−9	+6/−12	0/−18	+2/−25	−9/−20	−5/−23	−15/−26	−11/−29	−20/−31	−16/−34	−25/−36	−21/−39	—	—	−30/−41
±10	±16	+2/−11	+6/−15	0/−21	+4/−29	−11/−24	−7/−28	−18/−31	−14/−35	−24/−37	−20/−41	−31/−44	−27/−48	—	—	−37/−50
														−37/−50	−33/−54	−44/−57
±12	±19	+3/−13	+7/−18	0/−25	+5/−34	−12/−28	−8/−33	−21/−37	−17/−42	−29/−45	−25/−50	−38/−54	−34/−59	−43/−59	−39/−64	−55/−71
														−49/−65	−45/−70	−65/−81
±15	±23	+4/−15	+9/−21	0/−30	+5/−41	−14/−33	−9/−39	−26/−45	−21/−51	−35/−54	−30/−60	−47/−66	−42/−72	−60/−79	−55/−85	−81/−100
										−37/−56	−32/−62	−53/−72	−48/−78	−69/−88	−64/−94	−96/−115
±17	±27	+4/−18	+10/−25	0/−35	+6/−48	−16/−38	−10/−45	−30/−52	−24/−59	−44/−66	−38/−73	−64/−86	−58/−93	−84/−106	−78/−113	−117/−139
										−47/−69	−41/−76	−72/−94	−66/−101	−97/−119	−91/−126	−137/−159
±20	±31	+4/−21	+12/−28	0/−40	+8/−55	−20/−45	−12/−52	−36/−61	−28/−68	−56/−81	−48/−88	−85/−110	−77/−117	−115/−140	−107/−147	−163/−188
										−58/−83	−50/−90	−93/−118	−85/−125	−127/−152	−119/−159	−183/−208
										−61/−86	−53/−93	−101/−126	−93/−133	−139/−164	−131/−171	−203/−228
±23	±36	+5/−24	+13/−33	0/−46	+9/−63	−22/−51	−14/−60	−41/−70	−33/−79	−68/−97	−60/−106	−113/−142	−105/−151	−157/−186	−149/−195	−227/−256
										−71/−100	−63/−109	−121/−150	−113/−159	−171/−200	−163/−209	−249/−278
										−75/−104	−67/−113	−131/−160	−123/−169	−187/−216	−179/−225	−275/−304
±26	±40	+5/−27	+16/−36	0/−52	+9/−72	−25/−57	−14/−66	−47/−79	−36/−88	−85/−117	−74/−126	−149/−181	−138/−190	−209/−241	−198/−250	−306/−338
										−89/−121	−78/−130	−161/−193	−150/−202	−231/−263	−220/−272	−341/−373
±28	±44	+7/−29	+17/−40	0/−57	+11/−78	−26/−62	−16/−73	−51/−87	−41/−98	−97/−133	−87/−144	−179/−215	−169/−226	−257/−293	−247/−304	−379/−415
										−103/−139	−93/−150	−197/−233	−187/−244	−283/−319	−273/−330	−424/−460
±31	±48	+8/−32	+18/−45	0/−63	+11/−86	−27/−67	−17/−80	−55/−95	−45/−108	−113/−153	−103/−166	−219/−259	−209/−272	−317/−357	−307/−370	−477/−517
										−119/−159	−109/−172	−239/−279	−229/−292	−347/−387	−337/−400	−527/−567

(5) 常用的金属材料及热处理方法

附表 29　常用铸铁牌号

名称	牌号	牌号表示方法说明	硬度 HB	特性及用途举例
灰铸铁	HT100	"HT"是灰铸铁的代号,它后面的数字表示抗拉强度("HT"是"灰铁"两字汉语拼音的第一个字母)	143～229	属低强度铸铁。用于盖、手把、手轮等不重要零件
	HT150		143～241	属中等强度铸铁。用于一般铸件,如机床座、端盖、带轮、工作台等
	HT200 HT250		163～255	属高强度铸铁。用于较重要铸件,如汽缸、齿轮、凸轮、机座、床身、飞轮、带轮、齿轮箱、阀壳、联轴器、衬筒、轴承座等
	HT300 HT350 HT400		170～255 170～269 197～269	属高强度、高耐磨铸铁。用于重要铸件,如齿轮、凸轮、床身、高压液压筒、液压泵和滑阀的壳体、车床卡盘等
球墨铸铁	QT450-10 QT500-7 QT600-3	"QT"是球墨铸铁的代号,它后面的数字分别表示强度和延伸率的大小("QT"是"球铁"两字汉语拼音的第一个字母)	170～207 187～255 197～269	具有较高的强度和塑性。广泛用于机械制造业中受磨损和受冲击的零件,如曲轴、凸轮轴、齿轮、气缸套、活塞环、摩擦片、中低压阀门、千斤顶底座、轴承座等
可锻铸铁	KTH300-06 KTH330-08 KTZ450-05	"KTH""KTZ"分别是黑心和珠光体可锻铸铁的代号,它们后面的数字分别表示强度和延伸率的大小("KT"是"可铁"两字汉语拼音的第一个字母)	120～163 120～163 152～219	用于承受冲击、振动等零件,如汽车零件、机床附件(如扳手等)、各种管接头、低压阀门、农机具等。珠光体可锻铸铁在某些场合可代替低碳钢、中碳钢及低合金钢,如用于制造齿轮、曲轴、连杆等

附表 30　常用钢材牌号

名称		牌号	牌号表示方法说明	特性及用途举例
碳素结构钢		Q215-A Q215-A·F	牌号由屈服点字母(Q)、屈服点数值、质量等级符号(A、B、C、D)和脱氧方法(F——沸腾钢,b——半镇静钢、Z——镇静钢,TZ——特殊镇静)四部分按顺序组成。在牌号组成表示方法中"Z"与"TZ"符号可以省略	塑性大,抗拉强度低,易焊接。用于炉撑、铆钉、垫圈、开口销等
		Q235-A Q235-A·F		有较高的强度和硬度,延伸率也相当大,可以焊接,用途很广是一般机械上的主要材料,用于低速轻载齿轮、键、拉杆、钩子、螺栓、套圈等
		Q255-A Q255-A·F		延伸率低,抗拉强度高,耐磨性好,焊接性不够好。用于制造不重要的轴、键、弹簧等
优质碳素结构钢	普通含锰钢	15	牌号数字表示钢中平均含碳量。如"45"表示平均含碳量为0.45%;化学元素符号 Mn,表示钢的含锰较高	塑性、韧性、焊接性能和冷冲压性能均极好,但强度低。用于螺钉、螺母、法兰盘、渗碳零件等
		20		用于不经受很大应力而要求很大韧性的各种零件,如杠杆、轴套、拉杆等。还可用于表面硬度高而心部强度要求不大的渗碳与氰化零件
		35		不经热处理可用于中等载荷的零件,如拉杆、轴、套筒、钩子等;经调质处理后适用于强度及韧性要求较高的零件如传动轴等
		45		用于强度要求较高的零件。通常在调质或正火后使用,用于制造齿轮、机床主轴、花键轴、联轴器等。由于它的淬透性差,因此截面大的零件很少采用
		60		这是一种强度和弹性相当高的钢。用于制造连杆、轧辊、弹簧、轴等
		75		用于板弹簧、螺旋弹簧以及受磨损的零件

续表

名称		牌号	牌号表示方法说明	特性及用途举例
优质碳素结构钢	较高含锰钢	15Mn	牌号数字表示钢中平均含碳量。如"45"表示平均含碳量为0.45%;化学元素符号 Mn,表示钢的含锰较高	它的性能与15钢相似,但淬透性及强度和塑性比15都高些。用于制造中心部分的力学性能要求较高,且须渗碳的零件。焊接性好
		45Mn		用于受磨损的零件,如转轴、心轴、齿轮、叉等,焊接性差,还可做受较大载荷的离合器盘、花键轴、凸轮轴、曲轴等
		65Mn		钢的强度高,淬透性较大,脱碳倾向小,但有过热敏感性,易生淬火裂纹,并有回火脆性。适用于较大尺寸的各种扁、圆弹簧,以及其它受摩擦的农机具零件
合金钢	锰钢	15Mn2	①合金钢牌号用化学元素符号表示;②含碳量写在牌号之前,但高合金钢如高速工具钢、不锈钢等的含碳量不标出;③合金工具钢含碳量≥1%时不标出;<1%时,以千分之几来标出;④化学元素的含量<1.5%时不标出;含量≥1.5%时才标出,如 Cr17,17 是铬的含量约为17%	用于钢板、钢管,一般只经正火
		20Mn2		对于截面较小的零件,相当于20Cr 钢,可作渗碳小齿轮、小轴、活塞销、柴油机套筒、气门推杆、钢套等
		30Mn2		用于调质钢,如冷镦的螺栓及截面较大的调质零件
		45Mn2		用于截面较小的零件,相当于40Cr 钢,直径在50mm以下时,可代替40Cr作重要螺栓及零件
	硅锰钢	27SiMn		用于调质钢
		35SiMn		除要求低温(−20℃),冲击韧性很高时,可全面代替40Cr 钢作调质零件,亦可部分代替40CrNi 钢,此钢耐磨、耐疲劳性均佳,适用于作轴、齿轮及在430℃以下的重要紧固件
	铬钢	15Cr		用于船舶主机上的螺栓、活塞销、凸轮、凸轮轴、汽轮机套环,机车上用的小零件,以及用于心部韧性高的渗碳零件
		20Cr		用于柴油机活塞销、凸轮、轴、小拖拉机传动齿轮,以及较重要的渗碳件。20MnVB,20Mn2B可代替它使用
	铬锰钛钢	18CrMnTi		工艺性能特优,用于汽车、拖拉机等上的重要齿轮和一般强度、韧性均高的减速器齿轮,供渗碳处理
		35CrMnTi		用于尺寸较大的调质钢件
	铬钼铝钢	38CrMoAlA		用于渗氮零件,如主轴、高压阀杆、阀门、橡胶及塑料挤压机等
	铬轴承钢	GCr6	铬轴承钢,牌号前有汉语拼音字母"G",并且不标出含碳量。含铬量以千分之几表示	一般用来制造滚动轴承中的直径小于10mm 的钢球或滚子
		GCr15		一般用来制造滚动轴承中尺寸较大的钢球、滚子、内圈和外圈
铸钢		ZG200-400	铸钢件,前面一律加汉语拼音字母"ZG"	用于各种形状的零件,如机座、变速箱壳等
		ZG270-500		用于各种形状的零件,如飞轮、机架、水压机工作缸、横梁等。焊接性尚可
		ZG310-570		用于各种形状的零件,如联轴器气缸齿轮,及重负荷的机架等

附表 31 常用有色金属牌号

名称		牌号	说　明	用途举例
青铜	压力加工用青铜	QSn4-3	Q表示青铜,后面加第一个主添加元素符号,及除基元素铜以外的成分数字组	扁弹簧、圆弹簧、管配件和化工器械
		QSn6.5-0.1		耐磨零件、弹簧及其它零件
	铸造锡青铜	ZQSn5-5-5	Z表示铸造,其它同上	用于承受摩擦的零件,如轴套、轴承填料和承受10个大气压以下的蒸汽和水的配件
		ZQSn10-1		用于承受剧烈摩擦的零件,如丝杆、轻型轧钢机轴承、蜗轮等
		ZQSn8-12		用于制造轴承的轴瓦及轴套,以及在特别重载荷条件下工作的零件

名称		牌号	说明	用途举例
青铜	铸造无锡青铜	ZQAl9-4		强度高,减磨性、耐蚀性、受压、铸造性均良好。用于在蒸汽和海水条件下工作的零件,及受摩擦和腐蚀的零件,如蜗轮衬套、轮钢机压下螺母等
		ZQAl10-5-1.5		制造耐磨、硬度高、强度好的零件,如蜗轮、螺母、轴套及防锈零件
		ZQMn5-21		用在中等工作条件下轴承的轴套和轴瓦等
黄铜	压力加工用黄铜	H59	H 表示黄铜,后面数字表示基元素铜的含量。黄铜系铜锌合金	热压及热轧零件
		H62		散热器、垫圈、弹簧、各种网、螺钉及其它零件
	铸造黄铜	ZHMn58-2-2	Z 表示铸造,后面符号表示主添加元素,后一组数字表示除锌以外的其它元素含量	用于制造轴瓦、轴套及其它耐磨零件
		ZHAl66-6-3-2		用于制造丝杆螺母、受重载荷的螺旋杆、压下螺钉的螺母及在重载荷下工作的大型蜗轮轮缘等
铝	硬铝合金	LY1	LY 表示硬铝,后面是顺序号	时效状态下塑性良好,切削加工性在时效状态下良好,在退火状态下降低,耐蚀性中等。系铆接铝合金结构用的主要铆钉材料
		LY8		退火和新淬火状态下塑性中等,焊接性好。切削加工性在时效状态下良好;退火状态下降低。耐蚀性中等。用于各种中等强度的零件和构件、冲压的连接部件、空气螺旋桨叶及铆钉等
	锻铝合金	LD2	LD 表示锻铝,后面是顺序号	热态和退火状态下塑性高,时效状态下中等,焊接性良好,切削加工性能在软态下不良,在时效状态下良好,耐蚀性高。用于要求在冷状态和热状态时具有高可塑性,且承受中等载荷的零件和构件
	铸造铝合金	ZL301	Z 表示铸造,L 表示铝,后面系顺序号	用于受重大冲击负荷、高耐蚀的零件
		ZL102		用于气缸活塞以及高温工作的复杂形状零件
		ZL401		适用于压力铸造用的高强度铝合金
轴承合金	锡基轴承合金	ZChSnSb9-7	Z 表示铸造,Ch 表示轴承合金,后面系主元素,再后面是第一添加元素。一组数字表示除第一个基元素外的添加元素含量	韧性强,适用于内燃机、汽车等轴承及轴衬
		ZChSnSb13-5-12		适用于一般中速、中压的各种机器轴承及轴衬
	铅基轴承合金	ZChPbSn16-16-2		用于汽轮机、机车、压缩机的轴承
		ChPbSb15-5		用于汽油发动机、压缩机、球磨机等的轴承

附表 32　常用的热处理名词解释

名词	标注举例	说　明	目　的	适用范围
退火	Th	加热到临界温度以上,保温一定时间,然后缓慢冷却(例如在炉中冷却)	①消除在前一工序(锻造、冷拉等)中所产生的内应力。②降低硬度,改善加工性能。③增加塑性和韧性。④使材料的成分或组织均匀,为以后的热处理准备条件	完全退火适用于含碳量0.8%以下的铸锻焊件;为消除内应力的退火主要用于铸件和焊件
正火	Z	加热到临界温度以上,保温一定时间,再在空气中冷却	①细化晶粒。②与退火后相比,强度略有增高,并能改善低碳钢的切削加工性能	用于低、中碳钢。对低碳钢常用正火代替退火

名词	标注举例	说　明	目　的	适　用范围
淬火	C62（淬火后回火至 60～65HRC）；Y35（油冷淬火后回火至 30～40HRC）	加热到临界温度以上、保温一定时间，再在冷却剂（水、油或盐水）中急速地冷却	①提高硬度及强度。②提高耐磨性	用于中、高碳钢。淬火后钢件必须回火
回火	回火	经淬火后再加热到临界温度以下的某一温度，在该温度停留一定时间，然后在水、油或空气中冷却	①消除淬火时产生的内应力。②增加韧性，降低硬度	高碳钢制的工具、量具、刃具用低温（150～250℃）回火。弹簧用中温（270～450℃）回火
调质	T235（调质至 220～250HB）	在 450～650℃进行高温回火称"调质"	可以完全消除内应力，并获得较高的综合力学性能	用于重要的轴、齿轮，以及丝杆等零件
表面淬火	H54（火焰加热淬火后，回火至 52～58HRC）；G52（高频淬火后，回火至 50～55HRC）	用火焰或高频电流将零件表面迅速加热至临界温度以上，急速冷却	使零件表面获得高硬度，而心部保持一定的韧性，使零件既耐磨又能承受冲击	用于重要的齿轮以及曲轴、活塞销等
渗碳淬火	S0.5-C59（渗碳层深 0.5，淬火硬度 56～62HRC）	在渗碳剂中加热到 900～950℃，停留一定时间，将碳渗入钢表面，深度 0.5～2 毫米，再淬火后回火	增加零件表面硬度和耐磨性，提高材料的疲劳强度	适用于含碳量为 0.08%～0.25%的低碳钢及低碳合金钢
氮化	D0.3-900（氮化深度 0.3，硬度大于 850HV）	使工作表面渗入氮元素	增加表面硬度、耐磨性、疲劳强度和耐蚀性	适用于含铝、铬、钼、锰等的合金钢，例如要求耐磨的主轴、量规、样板等
碳氮共渗	Q59（氰化淬火后，回火至 56～62HRC）	使工作表面同时饱和碳和氮元素	增加表面硬度、耐磨性、疲劳强度和耐蚀性	适用于碳素钢及合金结构钢，也适用于高速钢的切削工具
时效处理	时效处理	①天然时效：在空气中长期存放半年到一年以上。②人工时效：加热到 500～600℃，在这个温度保持 10～20 小时或更长时间	使铸件消除其内应力而稳定其形状和尺寸	用于机床床身等大型铸件
冰冷处理	冰冷处理	将淬火钢继续冷却至室温以下的处理方法	进一步提高硬度、耐磨性，并使其尺寸趋于稳定	用于滚动轴承的钢球、量规等
发蓝、发黑	发蓝或发黑	氧化处理。用加热办法使工件表面形成一层氧化铁所组成的保护性薄膜	防腐蚀、美观	用于一般常见的紧固件
硬度	HB（布氏硬度）	材料抵抗硬的物体压入零件表面的能力称硬度。根据测定方法的不同，可分布氏硬度、洛氏硬度、维氏硬度等	硬度测定是为了检验材料经热处理后的力学性能——硬度	用于经退火、正火、调质的零件及铸件的硬度检查
	HRC（洛氏硬度）			用于经淬火、回火及表面化学热处理的零件的硬度检查
	HV（维氏硬度）			特别适用于薄层硬化零件的硬度检查

参 考 文 献

［1］ 张元莹，等. 机械制图［M］. 北京：化学工业出版社，2011.

［2］ 王兰美，等. 画法几何及工程制图（机械类）［M］. 3 版. 北京：机械工业出版社，2014.

［3］ 邹宜侯，等. 机械制图［M］. 6 版. 北京：清华大学出版社，2012.

［4］ 曾红，等. 画法几何及机械制图［M］. 北京：北京理工大学出版社，2014.

［5］ 杨裕根. 画法几何及机械制图［M］. 北京：北京邮电大学出版社，2016.

［6］ 丁一，等. 机械制图［M］. 2 版. 重庆：重庆大学出版社，2016.

［7］ 胡建生. 机械制图（多学时）［M］. 北京：机械工业出版社，2009.

［8］ 唐克中，等. 画法几何及工程制图［M］. 北京：高等教育出版社，2009.

［9］ 何铭新，等. 机械制图［M］. 7 版. 北京：高等教育出版社，2016.

［10］ 何建英，等. 画法几何及机械制图［M］. 北京：高等教育出版社，2016.

［11］ 郭红利. 工程制图［M］. 3 版. 北京：科学出版社，2018.

［12］ 周明贵，等. 机械制图与识图从入门到精通［M］. 北京：化学工业出版社，2020.

［13］ 裘文言，等. 机械制图［M］. 2 版. 北京：高等教育出版社，2009.